李瑞君 / 编著

PRINCIPLE OF INTERIOR DESIGN
室内设计原理

U0244083

中国青年出版社

前言
PREFACE

20世纪早期，在欧美出现了有别于建筑师的室内设计师，室内设计才发展成为一个有别于建筑设计的独立专业。众所周知，室内设计是建筑设计的有机组成部分，是从建筑学领域中分离出来的一个学科，但中国的室内设计专业却是在艺术类院校中孕育、发展和壮大起来的。室内设计作为一个独立的学科和专业，在中国不到60年的发展历程中，其专业名称有过数次变更。1957年中央工艺美术学院（现清华大学美术学院）参照国外高等美术院校专业设置的惯例，建立了室内装饰系。1963年更名为"建筑美术系"，1964年更名为"建筑装饰美术系"，1975年更名为"工业美术系"，室内设计成为工业设计系的一个专业方向，被纳入到工业设计的范畴。这也反映了我们对室内装饰的认识，开始由传统的手工艺向现代工业化设计转变。1984年，该专业又更名为"室内设计"，并从工业设计系中独立出来。1988年，随着室内设计工作范围的不断扩大和设计实践的日益深入，室内设计的名称又被扩大为"环境艺术设计"，并正式列入了国家教委的专业目录。1998年，国家教育部对高等学校学科专业目录又一次进行了调整，环境艺术设计成为艺术设计专业学科下属的一个专业方向。2011年，国家教育部再次对艺术设计学科进行调整，设计艺术学改为设计学，设计学与美术学等学科并列成为艺术学门类下的一级学科，"环境艺术设计"正式更名为"环境设计"，成为一门独立的二级学科。但本书中仍沿用"环境艺术设计"的称谓。

环境艺术设计在我国只有几十年的发展历程，但发展迅速。目前在全国综合性大学、农林大学、理工大学、艺术类大学、甚至其他一些专业性的院校（如外国语学院、医学院等）的相关院系大都开设了环境艺术设计专业。据一位研究中国环境艺术设计教育的朋友讲，国内开设环境艺术设计专业（或与之相近的专业）的大专院校（包括各种职业教育学校在内）达5000多所。

从根本上讲，室内设计仍是建筑设计的一个组成部分，是建筑设计的延续与深化。建筑设计和室内设计都属于建筑学的范畴，它们之间不可能截然分开。也就是说，两者是一个完整的建筑工程设计中的阶段性分工。一个完整的建筑设计必定包含着建筑的主体结构设计和室内设计两个部分。建筑设计主要把握建筑的总体构思、创造建筑的外部形象和进行合理的空间规划，而室内设计主要是对特定的内部空间（有时也包括车、船、列车、飞机等内部空间）在空间、功能、形象等方面进行深化和创造。室内设计的工作目标、工作范围与建筑学、美术学、设计学、心理学、经济学、景观设计和环境科学等学科有着千丝万缕的联系。

中国当下的室内设计教育处于一个极为复杂和特殊的境地。一方面，愈演愈烈的城市化进程和大规模的房地产开发为室内设计行业和教育的发展提供了前所未有的机遇；另一方面，过分关注和迎合市场的需求也给室内设计的专业教育带来种种问题。正因如此，一些院校在教学中"重"实践和市场，"轻"理论和基础。室内设计方面的教材虽然不少，但大多内容雷同，有些甚至缺乏必要的针对性、系统性和可操作性，而有关室内设计专业基础教学和理论方面的教材则是乏善可陈。基于这样的考虑，作者对室内设计的基础和理论教育进行了深入的思考，同时结合自己多年的教学和设计实践经验，从理论和实践两个方面对室内设计的基础知识进行系统地探讨，具有一定的基础理论学习价值，以及设计实践的操作和指导意义，能够为学习室内设计的学生、教师和设计师提供一些有益的帮助。

李瑞君

2013年5月

目 录
CONTENTS

第 1 章

室内设计概述

室内设计是从建筑设计领域中分离出来的一个年轻学科，它的工作目标、工作范围与建筑学、艺术学、艺术设计学和环境科学等学科有着千丝万缕的联系，这使其在理论和实践上又带有了交叉学科和边缘学科的一些典型特征。

01
室内设计的概念

20世纪80年代以来，改革开放为中国带来了前所未有的变化，人们的物质生活条件得到极大的改变。作为改善人们生活环境的学科，室内设计与普通人的关系越来越密切，并且得到了空前的发展。尤其是近十年，发展速度令人瞠目，不论是室内设计实践，还是室内设计教育，从规模和水平上均得到了长足的进步和发展。

一、基本概念

在我国古代，室内设计属于建筑营造的一个组成部分，主要包括内檐装修和陈设两方面的内容。装修是指"在房屋工程上抹面、粉刷并安装门窗等设备"[1]，突出的是功能性。宋代《营造法式》中内檐装修所涉及的隔断、罩、天花、藻井等内容都属于室内界面装修的范畴。而陈设则主要包括家具及艺术品的摆放，更加侧重于艺术性。在近代，室内设计曾被冠以"内部美术装饰"的称谓。现代汉语中，装饰一词具有动词和名词两种词性。作动词时指："在身体或物体的表面加些附属的东西，使之美观"，作名词时指："装饰品"[2]。蔡元培先生在其著述的《华工学校讲义》中对装饰进行了专门的阐述："装饰者，最普通之美术也。……人智进步，则装饰之道渐异其范围。身体之装饰，为未开化时代所尚；都市之装饰，则非文化发达之国，不能注意。由近而远，私而公，可以观世运矣。"[3]在这时，装饰成为国计民生和文化

水平的象征，新中国成立以后，装饰一词继续沿用，室内装饰与建筑装饰反映了20世纪50年代至70年代人们对于室内设计概念的一种普遍认识。建筑装饰主要指"在建筑物主体工程完成后，为满足建筑物的功能要求和造型艺术效果而对建筑物进行的施工处理。一般包括抹灰工程、门窗工程、玻璃工程、吊顶工程、隔断工程、饰面板（砖）工程、涂料工程、裱糊工程、刷浆工程和花饰工程等。按施工方法和本身的艺术效果，可分为普通、中级和高级三级。具有保护主体结构，美化装饰和改善室内工作条件等作用。是建筑物不可缺少的组成部分，也是衡量建筑物质量标准的重要方面"[4]。这时的室内设计主要是以依附于建筑内部的界面装饰和家具、艺术品的陈设来实现其自身的美学价值；随着西方现代主义思想在中国的广泛传播，设计的概念开始逐步被人们所接受。设计属于外来语，是一个经常使用的概念，有多种解释。"design"既可作名词也可作动词，《牛津词典》中对于"design"的解释可以归纳为："一切用以表现事物造型活动的计划与绘制"[5]。而《辞海》里解释为："根据一定的目的要求，预先制定方案、图样等。"
从20世纪80年代开始，室内设计的专业名称开始在国内被广泛地使用，设计理念也由传统的二维空间模式转变为现代的四维空间模式。在漫长的室内设计历史发展进程中，虽然其称谓经历了数次变更，但是其所涉及的主要内容和追求的目标却是基本一致的。
在我国50多年室内设计的发展历史上，其专业名称也同样有

---

[1] 中国社会科学院语言研究所词典编辑室编. 现代汉语词典. 北京: 商务印书馆, 1996. 第1655页.

[2] 中国社会科学院语言研究所词典编辑室编. 现代汉语词典. 北京: 商务印书馆, 1996. 第1655页.

[3] 蔡元培著. 蔡元培美术文选. 北京: 北京大学出版社, 1983. 第60页.

[4] 杨宝晟. 中国土木建筑百科辞典. 北京: 中国建筑工业出版社, 1999. 第169页.

[5] Miranda Steel. Oxford word power dictionary. Oxford: Oxford University Press, 1996. 第182页.

01 01.宁夏博物馆大厅

过几次变更。1956年中央工艺美术学院曾参照国外高等美术院校专业设置的惯例，建立了室内装饰系，这是该学科首次使用的正式名称。经过奚小彭、潘昌侯、罗无逸等老一辈设计家的努力，为这个专业的发展奠定了基础。1958年北京的"国庆工程"（新中国成立初期，北京兴建的十大建筑）拉开了新中国室内设计工作者参与国家重点项目设计和工程实践的序幕，这标志着中国的室内设计开始拥有了独立的专业领域和职业地位。与这个专业名称一样，当时人们的认识水平还仅仅停留在室内装饰上，除了家具设计、陈设艺术品的设计与制作之外，"室内设计的重点放在了室内界面的表面修饰上"[①]。1977年恢复高考招生以后，"室内装饰系"改名为"建筑装饰系"，并成为工业设计系的一个专业方向，将室内设计纳入工业设计的范畴。这反映了我们对室内装饰的认识，由传统的手工艺向现代工业化设计的转变。此后不久，又将其改名为"室内设计"，并从工业设计系中独立出来，恢复了室内设计原有的专业地位。1988年，随着室内设计工作范围的不断扩大和设计实践的日益深入，为了顺应世界范围内对环境问题普遍关注的社会潮流，室内设计的名称又被扩大为"环境艺术设计"，并正式列入了国家教委的专业目录。1998年，教育部对高等学校学科专业目录又一次进行了调整，环境艺术成为艺术设计专业学科下属的一个专业方向。尽管在1998年新颁布的国家高等院校专业目录中，环境艺术设计专业成为艺术设计学科之下的专业方向，不再名列于二级专业学科。但这并不意味着环境艺术设计专业的发展停滞了。2011年，教育部再次对艺术设计学科进行调整，环境艺术设计更名为环境设计，成为一门独立的二级学科。这个专业名称上发生的一系列变化，一方面能说明我们对室内设计概念的理解随着室内设计教育和设计实践的发展而不断地深化，同时也说明室内设计这个概念仍带有一些不确定性和模糊性；而另一方面，不论学科的名称怎样变化，对于室内设计来讲，其工作目标和内容是没有变化的，只是设计方法和程序更为细致和深入。

众所周知，室内设计是从建筑设计领域中分离出来的一个年轻学科，它的工作目标、工作范围与建筑学、艺术学、艺术设计学和环境科学等学科有着千丝万缕的联系，这使其在理论和实践上又带有了交叉学科和边缘学科的一些典型特征。

[一] 室内设计与建筑设计

随着建筑行业专业化程度的不断加深和专业分工的细化，室内设计逐渐从建筑设计中分离出来，成为一个独立的专业。从根本上讲，室内设计仍是建筑设计的一个组成部分，因而人们普遍认为，室内设计是建筑设计的延续与深化。广义地讲，建筑设计和室内设计都属于建筑学的范畴，它们之间不可能截然地分开。也可以这样认为，建筑设计和室内设计是一个完整的建筑工程设计中的阶段性分工，一个完整的建筑设计必定包含着建筑的主体结构和室内设计两个部分。建筑设计主要要把握建筑的总体构思、创造建筑的外部形象和进行合理的空间规划，而室内设计主要是对特定的内部空间（有时也包括车、船、列车、飞机等内部空间）在空间、功能、形象等方面进行深化和创造。（图01）张绮曼教授曾经把室内设计的工作目标和范围概括为室内空间形象设计、室内物理环境设计、室内装饰装修设计和家具陈设艺术设计四个方面。它代表了大多数业内人士对室内设计内涵和外延的理

① 张绮曼，郑曙旸主编.室内设计资料集.北京：中国建筑工业出版社，1991.第6页.

02．日本Pola艺术博物馆　　03．云南大理一个小型宾馆的玻璃顶采光的内庭园

解，但这四个方面必然与建筑设计存在着交叉和重叠。

（1）在空间的规划和形象的设计方面，室内设计师首先应该尊重建筑师所确定的整体结构环境和创作主题与旨趣。在一个建筑工程项目中，起到决定和支配作用的往往是建筑师，室内设计师只能在给定的空间环境中（指建筑结构），根据具体的使用功能做进一步的设计与调整。

（2）在室内物理环境的设计方面，相当多的工作是由水、暖、电等专业的工程师来完成并被纳入建筑设计范畴的，如水、暖、电、隔声、消防、空调等。室内设计师必须和这些专业的设计师相互配合，以达到最佳的整体效果。

从以往一些院校室内设计专业开设的课程来看，建筑物理课程基本上被排除在专业课程之外，学生们几乎不具备从事室内物理环境设计的基础知识。如此一来，真正能够体现室内设计职业特征的就只剩下室内装饰、装修和陈设艺术设计了。从这个角度讲，留给室内设计师施展才华的空间的确是小了一些。不过，即使是这点空间，也足以让室内设计师恣意驰骋，因为这方面往往是建筑师们难以触及和不怎么熟悉的。

我们这样来分析室内设计概念是想说明，作为一个室内设计师，应该具备什么样的知识和技能才算是合格的。上面提到的四个方面，无疑是室内设计工作目标中不可或缺的组成部分，不具备这些方面的专业知识，是无法胜任这个职业的。同时也提醒我们，室内设计的概念，其外延具有一定的模糊性和不确定性，不能按照传统的方式去理解它，因此，室内设计教育机构在制定专业规划和课程设置计划时，将视野伸向更广阔的领域，增加一些建筑学专业中的有关课程是十分必要的。

[二] 室内设计概念的辨析

在"室内设计"这个概念出现以前，室内装饰的行为就已经存在数千年了。我们从远古时代人类居住的建筑遗址中，已

经发现人们对栖居在其中的室内环境进行过"设计"的迹象。例如，在古埃及的庙宇中就已经出现了壁画和石头座椅，可以认为是最早的室内装饰——界面的修饰和家具的制作。当然，这还不能认为是严格意义上的室内设计，就"室内设计"这个词语本身来说，包含了两个具有完整意义的部分——"室内"与"设计"，这就涉及对"室内"和"设计"的认识。"室内"的概念似乎很简单，凡是建筑（包括车、船、列车、飞机等）的内部空间，都可以认为是"室内"，在这一点上，一般都不会产生歧义。但是，现代建筑在实践上打破了人们的这种传统认识，强调了内部和外部空间的连续性和渗透性，室内与室外之间的界限趋于模糊，有时是相互交融和贯通的。（图02）

中国传统建筑和民居中，室内与室外相融通的例子实在太多了。云南大理的一处由民居改造成的宾馆中所围合出来的空间，谁能说出它是室内还是室外？这常常令我们对"室内"概念的把握感到茫然。在我们的思维定式中，对"室内"的理解总存在着"围护体"的意象。（图03）

在西方国家的一些大型建筑项目中，建筑与建筑之间用玻璃采光顶相连接，形成了一个巨大的围合空间，人置身于街道上，实际上是置身于"室内"，这其中的设计很难说是室内设计，还是建筑设计。（图04）

还有，美国建筑师查尔斯·摩尔设计的位于康涅狄格州纽黑文的自用住宅，大房子中套小房子，小房子对于大房子来说是室内，大房子对于小房子来说却又是室外，因此，"室内"的边界也出现了不确定性。

从上面的分析中我们可以看到，具有顶界面是室内空间的最大特点。对于一个有六个界面的房间来说，很容易区分室内空间和室外空间，但对一个不具备六个界面的房间来说，往往可以表现出多种多样的内外空间关系。（图05）

04.新加坡圣淘沙名胜世界　　05.宁夏沙坡头腾格里沙漠景区度假酒店

[三] 室内设计与建筑装饰

目前，人们对"室内设计"概念的理解，存在着某些偏差，将室内设计与室内装饰、装修混淆，甚至与室内装潢混为一谈。对室内设计的性质、工作目标和工作范围，个人从不同的角度也可以得出不同的认识。1992年，地震出版社出版的《建筑大辞典》中，对室内设计、建筑装饰和装修做了如下的诠释：

"室内设计：原是建筑设计的一部分，现已从建筑设计中分化出来，旨在创造合理、舒适、优美的室内环境，满足使用和审美要求。主要内容为平面设计和空间组织，围护结构内饰面的处理，自然光和照明的运用以及室内家具、灯具、陈设的造型和布置，植物、摆设和用具的配置。"

"建筑装饰和装修是建筑主体工程（完工）以后，为了满足使用功能的需求所进行的装设和修饰，如门、窗、栏杆、楼梯、隔断等配件的装设，墙面、柱梁、顶棚、地面、楼层等表面的修饰。装修和装饰是指这两项工作完成的实体。"[①]

只依据这两个词条，我们很难分清室内设计与建筑装饰和装修之间究竟有什么本质的不同，甚至可以将其理解为同一事物。但建筑装饰（当然也包括室内装饰）与室内设计是有着本质的不同的。所谓"设计"是对某种创造行为的预先计划，这种计划需要用标准的语言预先加以描述，并且，依此生产出的产品可以被成批复制。其中，关键的环节是计划者和实施者可以分离，实施者在没有计划者参与的情况下，仍然可以依据方案独立地进行操作。当然，建筑装饰本身也需要进行预先设计，但其出发点与室内设计完全不同。室内设计的基本出发点，是对人在建筑空间环境中的行为的规范，是对人的生理、心理、情感和生活方式等方面的愿望较为全面规划。它使室内设计从建筑装饰、室内装修的旧观念提升到理性、科学的层面。这并不是轻视或否认装饰的价值，只在于说明室内设计与建筑装饰的区别，它充分体现了室内设计鲜明的时代特征，室内设计区别于装饰的方面远不止这些。由"装饰"向"设计"的转变，不仅仅是名称的变化，更体现着实践领域中时代的变迁，它体现了人们的认识对历史的超越。"装饰"的概念总是指向对事物表面的修饰与完善，即以不改变事物的性质或功能为原则，运用技术、物质手段对其功能产生影响。尽管室内设计的概念存在着上述不确定性，但我们还是能够从总体上把握它的基本性质和特征，人们对这一概念的认识已在许多方面趋于一致。

日本千叶大学的教授小原二郎等人在其合著的《室内空间设计手册》中认为："战前所使用的与'室内'相当的定义是'室内装饰'一词，现在则衍生出'室内设计'、'室内规划'、'室内'等词语，形成了各自独立的概念……所谓室内指建筑的内部空间。现在'室内'一词的意义应该理解为既指单纯的空间，也指从前述的室内装饰发展而来的规划、设计的内容。"[②]

台湾的设计教育家王建柱在其《室内设计学》一书中指出："室内设计是人为环境设计的一个主要部门，主要是指建筑内部空间的理性创造方法。精确地说，它是一种以科学为基础，以艺术为形式表现，为了塑造一个精神与物质并重的室内生活环境而采取的理性创造活动。"[③]在这里，他强调了室内设计是一种理性的创造活动。

1974年版的《大英百科全书》对室内设计做了如下解释："人类创造愉快环境的欲望虽然与文明本身一样古老。但是……相对是一个崭新的领域……室内设计这个名词是指一种更为广阔的活动范围，而且表示一种更为严肃的职业地位……它

---

① 建筑大辞典编辑委员会. 建筑大词典. 北京: 北京地震出版社, 1992. 第197页.

② [日]小原二郎, 加藤力, 安藤正雄. 室内空间设计手册. 张黎明, 袁逸倩译. 北京: 中国建筑工业出版社, 2000. 第8页.

③ 王建柱. 室内设计学. 台湾: 台湾艺风堂出版社, 1990. 第8页.

室内设计概述　**005**

06 . 吉隆坡双子塔前的广场景观　　07 . 吉隆坡双子塔大堂

是建筑或环境设计的一个专门性分支，是一种富于创造性和能够解决实际问题的活动，是科学与艺术和生活结合而成的完美整体。"[1]

美国的派尔（John F. Pile）在其所著的《室内设计》一书中写道："室内设计是一种职业手段，与装饰的概念相比，它更强调建筑内部的基本规划和功能设计。在欧洲，室内建筑师（Interior architect）专指处理空间的基本组织、房间的布局、技术配备（如光学、声学等方面）的人。在美国，建筑师一词有着法律上的限制，而室内设计师已成为人们在工作和生活中可以接受的定义一个职业的词语。"[2]

对于"室内设计"这一概念，《辞海》的解释是："对建筑内部空间进行功能、技术、艺术的综合设计。根据建筑物的使用性质（生产或生活）、所处环境和相应标准，运用技术手段和造型艺术、人体工程学等知识，创造舒适、优美的室内环境，以满足使用和审美要求。设计的主要内容为室内平面设计和空间组合，室内表面艺术处理，以及室内家具、灯具、陈设的选型和布置等。"[3]《中国大百科全书——建筑园林城市规划卷》把室内设计定义为："建筑设计的组成部分，旨在创造合理、舒适、优美的室内环境，以满足使用和审美要求。室内设计的主要内容包括：建筑平面设计和空间组织、维护结构内表面（墙面、地面、顶棚、门和窗等）的处理，自然光和照明的运用以及室内家具、灯具、陈设的选型和布置。此外，还有植物、摆设和用具等的配置。"

张绮曼教授在《设计哲学与现代室内设计》一文中，对室内设计做出了如下定义："室内设计乃是从建筑内部把握空间，根据空间的使用性质和所处环境，运用物质技术及艺术手段，创造出功能合理，舒适美观，符合人的生理、心理要求，让使用者心情愉快，便于生活、学习、工作的理想场所的内部空间环境设计。"

综上所述，我们可以对室内设计的概念及其内涵做如下概括：

（1）室内设计是在给定的建筑内部空间环境中展开的，是对人在建筑中的行为进行的计划与规范。

（2）良好的室内设计是物质与精神、科学与艺术、理性与情感完美结合的结果。

（3）室内设计职业的独立性，更多地体现在室内装饰与陈设品的设计方面。

（4）室内设计概念的内涵是动态的、发展的，我们不能用静止的、僵化的思想去理解，而应当随着实践的发展不断对其进行充实与调整。

二、室内设计与环境艺术

这里我们还需要就室内设计与环境艺术的关系这个问题展开讨论，以便澄清一些基本问题。根据一些专家、学者的解释，环境艺术的概念已经远远超越了室内设计的范畴，使其具有了更广阔的视野。

在一定程度上可以这样理解，环境艺术存在和形成的最终目的是为人类提供生存和生活场所。基于上述的认识，环境艺术主要包括两大类：一是除建筑设计以外的人类聚居环境的设计，简称室外环境艺术设计（图06）；二是建筑单体内部的空间划分、界面设计，以及陈设等设计，简称室内环境艺术设计。（图07）尽管如此，我们在实践上仍然很难准确地把握环境艺术的真实含义，这个概念迫使我们从"环境"和

[1] 张绮曼，郑曙旸主编. 室内设计资料集. 北京: 中国建筑工业出版社, 1991. 第6页.

[2] John F. Pile. Interior Design. New York: Harry N Abrarns Incorporated, 1995. 第13页.

[3] 辞海编辑委员会. 辞海. 上海: 上海辞书出版社, 1999. 第2896页.

"艺术"两个方面进行深入的思考。

当下，我们似乎正在走向一个泛艺术论的时代。随着素质教育这一概念不断地深入人心，人们越来越看重艺术教育在培养人的心智和创造力方面所具有的特殊作用。人的情感、道德中高尚的部分、人对客观事物敏锐的观察力、感受力以及如何用脱离世俗的态度去看待人生的心灵境界，都需要通过艺术教育的陶冶才能实现，而这些非智力因素往往比知识本身给人的影响更深刻、更持久。因此，艺术开始从神圣的象牙塔中走向生活、走向民众，成为通俗的大众文化和一个民族基础教育中的必备部分。通常我们对艺术的理解可以划分为三个层面：

（1）纯艺术：所谓"有意味的形式""理念的感性显现""理性的正当秩序"等，它们都表现为创造美的活动，是一种社会意识形态，是审美关照的对象、纯粹的精神产品。

（2）实用艺术：指与物质生产密切相关的艺术设计，它的本质是创造实用价值。

（3）泛指的技术或技艺：它表现为人们做某事的高超手段。如"领导艺术""谈话艺术""战争艺术""烹饪艺术"等。在这个层次上，艺术几乎可以应用在任何领域，但这时的艺术已经脱离了非功利性的审美范畴。

在人们当下的意识中，"艺术"概念第一个层面的含义正在逐渐消退，第二、第三个层面的含义正在不断增长。许多人正是在这两个层面上来理解艺术的。而"环境艺术"尤其让广大民众产生这样的认识，给人以很深的泛艺术论的印象。

"环境艺术设计"专业的前身是室内设计。20世纪80年代以来，环境问题成了世界范围内人们普遍关注的问题。臭氧层的破坏、环境污染、土壤的沙漠化、资源短缺与人口膨胀，使保护环境成为人类的共识。在这种大背景下，室内设计作为人工环境建设的一个专业门类，就有理由从建筑的内部拓展到外部空间，把居住区的环境规划、环境设计纳入视野，于是提出了"环境艺术"的概念。然而，这一拓展似乎只是工作范围的延伸，在设计方法、设计理念上没有质的跨越。"环境艺术"这个概念的核心在于试图把建筑、城市环境的设计上升到纯艺术的高度，提升到艺术的一个层面，使它成为纯粹审美关照的对象，把人们对生活的认识与体验重新恢复到艺术原有的神圣境界。但是，相当多的人没有真正弄清环境艺术的真实含义。或是把室内设计画上了等号，或与城市规划、景观、园林设计混为一谈。因此，"环境艺术"这个概念在学科的分类上造成了混乱，使它在专业设置、培养目标和知识基础的建构方面处于两难境地。人们忽视了"环境"概念的广阔性和丰富性，也混淆了设计与艺术的界限，而且

这个概念与一些国家高等教育的学科分类并不十分一致。在许多国家的大学专业目录中也同样没有与此一致的名称，类似的概念有"Landscape Arts"，我们有的译成"景观艺术"，有的译成"地景艺术"，意思都是指人造环境的艺术，主要是针对建筑的外部空间环境，包括居住区的道路、绿化、水体、休闲设施、雕塑、壁画、夜间的照明系统、公共标识系统等。也有人将其归入"Urban plan"（城市规划）的门类之下。与此有关的还有"Environment Science"（环境科学），它的研究对象是针对生态学——生态平衡、资源的供应、环境污染（水、空气、土壤等）的防治、人口的增长与控制、废弃物的处置等。目前，在许多国家的高等教育专业目录中没有"Environment Arts"或"Surrounding Arts"这个概念，自然也就无法搞清它的内涵究竟是什么。我们国内的一些学者、理论家对这个概念的认识也很不一致，可能考虑到"环境艺术"的概念带有更多的不确定，多数人在其著作中使用"环境设计"的称谓，但它们到底指的是一个知识的门类还是一个学科或专业，很难说清楚。

尹定邦先生在他撰写的《设计学概论》中，环境设计的领域界定包括城市规划、建筑设计、室内设计、室外设计（景观设计）、公共艺术设计（这个领域在他提供的具体内容上与室外设计没有多大区别）等多个方面。这种学科的分类在更大的范围上导致了混乱，在已经成熟的学科门类中，建筑学和城市规划早已是两个独立的系统，它们都有着各自深厚的历史和传统、完整的理论体系，把这两个学科与新兴的景观艺术拼凑在一起，带有较大的随意性，在实践上也行不通。

环境是一个宏观的概念，而"环境艺术"或"环境设计"却无法在宏观上加以理解。宏观的环境是环境科学的研究对象，只要我们认真审视一下环境的构成因素，就能看到环境艺术在认识上带来的混乱。

我们所称的环境（Environment），其中心事物是人类，是以人类为主体的外部世界，即人类生存、繁衍所必需的相应环境或物质条件的综合，它们可以分为自然环境和人工环境。所谓自然环境就是指直接影响到人类的一切自然形成的物质、能量和自然现象的总体。人工环境是指由人类活动而形成的环境要素，它包括人工形成的物质、能量和精神产品以及在人类活动中形成的人与人之间的关系或称上层建筑。

从以上关于环境的分析中，我们可以看出"环境艺术"或"环境设计"所提供的范围，都不能在环境科学的分类层次上加以理解。

02
室内设计的内容

建筑物的室内有"实体"和"虚体"之分，室内设计也分为"实体的设计"和"空间的设计"两大类别。室内环境中的实体和虚体互为依存，二者相辅相成，互为依存，人们不可能感知无实体的空间，也不能感知无空间的实体。其中的"实体"是直接作用于感官的"积极形态"，其外形可见、可触摸，室内环境中的实体包括天花、地面、楼梯、墙面、梁柱等建筑构件以及容纳、摆放的家具、陈设等，涉及形态、色彩、尺度、材质、虚实等方面的因素；"虚体"则指各实体所围合、划分而成的可供使用的内部"空间"或"间隙"，"虚体"空间肉眼看不到，手也无法触摸，只能由"实体"的积极形态互相作用和暗示，通过大脑的思考、联想与感知才能生成，包括它们的形状、尺度、开合、组合原则等方面的问题。

室内设计主要包含四个方面的内容，即室内空间设计，室内建筑、装饰构件的设计，室内家具与陈设的设计，室内物理环境设计。

一、室内空间的设计

空间设计是对建筑空间的细化设计，是对于建筑物提供的内部空间进行组织、调整、完善和再创造，进一步调整空间的尺度和比例，解决好空间的序列以及空间的衔接、过渡、对比、统一等关系的过程。虽然空间是实体的附属物，但对于建筑物而言却意义重大，空间是建筑的功效所在，是建筑的最终目的和结果，今天的室内设计观念已从过去单纯的对墙面、地面、天花的二维装饰，转到了三维、四维的室内环境设计。由于室内设计创作始终会受建筑的制约，这要求我们在设计时，要充分体会建筑的个性，理解原建筑的设计意图，然后进行总体的功能分析，对人流动向以及结构和设备等因素进行深入了解，最后才能决定是延续原有设计的逻辑关系，还是对建筑原有的基本条件进行改变。（图08）

二、室内建筑、装饰构件的设计

建筑空间中的实体构件主要包括墙面、地面、天花、门窗、隔断以及楼梯、梁柱、护栏等内容。根据功能与形式原则，以及原有建筑空间的结构构造方式对它们进行具体设计，从空间的宏观角度来确定这些实体的形式，包括界面的形状、尺度、色彩、虚实、材质、肌理等因素，用以满足私密性、审美、风格、文脉等生理和心理方面的需求。此外，这里还包括各构件的技术构造以及与水、暖、电等设备管线的交接和协调等问题。（图09）

三、室内家具与陈设的设计

室内家具与陈设的设计主要指室内家具、灯具、艺术品，以及绿化等方面的设计处理（实际上，多数情况下室内设计师与其说是在设计，倒不如说是在选择更为恰当）。这些要素处于视觉中的显著位置，与人体直接接触，感受距离最近，对烘托室内环境气氛及风格也起到举足轻重的作用。（图10、图11）

08.纽约大都会博物馆之中国馆   09.纽约大都会博物馆之伊斯兰馆墙面装修细节
10.宁夏沙坡头假日酒店四季厅   11.宁夏博物馆入口处

四、室内物理环境的设计

室内环境应从生理上符合和适应人的各种要求，这涉及适宜的温度和湿度、良好的通风、适当的光照以及声音环境等，这些因素使空间更适合工作、娱乐、休闲、生活与居住，是衡量室内环境质量的重要内容，是现代室内环境中极为重要的方面，与当前科技发展同步。在实际操作中，这些工作往往由相关的专业人员来配合解决，但作为室内设计师对其应有一定程度的了解，虽然未必要成为每个领域的专家，但至少应该懂得具体运用，以便工作中的协调配合与宏观调控。

第 2 章

空间设计

山川、水体、植被、动物、城市、街道、建筑、人群等构成了我们今天的生存空间，为了自身的生存，人们利用自然，开发自然，改造自然，为自己建造起了屋宇和高楼大厦，它们与山川、水体等自然要素一起共同形成了街道和广场，人们在其中生产、生活和工作。随着技术和科学的进步，人对空间的影响越来越大，反之，空间对人的制约也越来越大，尤其是城市空间和建筑空间，不但反映出人们的生活活动和社会特征，还制约着人和社会的各种活动；它不但表现人类的文明和进步，而且又影响着人类的文明和进步，制约着人和社会的观念和行为。不同时代、民族、地域的生活方式、文化风俗和精神意念必然物化在空间中，人们在自身的行为活动中所寻求的精神需求、审美理想等也必然会在空间艺术中得到满足。空间里的一切都为人所用，可以说，人的生存空间是人通过自己的劳作创造出来的，这一空间即我们所说的环境空间，当空间经过艺术设计之后，即成为一个环境艺术空间。在环境艺术设计中，空间是一个十分重要的概念，只有在空间中我们才能生活和发展。

01

空间的概念与性质

空间实际上是一种存在关系，基本上是由一个物体同感觉它的人之间产生的相互关系所形成的。空间离不开人的参与和感知，人对空间的感受和体验是由人的整个身躯和所有知觉包括逻辑的判断所形成的。

一、空间的概念

《现代汉语词典》中对空间的解释是"物质存在的一种客观形式，由长度、宽度、高度表现出来"[①]。空间是与实体相对的概念，空间和实体构成虚实的相对关系。人们通过形成空间的实体要素来确定空间的大小、长短、高低。我们今天生活的环境空间，就是由这种虚实关系所建立起来的空间。空间对于宇宙来说是无限的，而对于具体的事物来说，它却是有限的，无限的空间里有许多有限的空间。在无限的空间里，一旦置入一个物体，空间与物体之间马上就建立了一种视觉上的关系，部分空间被占有了，无形的空间在一定程度上就有了某种限定，有限、有形的空间也就随之建立起来了。譬如，雨天大街上一对恋人撑起一把雨伞，伞底下就形成了一个小小的、属于他们二人的独立天地；人们野餐时铺在草地上的一块塑料布，也会营造出一个家人聚会的场所。尽管这些临时性的场所四周是开敞或无限的，但人们仍能感受到这一空间的客观存在，同时也不影响人们对这一空间的理解。类似的例子在我们生活和工作的环境中随处可见，如一把阳伞、一棵大树、一处篱笆、一个水池、一块地毯、几把椅子、一组沙发，甚至是几个在站一起的人等，都可以形成一

个空间。（图01、图02）

由建筑所构成的空间环境，称之为人为空间，而由自然山水等构成的空间环境叫作自然空间。我们研究的主要是人们为了生存、生活而创造的人为空间，建筑是其中的主要实体部分，辅助以树木、花草、小品等，构成了城市、街道、广场、庭院等空间。

建筑构成空间是多层次的，单独的建筑可以形成室内空间，也可以形成室外空间，如广场上的纪念碑、塔等。建筑物与建筑物之间可以形成外部空间，如街道、巷子、广场等，更大的建筑群体则可以形成整个城市空间。（图03、图04）

二、空间的性质

空间是由限定它的要素围合而成，是客观存在的，因此必然具有物质特性。人们在不同空间中会获得不同的感受，不同的人在相同的空间中也会有不同的感受，因此空间还具有精神性和多元多义性。

[一] 空间的物质性

老子在《道德经》里说道："埏埴以为器，当其无，有器之用。凿户牖以为室，当其无，有室之用"。这句话一直为中外建筑业内的人士奉为解释空间概念的经典名言。通俗地说，就是人们创造建筑这样的实体，进而形成建筑空间、小巷、街道、广场，最后形成城市。真正有价值的并非实体部分，而是空

[①] 中国社会科学院语言研究所词典编辑室编. 现代汉语词典. 北京: 商务印书馆, 1981. 第638页.

01.沙滩上的遮阳伞形成的空间　　02.几块岩石从无垠的大海中划分出一个安静的角落，给人一种空间上的安全感
03.卢森堡维昂登镇的街巷　　04.海德堡市集广场　　05.桂林愚自乐园入口

心部分，即由这些实体部分围合而成的空间；建筑、墙体、屋顶、地面、桥梁等为"有"，而真正有价值的却是"无"，是空间；"有"是我们构筑空间的有效手段，"无"是我们创造空间的目的。形成空间的实体和虚体共同存在，相互依存，构成一个统一的整体。人们既可以感受到实体形态的厚实凝重或轻盈剔透，也可以感受到虚体空间的流动辗转或静止平静。尽管作为虚体的空间不可触及，只能感知，但空间的性质仍然首先体现为它的物质性。

首先，空间的物质性体现在空间的构成要有一定的物质基础和手段。墙体、地面、屋顶、柱子以及在墙体和屋顶上开设的门、窗等这些建筑构件，还有在建造中多采用物质材料和技术手段，都是为了营造为我们所利用的空间。（图05）没有它们，也就不会有合乎人们需要的空间。其次，空间的物质性体现在空间必须满足人们的功能需要。在建筑中，人们通过各种方法来围合、分隔和限定空间，其意也在形成各种不同的室内空间，满足人们不同的功能需要。从辩证唯物主义的观点看，内容决定形式，不同的功能要求需要不同的

空间、物质和技术手段。如住宅的功能是由人每天的生活规律和行为特点决定的，它由大小、形式不同的空间构成一个组合空间，包括起居室、餐厅、卧室、卫生间、厨房、储藏间等；机场、火车站、体育馆、音乐厅、歌剧院、影剧院、商场等基本上由一个或几个大型空间与若干个小空间组合而成；办公、学校等建筑则是由基本空间相似的一个系列空间组合而成。但不管采用什么物质材料、什么结构、什么形式，其空间的基本目的首先都是为了满足功能的需求。当然，物质和技术手段也不完全是被动的适应，先进和完善的技术与物质手段可以启发和促进新的空间形式的出现，可以满足更高、更新的功能要求。

[二] 空间的精神性

如同其他艺术形式一样，空间除了满足物质功能需要外，它还要满足人精神上所必不可少的需求。当画家用色彩、线条来进行创作，雕塑家用体、面来塑造形体时，其所要表达的

06.旧金山圣玛利亚教堂　　07.具有印度传统韵味的庭园　　08.洛杉矶艾皮斯考帕教堂

意义远超于形式之外。建筑师和室内设计师也同样如此，他们利用空间来表达情感，表现深层的意义。空间设计与绘画及雕塑的区别在于：绘画虽然表现的是三维对象，用的却是二维语言，雕塑是三维形式的，但它与人分离，人只能在远处观看。而空间设计使用的则是三维语言，人置身其中，空间的形态会随着人的移动而变化，因此有四度空间之说。空间的形体语言可以传达崇高、神圣、稳定、压抑等意义。（图06）例如，高直的空间给人以崇高的感觉，过于低矮的空间使人压抑，金字塔式的空间让人觉得安稳。古代建筑的对称空间组合显示了"居中为尊"的理念，如故宫等皇家建筑；而中国古代的园林建筑则恰好相反，追求与自然环境的统一和谐，产生了自由的空间形式和组合，造就了天人合一的境界。建筑是通过空间、形体、色彩、光线、质感等多种元素的组合整体地表现精神性的，但空间是主要的，起着决定性的作用，其他的元素只起着加强或减弱空间的艺术效果的作用。空间既可以表达设计师的情感，也可以反映出不同地域、不同民族、不同文化、不同人的特点。

[三] 空间的多元多义性

对于空间的理解不能仅仅停留在物质性和精神性两个方面，空间是一个多元多义的、复杂的综合体，对空间的理解涉及哲学、伦理、艺术、科学、民族、地域、经济等各个方面。建筑师和设计师们不仅要研究有形的空间组成要素，如建筑、场地、绿化及技术手段等，还要研究无形的组成要素，如社会、道德、宗教、伦理、习俗、情感等。因此，只有真正完全地理解和掌握空间知识，才能有一个开阔的视野，以适应建筑师和设计师的职业要求，创造出满足不同情感需要的空间。（图07、图08）

空间的多元多义性在空间的设计创造中表现在以下几个方面：

（1）空间的塑造是一个综合性的过程

空间创造需要科学、哲学、艺术的综合，空间建筑的设计必须充分考虑材料、结构、技术以及经济等因素，必须按照科学的规律和自然的法则，确定一个合理的、科学的、经济的最佳方案。这体现了空间设计的理性思维方式。

空间设计除了满足使用功能外，还应考虑人的活动规律、道德观念、风俗习惯、价值观念和社会行为规范等，按人性空间的要求来设计一个符合社会行为、道德规范等的空间。这体现了空间设计的哲学范畴。

空间是依靠形体来表现内容的，这就需要艺术的想象力，用建筑材料，通过点、线、面、体的处理，创造有意义的形式，用符合形式美的规律和符合人的审美特征和情感表现的手段创造一个直观的、具有艺术魅力的空间形态。这又体现出空间设计的形象思维方式。

（2）空间的物化过程是多主体的社会行为

建筑空间的设计不是设计师个人行为，从设计方案审批，计划实施到最后的使用和管理，需要经过许多人的参与合作才能最后完成。这点与纯艺术的创造有着本质的区别。

（3）对空间模糊性特征的理解

空间是以其形态来表达它的意义和内涵的。但同一形体由于不同的人、不同的文化背景、不同的年龄、不同的性别、不同的习俗等会对同一空间产生不同的认识和理解。简单地说，同一形体可产生几种或多种认识和理解，而同一个内容也可以有多种表现形式。这是建筑空间通过抽象形态表现的特点，也是音乐及其他一些抽象艺术的共同特征。建筑空间的形式表达不是确定的"约束性的"信息，而是以一种模糊的语言，凭感觉去感受的"非约束性的"信息，它所表达的信息具有很强的模糊性。也正因此，空间艺术才可能使人产生更多的想象，使读者或观者共同参与到设计和创造之中。

02

空间的构成与界定

任何室内空间都是具有限定性的，不管是开敞空间还是封闭空间，都只是限定的程度不同而已。室内空间的构成和限定的手段和方法多样，空间的形式也是多种多样。

一、空间的规划

空间的规划是空间得以建立的基础，而这个规划的首要工作是区分空间，对于设计师而言，常以图形的方式将空间在平面上的合理布局绘制成平面图。平面图几乎是一种完全脱离实物的一种抽象划分，然而平面图却是我们整体了解建筑及其内外环境这一有机体的第一手资料。不管平面区划和设计是否合理，它都是确定建筑空间及其周围环境设计艺术性和美学价值最重要的原始凭证，建筑大师勒·柯布西耶（Le Corbusier）在他的教学中曾指出："平面布局是根本。"他的这种观点源于他对建筑及其环境设计的具体实践，同时也与他长期致力于该领域优秀项目的研究分析分不开。他的这一观点得到了大多数人的赞赏，甚至被奉为真理。的确，一个完美、正确、充实的平面布局，是实现一个建筑环境整体效果的根本所在，平面在形式与功能上的作用在一定程度上决定了整体环境的布局形式和功能分布，因而平面是基础，平面是根本，这种说法丝毫也不过分。

平面图的所谓平面，是环境艺术设计师为其设计对象的立体空间结构所作的一个图示，是一个基本的整体布局。它是设计准则的反映，即整体的布局与规划先于其他一切，先于造形、先于结构、先于装修、先于细节。这是一个纯粹抽象的设计创作过程，是理性与浪漫的结合，在这个基础上，环境艺术设计才能有的放矢，才能按部就班，才能有原则、有章法地得以实现。

我们时时刻刻都生活在空间中，能够体会空间的存在。在法国建筑师克里斯蒂安·德·鲍赞巴克（Christian de Port-zamparc）设计的巴黎音乐城平面中（图09），建筑通过维护结构将外部（或称为城市空间）与内部（或称为建筑物本身的空间）分隔开来了。实际上每座建筑物都或多或少地打断了空间的延续性，并得到明确的划分，使得处于建筑内部的人无法看清外部的情况；反之，每座建筑也都阻隔了外部观者的视线。但建筑的目的即在平面图中给予的突出的东西，并不是那些实墙，而是那些由墙围合在内的空间，也就是说，建筑的真正意义在于其内部空间。我们所看到的建筑外观可能是一座体积与立面形式都十分动人的物体，但对于建筑的需要者和使用者来讲，真正的价值意义在于其内部可使用的"空间部分"，没有功能上完善的内部空间，再漂亮的外形和再合理的结构都是无意义的。

室内环境与室外环境的结合与统一，即一个有整体意义上的环境艺术，这是我们要观察鉴赏的全部内容，因为一个优良的内部空间如果没有外形和环境上的呼应与统一，也不是一件完美的作品。瑞士著名建筑师马里奥·博塔（Mario Botta）设计的旧金山现代艺术博物馆，处于楼群的夹缝之中却没有被淹没，反而成为整体环境的视觉中心，并成为当地环境的标志性建筑，其原因在于它既与原环境相协调，表现在建筑立面上的装饰符号同前广场的装饰符号相一致，选材上与远处红砖建筑相互呼应，在高度与形式上与周边建筑有统一性与协调性；又与周边建筑有明显的形式与色彩上的区别，从而形成了这种既协调统一又别具特色的整体环境。（图10）

09.巴黎音乐城总平面　　10.旧金山现代艺术博物馆　　11.布达佩斯特荷兰银行　　12.奥赛博物馆中穿插的空间

13.地面使用的不同材料划分临近不同的功能区域空间

[一] 空间的组织关系

室内设计是一门安排空间的艺术，设计师通过各种手法去围合和创造空间，形成了一定的空间组织关系。

1. 空间内的空间

空间内的空间即一个大的封闭空间包含的小空间，两者之间

很容易产生视觉上的空间连续性。一般两者之间尺寸应有明显差别，通常可以是相同形状而方向各异的一个空间或不同形体而方向相同的空间，并刻意增强独立性，同时留出富有动态的剩余空间。（图11）

2. 穿插式空间

穿插式空间是由两个空间范围相互叠加而形成的一个公共地

14.澳大利亚悉尼奥罗拉大厦

带，但原来两个空间仍保持各自的界限及完整性。这种穿插表现为三种形式：第一，公共部分为两个空间共有；第二，穿插部分与其中之一合并，并成为其体积的一部分；第三，穿插部分自成一体，成为两个空间的连接部分。（图12）

3.邻接式空间

邻接式空间是最常见的空间形式，它允许各空间根据各自的功能或者象征意图的需要进行划定。相邻空间之间的视觉感受及空间的连续程度取决于把它们分隔又联系在一起的面的形状和特点。其分隔面可以是限制两个邻接空间的实体连续，这种分隔可增强两个空间的独立性并使二者相异；可以是一个设置在单一空间的独立面，这种方法使空间不会绝对分开，空间有所连续和延伸，同时又有灵活性；又可以以一列柱子或两根柱子来分隔，使空间具有大空间感和视觉连续性与渗透性；还可以以空间中不同的高程或表面处理变化来作为分割的暗示，如部分做地台，部分降低标高，或者将两部分用不同的色彩和肌理的墙面做区分。（图13）

4.以过渡空间作连续的空间

相隔一定距离的两个空间，可由第三个过渡空间来连接或联系。在这种空间联系中，过渡空间的特征意义重大。其中过渡空间的形式可与被联系的空间完全不同，以示它的作用；也可以尺寸、形式完全一样，形成一种空间的线型序列；还

可以采用直线式，以联系两个相隔空间或者一连贯空间；如果过渡空间足够大，它则可以成为这种空间关系的主导，具有将一些空间组织在其周围的能力；另外，过渡空间的具体形式可由其所联系的空间的朝向来确定。（图14）

[二] 空间的组合

一个建筑的室内环境是由各种不同功能和形式的室内空间组合而成的，空间设计和规划的过程也是空间组合的过程。空间的组合首先要满足功能的要求，其次同样要满足形式美感的需求，物质层面和精神层面要并重。

1.空间组合的要求

在典型的建筑设计项目中，对不同的空间有着不同的要求，而这些要求中一般是存在着共性的，即：

（1）具有特定的功能和形式。

（2）使用上有机动灵活和自由处理性。

（3）具有独一无二的功能性和意义。

（4）同功能相似而组成为功能性的组团中或在线性序列中重复出现。

（5）为采光、通风、景观与室外空间的通连性需要适当地向外开放。

15．巴黎卢浮宫玻璃金字塔下方　　16．线性空间

（6）为私密性而必须隔开。

（7）易于人流的进出。一个空间的重要性、功能性和象征作用因其在空间中的位置而得以显示。具体来说，其形式取决于项目中对功能的估计、量度的需要、空间等级区分、交通、采光或景观的要求等；根据建筑场地的外部条件，允许组合形式的增加或减少，或者由此促使组合对场地的特点进行取舍。

2．空间组合的形式

在设计中，空间常见的组合形式分为集中式、线式、辐射式、组团和网格式五种。

（1）集中式组合：是一个向心的稳定的结构。一般由一系列的次要空间围绕一个占主导地位的大中心空间构成。中心空间的尺度要足够大，并大到足以将其他次要空间集中在周围。次要空间的功能、尺寸可以完全相同，从而形成规则的、两轴或多轴对称的整体造型；也可以互不相同，以适应各自不同的功能需要和相对的重要性及周围环境的要求。集中式的组合本身无方向性，因而应将通道和入口的位置设置于次要空间并予以明确的表达。其交通路线可以是辐射形、螺旋形等。（如图15）

（2）线式组合：通常由尺寸、功能完全相同或不同的空间重复出现而构成，这两种组合序列在每个空间处都有向室外的出口。在这种组合中，功能性或者有象征方面具有重要意义的空间可以出现在序列的任何一处，以尺寸、形式来表明其重要性。也可以通过所处的位置，如序列的终端、偏移出线性组合或处于扇形线式组合的转折处来表明其重要性。线式组合的特征是"长"，因此它表达了一种方向性，具有运动、延伸和增长的倾向。为使延伸感得到控制，线式组合可以终止于一个主导空间，或一个特别设计的入口，或者与场地、地形融为一体。（图16、图17）

线式组合具有形式上的可变性，容易与场地环境相适应，如环绕一片水面，树林，或改变方向形成良好的视野或采光，它既可以是直线又可以是折线、孤线，可以水平横贯，也可沿坡地斜插，还可以如塔般耸立。它可以沿长度方向上组合其他形式；可以作为一面墙或障碍物，将其他形式阻隔开来；还可以将其他形式环绕或封闭在一个空间区域之内。

曲线和折线式的组合，在其凹进的一面围起一个室外范围，并使组合的空间产生向该中心的倾向性；另一侧则起到隔离外部空间的作用。

（3）辐射式组合：集中式及线式组合的要素兼而有之，它由一个主导的中央空间和一些向外辐射舒展的线式空间组合而成。集中式组合是一个向心的聚集体，而辐射式则是一个向外的扩张，通过其线式"臂膀"向外伸展，并与场地特点和建筑场地的特定要素相交织。与集中式相同，辐射式的组合中央空间一般也是规则的，其"臂膀"可以是在形式、尺度上相同或不同，其具体形式根据功能及环境要求来确定。辐射式组合有一个特殊的变体，即风车图式，其线式臂膀沿着正方形或规则中央空间的各边向外延伸，形成一个富于动势的风车翅，视觉上产生一种旋转感。（图18、图19）

17．走廊空间　　18．利雅得国际机场候机楼　　19．巴黎拉德方斯新区宾馆建筑　　20．广岛市现代美术馆

（4）组团式组合：通常是由重复出现的格式空间组成，这些空间一般有相类似的功能，并在形状、朝向等方面有共同特征。当然其组团也可以是形状、功能、尺寸不同的空间的组合。这些组合都由紧密连接的墙体和诸如对称轴线等视觉上的一些规则手段来建立联系，因而组团式的图案并不是来源于某些固定的几何形状，而是灵活多变的。这种组合可以将建筑物的入口作为一个点，或者沿着穿过它的一条通道来组合其空间。这些空间还可以成组团式的布置在一个划定的范围内，或一个空间体积的周围，此组合类的集中式，但无集中式的紧凑性和几何规则性。

在设计表达的图形中没有固定的重要位置，因而必须通过图形中的尺寸、形式或者朝向，才能显示出某个空间所具有的特别意义。在对称及有轴线的情况下，可用于加强和统一组团式组合的各个局部，有助于表达某一空间或空间群的重要意义。（如图20、图21）

（5）网格式组合：是通过一个度的网络图案或范围而得到空间的规律性组合。一般由两组平行线相交，其交点建立了一个规则的点的图案，这就形成了网格，再由网格投影成第三度并转化为一系列重复的空间模数单元。而其网格的组合力则来自图形的规则性和连续性，它们渗透在所有的组合要素之间。网格图形在空间中确定了一个有参考点和参考线所连成的固定场位，因此，即使网格组合的空间尺寸、形状或功

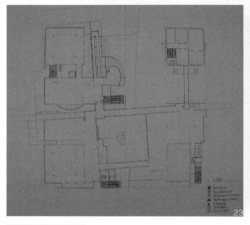

21．组团式空间组合　　22．东京国际文化信息中心　　23．法兰克福实用美术馆平面图　　24．新德里亚洲游戏村

能各不相同，仍能合为一体，并且有一个共同的空间关系。在建筑中，网格大都是通过骨架结构体系的梁柱关系建立起来的。在网格范围中，空间既能以单体形式出现，也能以重复的模数单元出现。且无论这些形式的空间在该范围内如何布置，如果把它们看作"正"的空间形式，那么就会产生一些次要的"负"空间形式。网格式的组合由于为重复的模数空间组合而成，因而可以方便地进行削减、增加或层叠，依然保持网格的同一性，具有组合空间的能力。为满足空间量度的特定要求，或明确一些作为交通和服务的空间地带，可使网格在一个或两个方向呈不规则式；或因尺寸、比例、位置的不同造成一种合乎模数的、分层次的系列。另外，网格也可以进行诸如偏斜、中断、旋转等变化。并能使场地中的视觉形象发生从点到线，从线到面的转化，以致最后产生从面到体的变幻。（如图22、图23）

在组合形式的设计中，我们还要考虑这种组合形成了什么样的空间，其空间的位置如何，它们之间是如何划分空间与空间之间的、空间内部与外部的关系如何，组合入口的位置、大小、形状如何，交通道路采用的形式如何，组合的外部形式及其与周围环境的结合是不是协调等问题。

二、空间的围合

在建筑物中，每一个空间形式和围合物，不是决定了周围的空间形式，就是被周围的空间形式所决定。而每一种空间形式，在限定空间方面都有它主动和被动的作用。这里，我们把围合空间的元素简单地分为水平因素和垂直因素两种，并就二者对空间起的围合及分割作用进行分析。

[一] 水平要素限定下的空间

围合室内空间要素中的水平要素起到承托空间的作用。室内设计中可以利用不同标高的地面划分或限定空间，形成不同的功能空间，同时使空间充满变化，获得丰富的视觉效果。

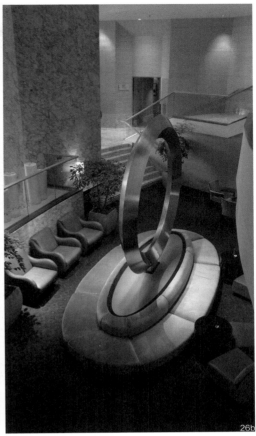

25 . 科隆路德维希美术馆　　26a . 奥赛博物馆中的走廊　　26b . 下沉空间

1. 基面

一个水平方向上简单的空间范围，可以放在一个相对的背景下，限定了尺寸的平面可以限定一个空间。基面有三种情况，分别为以地面为基准的基面、基面抬起和基面下沉。抬到地面以上的水平面，可以沿它的边缘建立垂直面，视觉上可将该范围与周围地面分隔开来，为基面抬起；水平面下沿到地面以下，能利用下沉的垂直面限定空间体积，为基面下沉。抬起的基面可以划定室内室外之间的过渡空间。（图24）还可以与屋顶面结合在一起则会发展成一种半私密性的门或廊道；在建筑物内部的空间里，一个抬起的地面则可以限定一个空间，作为其周围活动的一个通路，它可以是观看周围空间的平台，也可以是让四周观看它的舞台；还可以用于室内一个表达神圣或不寻常的空间；在住宅里，它还可以作为将一个功能区与其他功能空间相区分的设计手法之一。

下沉的基面可以创造一种渐变的高程，使下沉空间与周围空间之间形成空间的连续性，下沉于周围环境中的空间，暗示着空间的内向性或其遮挡及保护性。（图25）

2. 顶面

如同一棵大树在它的树荫下形成了一定的绿荫范围；建筑物的顶，也可以限定一个连续的空间体积，这取决于它下面垂直的支撑要素是实墙，还是柱子。屋顶面可以是建筑形式的主要空间限定要素，并从视觉上组织起屋顶面以下的空间形式。如同基面的情形一样，顶面可以经过处理去划分各个空间地带。它可以下降或上升来变换空间的尺度，通过它划定一条活动通路（图26a、图26b）；或者允许顶面有自然光线进入。顶棚的形式、色彩、质感和图案，可以经过处理来改进空间的效果或者与照明结合形成具有采光作用的积极视觉要素，还可以表示一种方向性和方位感。（图27、图28）

27.科隆路德维希美术馆展厅　　28.奥赛博物馆的天花照明设计　　29.东京新国立美术馆

30.慕尼黑现代艺术馆共享大厅　　31.慕尼黑现代艺术馆过厅中的混凝土墙

[二] 垂直要素限定的空间

垂直形状，在我们的视野中通常比水平面更加活跃，因而用它限定空间体积会给人以强烈的围合感。垂直要素还可以用来支持楼板和屋顶，它们控制着室内外空间视界和空间的连续性，还有助于调节室内的光线、气流和噪音等。

在我们生活中，常见的垂直要素有：

（1）线的垂直要素，可以用来限定空间体积的垂直边缘，如柱子，一根柱子处于不同方位有着不同作用，但它若在空间中独立，则可以限定房间各个空间地带；两根柱子则可以形成一个富于张力的面，三根或更多的柱子则可以安排成限定空间体积的面。（图29、图30）

（2）一个垂直面将明确表达前面的空间。它可以是无限大或无限长的面的部分，是穿过和分隔空间的一个片，它不能完成限定空间范围的任务，只能形成一个空间的边界，为限定空间体积，它必须与其他形式要素相互作用。高度不同会影

32.蓬皮杜艺术中心中的彩色墙面　　33.香港太平洋酒店门厅中的一角　　34.平行面限定的空间

响到视觉表现空间的能力。当它只有60cm高时，可以作为限定一个领域的边缘；当它有齐腰高时，开始产生围护感，同时它还容许视觉的连续性；但当它高于视平线时，就开始将一个空间同另一个空间分隔开来；如果高于我们身高时，领域与空间的视觉连贯性就会被彻底打破了，并形成具有强烈围护感的空间。（图31、图32）

（3）一个L形的面，可以形成一个从转角处沿一条对角线向外的空间范围。这个范围被转角造型强烈地限定和围起，而从转角处向外运动时，这个范围就迅速消散了，它在内角处有强烈的内向性，外缘则变成外向。L形面是静态的和自承的，它可以独立于空间之中，也可以与另外一个或几个形式要素相结合，去限定富于变化的空间。（图33）

（4）平行面，可以限定一个空间体积，其方位朝向该造型敞开的端部。其空间是外向性的。它的基本方位是沿着这两个面的对称轴的。沿造型开放端的空间范围的确定，可以通过对基面的处理，或者增强顶部构图要素的方法，从视觉上得到加强。（图34）

（5）U形面可以限定一个空间体积，其方位朝着该造型敞开的端部，在其后部的空间范围是封闭和完全限定的，开口端则是外向性的，是该造型的基本特征，因为相对其他三面，它具有独特性的地位，它允许该范围与相邻空间保持空间上和视觉上的连续性，若把基面延伸出开放端，则更能加强视觉上该空间范围进入相邻空间的感觉。而与开敞端相对的面则为三面墙的主墙面。若在造型的转角处开口，则该空间则造成几个次要地带，使其呈多向性和流动性。如果通过该造型开敞端进入这个范围，在它后部的主立面处设置一物体或形体，将结束这个空间的视野。如果穿过一个面进入该领域，开敞端以外的景象，将会抓住我们的注意力，并结束序列。如果把窄长空间范围中的窄端打开，该空间将促使人们运动，并对活动的程序和序列起导向作用；如果将长端打

35．电梯厅是典型的U形空间　　36．卢浮宫内庭院　　37a．宾馆大堂尽端的休息区

37b．日常起居生活空间是典型的四面围合空间

开，空间将很容易被继续划分。如果空间是正方形的，那它将呈现静止状态，并有一种处于场所之中的状态。空间的U形围护物，可以在尺度上有大幅度变化，小到房间的壁龛，大到一个旅馆或住宅的房间，一直到带拱廊的室外空间，去组成一个完整的建筑综合体。（图35）

（6）四个面的围合，将围起一个内向的空间，而且明确划定沿围护物周围的空间。这是建筑空间限定方式中最典型，也是限定作用最强的一种。在围起该范围的各面不设有洞口时，它是不可能与相邻空间产生空间上和视觉上的连续感的。洞口的尺寸、数目和位置也削弱了空间的围护感，同时还影响到空间流动的方位，影响到采光的质量，影响到它的视野以及在空间的使用方式和运动方式。明确限定和围起的空间范围在各种尺度级别的建筑物中均可找见，大到城市广场，建筑物的内庭，小到建筑组合中的一个房间，无所不有。（图36、图37a、图37b）

三、空间的类型

空间是多种多样的，这里按使用方式又可以把空间分作：共

38 . 苏黎世大学教学楼中庭　　39 . 相互穿插层次丰富的空间

享空间、母子空间、私密空间、交错空间、动态空间、静态空间、悬浮空间、虚拟空间和不定空间等几大类。

（1）共享空间

多为较大型公共空间中设置的活动中心和交通中心空间，一般空间比较高大，常为各种组合形式的中心场所。其中含有多种空间要素和公共设施，人们在共享空间中可体会到物质上与精神上的双重满足，即兼具服务性、休息性双重功能；这里既有多个服务设施，又引入室外灿烂的阳光，潺潺的流水和扶疏的花木；建筑物整体的特色和性质，在这一环境空间得到全面的体现。空间处理上可大也可小，但基本上保持有天顶采光或玻璃幕墙、观光梯、自动扶梯、大面积植物及流水的设置，整体环境光洁华丽，富于动感。（图38）

（2）母子空间

是空间二次分割形成的大的功能空间中包容小的空间的结构。构成这种空间的手法很多，有时是在大空间的实体中划分出小空间，有的则以虚拟象征的手法形成屋中屋、楼中

楼、店中店的空间格局。这样既不脱离大空间的功能，又令小空间各自独立，互不干扰，同时又丰富了空间层次。其划分方式往往是大空间中规律性、节奏化排列的小空间形成富有韵律的空间形式，使空间更有利于生成群体对个体的吞纳性。（图39）

（3）私密空间

有明确围护物的内向的、有较强围护感的空间，它与其他空间在视觉上、空间上都没有或只有很小的连续性，以保证空间使用上的相对独立性、安全性和保密性。如住宅中的空间安排，酒店中的单间雅座等都是为了增强相对的独立性和私密感。（图40）

（4）交错空间

交错空间指的是比我们通常所见的空间更加复杂有趣的空间，它可能是平行围合面的交错、穿插和错位，形成上下的交错叠加，相互覆盖，相互穿插。从而形成类似城市中立交桥一样的主体交通空间。这种空间便于人流的疏散组织，空间

40.住宅中属于个人的卧室和卫生间　　41.新加坡万豪酒店中庭空间　　42.香港山顶广场内景

43.酒店大堂的咖啡吧　　44.悬浮空间　　45.通过地面材料的变化来虚拟空间

46 . 新加坡圣淘沙名胜世界室内外空间相互渗透交融

有流转变化、相互交融、丰富多彩的意趣。（图41）

（5）动态空间

动态空间多以运动着的物体，人流以及变化着的画面，闪烁变幻的灯光、音乐等来体现出一种强烈的动感，使身临其中的人们不仅能体会到空间的尺度感还能体会到时空结合的"四维空间"。其常用手法有，垂直上下的外露观光梯，交错而行的自动扶梯、动感雕塑、电视机、投影屏，闪动的画面，时强时弱的背景音乐、交错穿插的人流，对比强烈的色彩、图形，光怪陆离的灯光影像等。旨在表现一种生动活泼、淋漓尽致的趣味空间。（图42）

（6）静态空间

动态空间给人印象深刻，又极易出效果，是设计师热衷的题材，但长时间处于该环境会令人烦躁不安，会走向其反面静态空间。动静结合是人的正常生理需要，因而静态空间的设置必不可少。一般静态空间的空间限定性较强，基本为封闭型，或者是某空间的一端即空间序列的终端，因而处理上不会受其经过空间的干扰，容易处理成安宁、平衡的静态效果。常以对称、向心、离心、偏心等构图手法进行设计，比例适度、色调淡雅，光线柔和造型简洁平稳，视线平行，无引发强制性的视线导向。（图43）

（7）悬浮空间

属于小范围的空间设计手法，却是可以令空间更为灵动、别致、与众不同的高招，常出现在空间垂直面上，表现为悬吊或悬挑出的小空间凌驾于大空间的半空之中，颇具独立性和趣味性。（图44）

（8）虚拟空间

可称为非空间的空间，完全依靠观者的联想和心理感受来实现。它一般存在于母空间之中，但又有相对的独立性。它可能是借助一片绿化、一组小隔断、几件家具及陈设、一泓清水、两个不同色彩、两种不同材质、两个不同标高等设计，手法非常简单，但较易形成空间中带有提示作用的重点和视觉中心。（图45）

（9）不定空间

不定空间是一种没有绝对界线，又充满矛盾性和不固定性的空间，空间围合形式上的模棱两可，使空间界于自然与人工、室内与室外，公共活动与个体活动之间，是矛盾双方的相互交叠、渗透和相互增减，是增一分偏左、减一分偏右的恰到好处的设计。这种空间的不定性，与我们心理上的模糊性是相互呼应和相互吻合的，因而这种空间的存在有其合理性。（图46）

综上所述，建筑中的空间形式是多种多样的，它们或复杂或单纯，或迷离或清晰，都是以人的需要为出发点来设计和组织的，无论是其中哪一种空间，它若能与处于该空间的人内心达成共鸣，使之感动、激动，并能表达出发自内心的赞

47 . 莫斯科特列恰科夫画廊展厅　　48 . 局部分割的空间　　49 . 弹性分割的空间（分割前）　　50 . 弹性分割的空间（分割后）

叹，至此，空间的功能和空间的精神内涵才得以进一步的升华和深化。

四、空间的分割

不同使用功能要求我们必须对室内空间进行空间的分割，分割方式和方法很多，可以是利用墙体绝对分割，也可以是利用隔断、家具、标高、装饰构件等其他要素进行局部分割、弹性分割、虚拟分割。

[一] 空间分割的方法

空间是分割的结果，从分割方法上看有以下几类：

1．绝对分割

绝对分割是利用实体界面对空间进行高限定性的分隔，这样分隔出来的空间具有绝对的界限，是封闭性极强的。这种分割形成的空间，一般隔音性好、视线阻隔性良好，具有私密

性、领域性和抗干扰能力。但与外界的流动性较差，在良好的设施下能保证良好的温度、湿度及空气清新度。（图47）

2．局部分割

局部分割具有界面的不完整性，通常用片段的界面，如不到顶的隔墙，隔断、屏风、高家具等来划分，局部分割限定度较低，因而隔音性，秘密性等受到影响，但空间形态更加丰富，趣味性与功能性都会增强。（图48）

3．弹性分割

弹性分割是一种可以根据要求随时移动或启闭的分隔形式，这种分隔可使空间扩大或缩小。通常用可推拉隔断、不折叠、可升降等活动隔断、幕帘、屏风、家具及陈设等进行分隔，以形成灵活、机动的空间形式。（图49、图50）

4．虚拟分割

虚拟分割一种低限定度的设计，界面模糊，甚至无明确界面的分割形式，但却能通过"视觉完整性"这一心理效应达到心理上的划分，因而是一种不完整的、虚拟的划分。常用手法极多，可以是高差、色彩、灯光、材质、甚至气味的变化，也可以是花罩、栏杆、架格、垂吊物、水体、家具、绿

51.虚拟分割的空间　　52.普希金博物馆展厅　　53.普希金博物馆展厅

地等，这种分割流动性强，做法简单，但行之有效，可以创造出景观丰富的深层面空间，是陈设品用来分割空间的典范。（图51）

[二] 空间分割要素

从设计的角度看，空间分割是依靠分割的元素来完成的，分割元素包括建筑本身的基本界面、各种构架、水体及绿化，照明、陈设物等。

1. 界面

界面包括平行界面如地面、天花；垂直界面如内墙、隔墙、隔断等。从表面上看结构墙与轻质隔墙在刷上涂料后没有区别，只有薄厚不同而已，但结构墙所承受的重量和各种力要比普通隔墙大得多，而轻质隔墙是基本不受力的，因而在分割与改造原来立面的时候，对承重结构墙的改造要慎重，从而保证建筑的整体强度不被破坏。内墙是室内分割中最大的一部分面积，因而内墙的内容及风格直接影响内部环境的整体风格（图52），因而以内墙作空间划分时，内墙本身的形式可以是非常丰富的，其结构可以是暴露的、部分暴露的，结构也可以被全部掩盖，以装饰的立面形式出现；还可以是柱子与连廊形式结合的开敞性的分割。（图53）隔断或屏风，一般不列为垂直分割，是非完整界面的分隔，但通过

54．新加坡迈克酒店大堂

55．新加坡金沙酒店大堂吧

56．利用植物和水体分割空间

57．日本安藤广重博物馆　　58．利用家具隔断分割空间

"视觉完整性"的设计，在心理上形成完整分隔。隔断的形式极其丰富，可以是一字形、L形、U形以及立面开洞式、曲线形、不规则形等，因地制宜，设计灵活机动，可以形成绚烂多姿的环境气氛。

平行界面中的天花通常与采光结合，现代建筑由于天花上有许多必备管线设施（空调系统、消防系统、照明系统等），使得顶部有许多妨碍视线的设备存在，因而大多数设计顶棚形成主要采光面，天花的形状差别、色彩差别和高低差别都会对空间的区分形成一定影响，并在一定程度上起到划分的作用。（图53）地面由于要承受人及物品的行走和运输，因而要首先考虑到耐磨性和足够的摩擦力，利用地面材料的不同、抬高降低所形成的变化等对空间进行分割。（图54）

2．构架

构架包含建筑结构和装饰构架两种，结构构件是一种纯功能部件，用它来作分割是一种既节约又纯粹的做法，那种体现材质本身状况，不做粉饰的构架，可体现一种结构和材料本身的美，以此作分割元素，分割的空间同样有一种纯粹的有力度的美。而以装饰构架作分割多半是为了增加空间层次感和划分功能区。（图55）

3．水体及绿化

利用人工设置的水面将空间分割开来，形成两岸的感觉，是一种颇具自然情趣的分割，水体一般常与植物相结合，如同自然界中河池湖岸，长满茂密的植被。以绿化作隔离与水体的用意是一致的。这两种自然物质的分割都旨在满足人们渴望接近自然的心理，从而形成一种花木扶疏、流水潺潺、情景交融的境界。（图56）

4．装饰照明

一种以不同的照明器具或不同的照度、不同的光源，来区分空间的设计。这种设计常会形成晶莹剔透、光彩流动的空间效果，是当代环境设计中最时髦也是最奢侈的作法。（图57）

5．陈设品

利用家具、织物、艺术品等陈设来区分空间的设计，是一种最简单、灵活又随时可行的做法，也是实际空间环境中最常用的手法之一。（图58）

第 3 章

光环境设计

勒·柯布西耶（Le Corbusier）在《走向新建筑》中写道："建筑是集合在阳光下的体量所作的巧妙、恰当而卓越的表演。我们的眼睛生来就是为了观察光线中的形体。光与影展现了这些形体……"太阳是人类取之不尽的源泉，它以无尽的光和热哺育大地，它照亮了整个世界，也照亮了我们工作、生活、栖居的建筑形体和空间。（图01）太阳光随着时间和季节的变化而变化。日光将变化的天空色彩、云层和气候传送到它所照亮的表面和形体上去。由于建筑墙体的遮挡，使得内部空间的采光成为环境设计中的一个重要课题。

01

自然采光

因为阳光通过我们在墙面设置的窗户或者屋顶的天窗进入室内，投落在房间的表面，使色彩增辉，质感明朗，使得我们可以清楚明确地识别物体的形状和色彩。由于太阳朝升夕落而产生的光影变化，又使房间内的空间活跃且富于变化。（图02）阳光的强度在房间里不同角度形成均匀的扩散，可以使室内物体清晰，也可使形体失真，可以创造明媚亮丽的气氛，也可以由于阴天光照不好形成阴沉昏暗的效果，因而在具体设计中，我们必须针对具体情况进行调整和改进。

因为阳光的明度是相对稳定的，它的方位也是可以预知的，阳光在房间的表面、形体内部空间的视觉效果取决于我们对房间采光的设计——即窗户、天窗的尺寸、位置和朝向。（图03）从另一方面讲，我们对太阳光的利用却是有限的，在太阳落山之后，我们就需要运用人工的方法来获得光明，在获得这个光明的过程中，人类做出的努力，要远比直接摄取太阳光付出的代价大得多。从在自然中获取火种，到钻木取火、发明火石和火柴，直到能获得电源，这段历程可谓漫长而曲折，最终，电给人类带来了持久稳定的光明，并使得今天的人类一刻也离不开电源。因此，我们把光环境的构成，分作自然采光下的光环境、人工采光状态下的光环境以及二者的结合这三部分。

自然光是最适合人类活动的光线，而且人眼对自然光的适应性最好，自然光又是最直接、最方便的光源，因而自然光即日光的摄取成为建筑采光的首要课题。在环境设计中，天然光的利用称作采光，而利用现代的光照明技术手段来达到我们目的的称为照明。室内一般以照明为主，但自然采光也是必不可少的。利用自然光是一种节约能源和保护环境的重要手段，而且自然光更符合人心理和生理的需要，从长远的角

度看还可以保障人体的健康。将适当的昼光引进到室内照明，并且能让人透过窗子看到窗外的景物，是保证人的工作效率及身心舒适满意的重要条件。同时，充分利用自然光更能满足人接近自然、与自然交流的心理需要。

另外，多变的自然光又是表现建筑艺术造型、材料质感，渲染室内环境的重要手段。所以，无论从环境的实用性还是美观的角度，都要求设计师对昼光进行充分的利用，掌握设计天然光的知识和技巧。早在古人学会建造房屋时，他们就掌握了在墙壁和屋顶上开洞利用天然光照明的方法。近现代的著名建筑大师，如弗兰克·劳埃德·赖特（Frank Lloyd Wright）、路易斯·康（Louislsadore Kahn）、埃罗·沙里宁（Eero Saarinen）、贝聿铭、安藤忠雄（Tadao Ando）等人的作品，都充分地运用了昼光照明来渲染气氛。

一、洞口的设置

洞口的朝向一般设在一天中某些能接受直接光线的方向上，直射光可以接受充足的光线，特别是中午时分，直射光可以在室内形成非常强烈的光影变化，但是直射光也有容易引起眩光、局部过热，以及导致眼睛在辨别物体时发生困难等缺点；强烈的直射光还易使室内墙面及织物等褪色，或产生光变反应。要解决这些问题，我们就要因势利导，充分发挥直射光的长处，来弥补它的不足。譬如，利用直射光是变化和运动的特点，来表现和强调元素的造型、表面的肌理等，以及用来渲染环境的氛围。（图04）

洞口也可以避开直射光开在屋顶，接受天穹漫射的不太强烈

01.美国纳帕溪谷的一座酒庄　　02.日光在墙面上形成丰富的光影变化　　03.科隆路德维希博物馆的天窗
04.洛杉矶盖蒂艺术中心门厅　　05.新加坡节日酒店大堂

的光线，这种天光是一个非常稳定的日光源，甚至阴天仍然稳定。而且有助于缓和直射光，平衡空间中的照射水平。譬如在有些工厂的厂房和对光有特殊需的教室中，都会采用天窗这种形式。常用的天窗形式有矩形、M形、锯齿形、横向下沉式、横向非下沉式、天井式、平天窗以及日光斗等。（图05）

二、天然光的调节与控制

洞口的位置将影响到光线进入室内的方式和照亮形体及其表面的方式。当整个洞口位于墙面之中时，洞口将在较暗的墙面上呈现为一个亮点，若洞口亮度与沿其周围的暗度对比十分强烈时，就会产生眩光。眩光是由房间内相邻表面或面积的过强亮度对比度引起的，这时可以通过允许日光从至少两

个方向进入来加以改善。

当一个洞口布置在沿墙的边缘，或者布置在一个房间的转角时，通过洞口进入的日光将照亮相邻的和垂直于开洞的面。照亮的表面本身将成为一个光源，并增强空间中的光亮程度。附加要素如洞口的形状和组合效果等，将影响到进入房间光线的质量，其综合效果反映在它投射到墙面上的影形图案里；洞口透光材料及不同角度格片的设置也会影响到室内的照度。而这些表面的色彩和质感将影响到光线的反射性，并会对空间的光亮程度进行调整。

为了提高室内的光照强度，控制光线的质量，在采光口设置各种反射、折光调整装置，以控制和调整光线，使之更加充分更加完善地为我们所用。在设计中常见调节和控制方式有：

（1）利用透光材料本身的反射、扩散和折射性能控制光线。

（2）利用遮阳板、遮光百叶、遮光格栅的角度改变光线的方向、避免直射阳光。（图06）

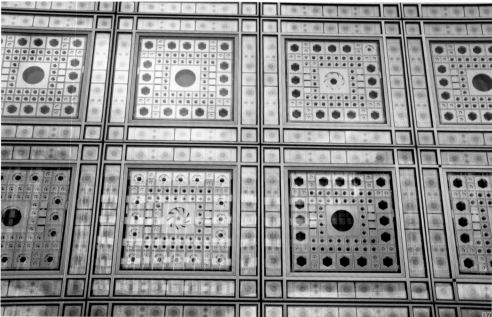

06.用遮光格栅来调节日照　　07.阿拉伯世界研究中心智能调控窗

（3）利用雨罩、阳台或地面的反射光增加室内照度。

（4）利用反射板增加室内照度。

（5）利用对面及邻近建筑物的反射光。

（6）利用遮阳格栅或玻璃砖的折射以调整室内光照的均匀度。

（7）利用特殊控光设施调控进入到室内的光亮。（图07）

02
人工采光

与自然采光相对而言的就是人工采光，人工采光也称人工照明。我们生活和工作的室内环境主要依靠的是人工照明，尤其是在大型的建筑内部。

一、人工采光的概念

通过人工方法得到光源，即通过照明达到改善或增加照度提高照明质量的目的，称为人工采光。人工采光可用在任何需要增强改善照明环境的地方，从而达到各种功能上和气氛上的要求。

二、人工采光要求的适当照度

根据不同时间、地点，不同的活动性质及环境视觉条件，确定照度标准，这些照度标准，是长期实践和实验得到的科学数据。

[一] 光的分布

主照明面的亮度可能是形成室内气氛的焦点，因而要予以强调和突出。工作面的照明、亮度要符合用眼卫生要求，还要与周围相协调，不能有过大的对比。同时要考虑到主体与背景之间的亮度与色度的比值（图08）：
（1）工作对象与周围之间（如书与桌）的比为3：1。
（2）工作对象与离开它的表面之间（如书与地面或墙面）的比为5：1。
（3）照明器具或窗与其附近的比为10：1。
（4）在普通视野内的比为30：1。

[二] 光的方向性与扩散性

一般需要表现有明显阴影和光泽要求的物体的照明，应选择有指示性的光源，而为了得到无阴影的照明，则要选择扩散性的光源，如主灯照明。（图09）

[三] 避免眩光现象

产生眩光的可能性很多，比如眼睛长时间处于暗处时，越看亮处越容易感到眩光现象，这种情况多出现在比赛场馆中，改善办法就是加亮观众席。在视线为中心30°角的范围内是一个眩光区，视线离光源越近，眩光越严重。光源面积越大，眩光越显著。如果发生眩光，可采用两种方法降低眩光的程度，其一是使光源位置避开高亮光进入视线的高度，其二是使照明器具与人的距离拉远。再有就是由于地面或墙面等界面采用的是高光泽的装饰材料，即高反射值材料，也容易产生眩光，这时可考虑采用无光泽材料。

[四] 光色效果及心理反应

不同的场所对光源的要求有所不同，因而在使用上应针对具体情况进行相应调整和选择，以达到不同功能环境中满意的照明效果。

08.橱窗的光与色　　09.发光顶棚　　10.冷色光

11.独具特色的吊灯调整了空间的尺度　　12.新加坡圣淘沙酒店大堂吧　　13.光强化了材料的质感

三、光色的种类

光是有色彩倾向的，室内环境中光色更是如此，这一点我们在日常生活中都能感受得到。比如教室一般采用偏冷色的照明，卧室一般采用偏暖色的照明。光色分为暖色光、冷色光、日光型、颜色光源。

[一] 暖色光

在展示窗和商业照明中常采暖色光与日光型结合的照明形式，餐饮业中多以暖光为主，因为暖色光能刺激人的食饮，并使食物的颜色显得好看，使室内气氛显得温暖；住宅多为暖色光与日光型结合照明。

[二] 冷色光

由于冷色光源使用寿命较长，体积又小，光通量大，而且易控制配光，所以常做大面积照明用，但必须与暖色光结合才能达到理想的效果。（图10）

[三] 日光型

日光型光源显色性好，露出的亮度较低，眩光小，适合于要求辨别颜色和一般照明时使用，若要形成良好气氛，常需与暖色光配合。

[四] 颜色光源

通常由惰性气体填充的灯管会发出不同颜色的光，即常用的霓虹灯管，另外还可以是照明器外罩的颜色形成的不同颜色的光。常用于商业和娱乐性场所的效果照明和装饰照明。

四、照明的作用

照明是用灯具来给空间提供光源的，除了这个基本功能以外，它还在空间中起到其他的一些作用，总结起来，有以下几个方面：

[一] 调节作用

室内空间是由界面围合而成的，人对空间的感受到各界面的形状、色彩、比例、质感等的影响，因而人的空间感与客观的空间有着一定的区别。照明在空间的塑造中起着相当大的作用，同时它还可以调节人们对空间的感受。也可以通过灯光设计来丰富和改善空间的效果，以弥补存在的缺陷。运用人工光的抑扬、隐现、虚实、动静以及控制投光角度与范围，以建立光的构图、秩序、节奏等手法，可以改善改善空间的比例，增加空间的层次。譬如，空间的顶界面过高或过低，可以通过选用吊灯或吸顶灯来进行调整，改变视觉的感受。（图11）顶界面过于单调平淡，我们也可以在灯具的布置上合理安排，丰富层次；顶面与墙面的衔接太生硬，同样可以用灯具来调整，以柔和交接线。界面的不合适的比例，也可以用灯光的分散、组合、强调、减弱等手法，改变视觉印象。用灯光还可以突出或者削弱某个地方。在现代的舞台上，人们常用发光舞台来强调、突出舞台，起到强调视觉中心的作用。

灯光的调节并不限于对界面的作用，对整个空间同样有着相当的调节作用。所以，灯光的布置并不仅仅是提供光照的用途，而且照明方式、灯具种类、光的颜色还可以影响空间感。如直接照明，灯光较强，可以给人明亮、紧凑的感觉；相反，间接照明，光线柔和，光线经墙、顶等反射回来，容易使空间开阔。暗设的反光灯槽和反光墙面可造成漫射性质的光线，使空间具有无限的感觉。因此。通过对照明方式的选择和使用不同的灯具等方法，可以有效地调整空间和空间感。（图12）

[二] 揭示作用

照明还有各种不同的揭示作用：

（1）对材料质感的揭示：通过对材料表面采用不同方向的灯光投射，可以不同程度地强调或削弱材料的质感。如用白炽灯从一定角度、方向照射，可以充分表现物体的质感，而用荧光或面光源照射则会减弱物体的质感。（图13）

（2）对展品体积感的揭示：调整灯光投射的方向，造成正面光或侧面光，有阴影或无阴影，对于表现一个物体的体积也是至关重要的。在橱窗的设计中，设计师常用这一手段来表现展品的体积感。（图14）

14．光对体积感的塑造　　15．《印象·刘三姐》演出现场　　16．利用灯光营造不同的功能区域

（3）对色彩的揭示：灯光可以忠实地反映材料色彩，也可以强调、夸张、削弱甚至改变某一种色彩的本来面目。舞台上对人物和环境的色彩变化，往往不是去更换衣装或景物的色彩，而是用各种不同色彩的灯光进行照射，以变换色彩，适应气氛的需要。（图15）

[三] 空间的再创造

灯光环境的布置可以直接或间接地作用于空间，用连系、围合、分隔等手段，以形成空间的层次感或限定空间的区域。两个空间的连接、过渡，我们可以用灯光完成。一个系列空间，同样可以由灯光的合理安排，来把整个系列空间联系在一起。用灯光照明的手段来围合或分隔空间，不像用隔墙、家具等可以有一个比较实的界限范围。照明的方式是依靠光的强弱来造成区域差别的，以在空间实质性的区域内再创造空间。围合与分隔是相对的概念，在一个实体空间内产生了无数个相对独立的空间区域，实际上也就等于将空间分隔开来了。用灯光创造空间内的空间这种手法，在舞厅、餐厅、咖啡厅、宾馆的大堂等这样的空间内的使用是相当普遍的。（图16）

[四] 强化空间的气氛和特点

灯光有色也有形，可以渲染气氛。如舞厅的灯光可以制造空间扑朔迷离，富有神秘的色彩，形成热烈欢快的气氛；教室整齐明亮的日光灯可以使人感觉简洁大方、新颖明快，形成安静明快的气氛；而酒吧微暗、略带暖色的光线，给人一种亲切温馨浪漫的情调和些许暧昧的色彩。另外，灯具本身的造型具有很强的装饰性，它配合室内的其他装修要素，以及陈设品、艺术品等，一起构成强烈的气氛、特色和风格。如中国传统的宫灯造型，日本的竹、纸制作的灯罩，欧洲古典的水晶灯具造型，都有非常强烈的民族和地方特色，而这些正是室内设计中体现风格特点时不可缺少的要素。（图17）

[五] 特殊作用

在空间设计中，灯除了提供光照，改善空间等需要的照明外，还有一些特殊的地方需要照明。例如，紧急通道指示、安全指示、出入口指示等，这些也是设计中必须注意的方面。

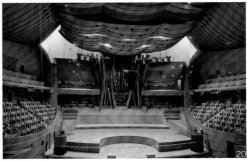

17 . 芳菲苑大宴会厅　　18 . 射灯的直射光为绘画提供了重点照明　　19 . 反射光　　20 . 洛杉矶迪斯尼音乐厅

五、光照的种类

由于使用的灯具造型和品种不同，从而使光照产生不同的效果，所产生的光线大致可以分为三种：直射光、反射光和漫射光。

[一] 直射光

直射光是指光源直接照射到工作面上的光，它的特点是照度大，电能消耗小。但直射光往往光线比较集中，容易引起眩光，干扰视觉。为了防止光线直射到我们的眼睛而产生眩光，可以将光源调整到一定的角度，使眼睛避开直射光，或者使用灯罩，这样也可以避免眩光，同时还可以使光集中到工作面上。在空间中经常用直射光来强调物体的体积，表现质感，或加强某一部分的亮度等。选用灯罩时可以根据不同的要求决定灯罩的投射面积。灯罩有广照和深照型，广照型的照射面积范围较大，深照型的光线比较集中，如射灯类。（图18）

[二] 反射光

反射光利用光亮的镀银反射罩的定向照明，是光线下部受到不透明或半透明的灯罩的阻挡，同时光线的一部分或全部照到墙面或顶面上，然后再反射回来的现象。这样的光线比较柔和，没有眩光，眼睛不易疲劳。反射光的光线均匀，因为没有明显的强弱差。所以空间整体会比较统一，空间感觉比较宽敞。但是，反射光不宜表现物体的体积感和对于某些重点物体的强调。在空间中反射光常常与直射光配合使用。（图19）

[三] 漫射光

漫射光是指利用磨砂玻璃灯罩或者乳白灯罩以及其他材料的灯罩、格栅等，使光线形成各种方向的漫射，或者是直射光、反射光混合的光线。漫射光比较柔和，且艺术效果好，但是漫射光比较平，多用于整体照明，如使用不当，往往会使空间平淡，缺少立体感。（图20）
我们可以利用以上所讲的三种不同光线的特点，以及它们的

21．上海东郊酒店会见厅

22．重点照明

23．装饰照明

24．北京王府井希尔顿酒店大堂

不同性质，在实际设计中，使三种光线有效地配合使用，根据空间的需要分配三种不同的光可以产生多种照明方式。

六、照明方式

室内的照明方式可以分为直接照明、间接照明、漫射照明、半直接照明、半间接照明。在室内环境的照明设计中，只有类似教室、办公室这样空间采用单一的照明方式，大多室内环境都是采用两种以上的照明方式。

[一] 直接照明

直接照明就是全部灯光或90%以上的灯光直接投射到工作面上。直接照明的好处是亮度大，光线集中，暴露的日光灯和白炽灯就是属于这一类照明。直接照明又可以根据灯的种类和灯罩的不同大致分为三种：广照型、深照型和格栅照明。广照型的光分布较广，适合教室、会议室等环境；深照型光线比较集中，相对照度高，一般用于台灯、工作灯，供书写、阅读等用；格栅照明光线中含有部分反射光和折射光，光质比较柔和，比广照型更适宜整体照明。

[二] 间接照明

间接照明是90%以上的光线照射到顶或墙面上，然后再反射到工作面上。间接照明以反射光为主，特点是光线比较柔和，没有明显的阴影。通常有两种方法形成间接照明：一种是将不透明的灯罩装在灯的下方，光线射向顶或其他物体后再反射回来；另一种是把灯设在灯槽内，光线从平顶反射到室内成间接光线。

[三] 漫射照明

灯光射到上下左右的光线大致相同时，其照明便属于这一类。有两种处理方法：一种是光线从灯罩上口射出经平顶反射，两侧从半透明的灯罩扩散，下部从格栅扩散；另一种是用半透明的灯罩把光线全部封闭产生漫射。这类光线柔和，视感舒适。

[四] 半直接照明

半直接照明是60%左右的光线直接照射到被照物体上，其余的光通过漫射或扩散的方式完成。在灯具外面加设羽板，用半透明的玻璃、塑料、纸等做伞形灯罩都可以达到半直接照明的效果。半直接照明的特点是光线不刺眼，常用于商场、办公室顶部，也用于客房和卧室。

[五] 半间接照明

半间接照明是60%以上的光线先照到墙和顶上，只有少量的光线直接照射到被照物上。半间接照明的特点和方式与半直接照明有类似之处，只是在直接与间接光的量上有所不同。

七、照明的布局方式

照明的布局方式有四种，即一般照明（普遍照明）、重点照明（局部照明）、装饰照明和混合照明。

[一] 一般照明（普遍照明）

所谓一般照明是指大空间内全面的、基本的照明，也可以叫整体照明，它的特点是光线比较均匀。这种方式比较适合学校、工厂、观众厅、会议厅、候机厅等。但是一般照明并不是绝对的平均分配光源，在大多数情况下，一般照明作为整体处理，需要强调突出的地方再加以局部照明。（图21）

[二] 重点照明（局部照明）

重点照明主要是指对某些需要突出的区域和对象进行重点投光，使这些区域的光照度大于其他区域，起到使其醒目的作用。如商场的货架、商品橱窗等，配以重点投光，以强调商品、模特儿等。除此之外，还有室内的某些重要区域或物体都需要做重点照明处理，如室内的雕塑、绘画等陈设品，以及酒吧的吧台等等。重点照明在多数情况下是与基础照明结合运用的。（图22）

[三] 装饰照明

为了对室内进行装饰处理，增强空间的变化和层次感，制造某种环境气氛，常用装饰照。使用装饰吊灯、壁灯、挂灯等一些装饰性、造型感比较强的系列灯具，来加强渲染空间气氛，以更好地表现具有强烈个性的空间。装饰照明是只以装饰为主要目的的独立照明，一般不担任基础照明和重点照明的任务。（图23）

25．新加坡万豪酒店一层餐厅入口处　　26．北京王府井希尔顿酒店电梯厅

[四] 混合照明

一般由以上三种照明共同组成的照明，称为混合照明。混合照明就是在一般照明的基础上，在需要特殊照明的地方提供重点照明或装饰性照明。一般在商店、办公楼、酒店等这样的场所中大都采用混合照明的方式。（图24）

八、照明设计的原则

"安全、实用、经济、美观"是照明设计的基本原则。

[一] 安全

安全在任何时候都必须放在首先考虑的位置上，电源、线路、开关、灯具的设置都要采取可靠的安全措施，在危险的地方要设置明显的警示标志，并且还要考虑设施的安装、维修、检修的方便，安全和运行的可靠，以防止火灾和电气事故的发生。

[二] 适用

适用性是指提供一定数量和质量的照明，满足规定的照度水平，满足人们在室内进行生产、工作、学习、休息等活动的需要。灯具的类型、照明的方式、照度的高低、光色的变化都应与使用要求一致。
照度过高不但浪费能源，而且会损坏人的眼睛，影响视力；

照度过低则造成眼睛吃力，或者无法看清物体，甚至影响工作和学习。闪烁的灯光可以增加欢快、活泼的气氛，但容易使眼睛疲劳，可以用在舞厅等娱乐场所，但不适用于工作和生活环境。

[三] 经济

在照明设计实施中，要尽量采用先进技术，发挥照明设施的实际效益，降低经济造价，获得最大的使用效率。同时要符合我国当前的电力供应、设备和材料方面的生产水平。

[四] 美观

合理的照明设计不仅能满足基本的照度需要，还可以体现室内的气氛，起到美化环境的作用；可以强调室内装修及陈设的材料质感、纹理、色彩和图案，同时恰当的投射角度有助于表现物体的轮廓、体积感和立体感，而且还可以丰富空间的深度感和层次感。因此装饰照明的设计同样需要进行艺术处理，需要设计师具备丰富的艺术想象力和创造力。（图25）

九、照明设计的主要内容

照明设计主要有五个方面的内容：确定照明方式、照明的种类和照度的高低；确定灯具的位置；确定照明的范围；选择与确定光色；选择灯具的类型。而实际设计的过程中是非常复杂的，要综合考虑各种环境要素。

27 . 北京王府井希尔顿酒店大堂咖啡吧　　28 . 吉隆坡双子塔中用红灯笼来营造春节的喜庆氛围

[一] 确定照明方式、照明的种类和照度的高低

不同的功能空间需要不同的照明方式和种类，照明的方式和种类的选择要符合空间的性格和特点。此外，合适的照度是保证人们正常工作和生活的基本前提。不同的建筑物、不同的空间、不同的场所，对照度有不同的要求。即使是同一场所，由于不同部位的功能不同，对照度的要求也不尽相同。因此，确定照度的标准是照明设计的基础。对于照度的确定可以参考我国相关部门制定的《民用建筑照明设计标准》和《工业企业照明设计标准》。

[二] 确定灯具的位置

灯具的位置要根据人们的活动范围和家具等的位置来确定。如看书、写字的灯光要离开人一定的距离，有合适的角度，不要有眩光等。而需要突出物体体积、层次以及要表现物体质感的情况下，一定要选择合适的角度。阴影在通常情况下需要避免，但某些场合需要加强物体的体积或进行一些艺术性处理时，则可以利用阴影以达到效果。（图26）

[三] 确定照明的范围

室内空间的光线分布不是平均的，某些部分亮，某些部分暗，亮和暗的面积大小、比例、强度对比等，是根据人们活动内容、范围、性质等来确定的。如舞台是剧场等的重要活动区域；为突出它的表演功能，必须要强于其他区域。某些酒吧的空间，需要宁静、祥和的气氛和较小的私密性空间，范围不宜大，灯光要紧凑（图27）；而机场、车站的候机、候车厅等场所一般都需要灯光明亮，光线布置均匀，视线开阔。确定照明范围时要注意以下几个问题：

（1）工作面上的照度分布要均匀。特别是一些光线要求比较高的空间，如精细物件（如电子元器件）等的加工车间、图书阅览室、教室等的工作面，光线分布要柔和、均匀，不要有过大的强度差异。

（2）室内空间的各部分照度分配要适当。一个良好的空间光环境的照度分配必须合理，光反射的比例必须适当。因为，人的眼睛是运动的，过于大的光照强度反差会使眼睛感到疲劳。在一般场合中，各部分的光照度差异不要太大，以保证眼睛的适应能力。但是，光的差异又可以引起人的注意，形成空间的某种氛围，这也是在舞厅、酒吧、展厅等空间中最有效、最普遍使用的手段。所以，不同的空间要根据功能等的要求确定其照度分配。

（3）发光面的亮度要合理。亮度高的发光面容易引起眩光，造成人们的不舒适感、眼睛疲劳、可见度降低。但是，高亮度的光源也可以给人刺激的感觉，创造气氛。譬如，天棚上的点状灯，可以有天空星星的感觉，带来某种气氛。原则上讲，在教室、办公室、医院等一些场所要尽可能避免眩光的产生。而酒吧、舞厅、客厅等可以适当地用高亮度的光源来造成气氛照明。

[四] 选择与确定光色

不同的光色在空间中可以给人以不同的感受。冷、暖、热烈、宁静、欢快等不同的感觉氛围需要用不同的光色来进行营造。（图28）另外，根据天气的冷暖变化，用适当的光色来满足人的心理需要，也是要考虑的问题之一。

[五] 选择灯具的类型

每个空间的功能和性质是不一样的，而灯具的作用和功效也是各不相同的。因此，要根据室内空间的性质和用途来选择合适的灯具类型。

十、灯具的种类、造型与选型

灯具在室内设计中的作用不仅仅是提供照明，满足使用功能的要求，其装饰作用也为设计师们所重视和关注。仅达到光在使用上的功能要求是比较容易的事，只要经过严格的科学测试、分析，进行合理的分配，就可以基本上做到。但是，如何充分发挥灯具的装饰功能，配合设计的其他手段来体现设计意图则是一件艰难的工作。

现代灯具的设计除了考虑它的发光要求和效率等方面外，还要特别注重它的造型。因此，各种各样的形状、色彩、材质，无疑丰富了装饰的元素。当然，灯具的造型好坏，只是部分地反映它的装饰性，它的装饰效果只有在整个室内装修完成后才能充分体现。灯具作为整体装饰设计中的一部分，它必须符合整体的构思、布置，而决不能过于强调灯具自身的装饰性。譬如，一个会议室或一个教室的照明布置，整个天棚用横条形的灯槽有序地排列，整体组成一幅很规则的图案，给人一种宁静的秩序感，这种图案式的布置本身就有很强的装饰性。由于受到空间属性、特点、风格等因素的局限，一个高级、豪华的水晶吊灯，在此并不能起到它的装饰作用。而这个豪华吊灯若装在一个比较宽大的，古典欧式风格的大厅里，就会使大厅富丽堂皇，起到装饰作用。灯具是装修的基本要素，犹如画家笔下的一种颜色，如何表现则需要设计师的灵感和智慧。

灯具的选用要配合整体空间，有以下几个原则需要掌握：

（1）尺度：灯具的大小体量和体积需要特别注意，尤其是一些大型吊灯，必须考虑空间的大小和高低，否则会给人尺度上的错觉。

（2）造型：造型是一个复杂的问题，不是三言两语可以解释清楚的。但一般来说，造型的配合可以从造型本身，环境的复杂和简单，线、面、体和总体感等方面去比较，看是否有共同性。

（3）材质：材质上的共性与差异也是分析灯具与空间之间是否能够互相配合的主要因素。通常有些差别是合适的，但过大的差异，会难于协调。譬如，一个以软性材料为主的卧室装修，有布、织锦、木材等材料，给人比较温暖、亲切的感觉，假如装上一个不锈钢的、线条很硬的灯具造型，效果恐怕不会太好。

实现灯具的装饰功能，除了选用合适的、有装饰效果的灯具外，同时也可以用一组或多个灯具组合成有趣味的图案，使它具有装饰性。另外，用灯的光影作用，造成许多有意味的阴影也是一种有效的手法。

[一] 灯具的种类

不同种类的灯具有不同的功能和特点，设计师应根据不同种类、不同造型的灯具特点，来满足室内环境的不同需要。

1. 按安装固定的部位分类

灯具可以安装在天花、墙面、地面上，按安装固定的部位分为天棚灯具、墙壁灯具、落地灯具、台灯和特种灯五类。

（1）天棚灯具

天棚灯具是位于天棚部位灯具的总称，它又可以分为吊灯和吸顶灯。

吊灯：根据吊灯的吊杆等固定方式的不同，吊灯又可以大致分为杆式、链式、伸缩三种。（图29）

杆式吊灯——从形式上可以看成是一种点、线组合灯具，吊杆有长短之分。长吊杆突出了杆和灯的点线对比，给人一种挺拔之感。

链式吊灯——用金属链代替杆的灯具。

伸缩式吊灯——采用可收缩的蛇皮管与伸缩链做吊件的灯具，可在一定的范围内调节灯具的高低。

吊灯绝大多数都有灯罩，灯罩的常用材料有金属、塑料、玻璃、木材、竹、纸等。吊灯多数用于整体照明，或者是装饰照明，很少用于局部照明。吊灯的使用范围广，无论是富丽堂皇的大厅，或者是住宅的餐厅、厨房等，都可使用吊灯。

由于吊灯的位置处于比较显眼醒目的部位，因此，它的形式、大小、色彩、质地都与环境有密切关联，如何选择吊灯是一个需要仔细考虑的问题。

吸顶灯：吸顶灯是附着于顶棚的灯具。（图30）它又分为以下几种：

凸出型——座板直接安装在天棚下，灯凸出在天棚下面的灯具。在高大的室内空间中，为达到一定的装饰气氛和效果，常用该种类的大型灯具。

29.吊灯　　30.吸顶灯　　31.壁灯　　32.落地灯

嵌入型——嵌入到顶棚内的灯具。这种灯具的特点是没有累赘，顶棚表面依旧平整简洁，可以避免由于灯具安装在顶棚外造成的压抑感。这种类型的灯具也有聚光和散光等多种式样。嵌入型的灯具经常可以造成一种星空繁照的感觉。

投射型——也是一种凸出型的灯具，但不同的是投射式强调的是光源的方向性。

隐藏型——看得见灯光但是看不见灯具的吸顶灯，一般都做成灯槽，灯具放置在灯槽内。

移动型——将若干投射式灯具与可滑动的轨道连成整体，安装在顶棚上的灯具，是一种可满足特殊需要的方向性射灯。此类灯具比较适合在美术馆、博物馆、商店、展示厅等空间里使用。

（2）墙壁灯具

墙壁灯具，即壁灯，大致有两种：贴壁壁灯和悬壁壁灯。大多数壁灯都有较强的装饰性，但壁灯本身一般不能作为主要光源，通常是和其他灯具配合组成室内照明系统。（图31）

（3）落地灯

落地灯是一种局部照明灯具，常用于客厅、起居室、宾馆的客房等。落地灯装饰性较强，有各种不同的造型，也便于移动。（图32）

（4）台灯

台灯也是主要用于局部照明的。书桌、床头柜、茶几上等都可以摆放台灯。它不仅是照明器，也是一个人们常用的陈设装饰品。台灯的形式变化很多，由各种不同的材料制成。台灯同样也应以室内的环境、气氛、风格等为依据来进行选择。（图33）

（5）特种灯具

所谓特种灯具，就是指各种有专门用途的照明灯具。

比如观演类专用灯具，包括专用于耳光、面光、台口灯光等布光用聚光灯、散光灯（泛光灯），及舞台上的艺术造型用的回光灯、追光灯，舞台天幕用的泛光灯，台唇的脚光灯，制造天幕大幅背景用的投影幻灯等，歌舞厅、KTV、茶座里或文艺晚会演出专用的转灯（单头及多头）、光束灯、流星灯等都属于特种灯具。

2．按光源的种类分类

灯具按光源的种类分为白炽灯、荧光灯两大类，荧光灯的样式非常多，有不同的色温和形式，选择余地非常大。出于节能和可持续发展的需要，白炽灯逐渐淘汰，被节能灯具取代。

33.台灯　　34.传统式造型的吊灯

35.现代流行造型的吊灯

36.仿生造型的吊灯　　37.组合造型壁灯

（1）白炽灯

白炽灯是由于灯内的钨丝温度升高而发光的，随着温度的升高，灯光由橙而黄，由黄而白。白炽灯的色温为2400 K，光色偏红黄，属暖色，容易被人们接受。白炽灯的缺点是发光效率低，寿命短，易产生较多的热量。

（2）荧光灯

荧光灯是由于低压汞蒸汽中的放电而产生紫外线，刺激管壁的荧光物质而发光的。荧光灯分为自然光色、白色和温白色三种。自然光色的色温为6500K，其光色是直射阳光和蓝色天空光的结合，接近于阴天的光色；白色的色温为4500K，其光色接近于直射阳光的光色温；温白色的色温大约为3500K，接近于白炽灯。

自然光色的荧光灯由于偏冷，人们不太习惯。后来出现了白色的荧光灯，蓝色成分较少，从此以后，白色荧光灯大量地被人们应用。

荧光灯的优点是耗电量小，寿命长，发光效率高，不易产生很强的眩光，因此常用于工作、学习的环境和场所。荧光灯的缺点是光源较大，容易使景物显得平板单调，缺少层次和立体感。通常为了合理地使用灯光，可以将白炽灯与荧光灯配合起来使用。

[二] 灯具的造型

现今的灯具造型丰富多彩，各式各样的造型给室内设计师提

供了极大的选择余地。尽管灯具的造型千变万化，品种繁多，但大体上可以分为以下几种类型：

1．传统式造型

传统式造型强调传统的文化特色，给人一种怀旧的意味。譬如，中国的传统宫灯强调的是中国式古典文化韵味，安装在按中国传统风格装修的室内空间里，的确能起到画龙点睛的作用。传统造型里还有地域性的差别，如欧洲古典的传统造型的典型代表水晶吊灯，便来源于欧洲文艺复兴时期的崇尚和追求灯具装饰的风格。尽管现今这类造型并不是照搬以前的传统式样，有了许多新的形式变化，但从总体的造型格式上来说，依旧强调的是传统特点。日本的竹、纸制作的灯具也是极有代表性的例子。传统灯具造型使用时必须注意室内环境与灯具造型的文化适配性。（图34）

2．现代流行造型

这类造型多是以简洁的点、线、面组合而成的一些非常明快、简单明朗，趋于几何形、线条型的造型。具有很强的时代感，色彩也多以响亮、较纯的色彩，如红、白、黑等为主。这类造型非常注意造型与材料、造型与功能的有机联系同时也极为注重造型的形式美。（图35）

3．仿生造型

这类造型多以某种物体为模本，加以适当的造型处理而成。在模仿程度上有所区别，有些极为写实，有些则较为夸张、简化，只是保留物体的基本特征。如仿花瓣形的吸顶灯、吊灯、壁灯等，以及火炬灯、蜡烛灯等。这类造型有一定的趣

味性，一般适用于较轻松的环境，不宜在公共环境或较严肃的空间内使用。（图36）

4. 组合造型

这类造型由多个或成组的单元组成，造型式样一般为大型组合式，是一种适用于大空间范围的大型灯具。从形式上讲，单个灯具的造型可以是简洁的，也可以是较复杂的，主要还是整体的组合形式。一般都运用一种比较有序的手法来进行处理，如四方、六角、八合等，总的特点是强调整体规则性。（图37）

[三] 灯具选型

室内设计中，照明设计应该和家具设计一样，由室内设计师提出总体构思和设计，以求得室内整体的统一。但是由于受到从设计到制作的周期和造价等一系列因素的制约，大部分灯具只能从商场购买，所以选择灯具成为一项重要的工作。

1. 灯具的构造

为选好灯具，需要对灯具的构造有一定的了解，以便更准确地选择。从灯具的制造工艺来看，大体可分为以下几种：

（1）高级豪华水晶灯具：高级豪华水晶灯具多半是由铜或铝等做骨架，进行镀金或镀铜等处理，然后再配以各种形状（粒状、片状、条状、球状等）的水晶玻璃制品。水晶玻璃含24%以上的铅，经过压制、车、磨、抛光等加工处理，使制品晶莹透彻，菱形折光，熠熠生辉。另外，还有一种静电喷涂工艺，水晶玻璃经过化学药水处理，也可以达到闪光透亮的效果。

（2）普通玻璃灯具：普通玻璃灯具按制造工艺大致可以分为普通平板玻璃灯具和吹模灯具两种类型。

普通平板玻璃灯具是用透明或茶色玻璃经刻花，或蚀花、喷砂、磨光、压弯、钻孔等各种工艺制作成的。

吹模灯具是根据一定形状的模具，用吹制方法将加热软化的玻璃吹制成一定的造型，表面还可以进行打磨、刻花、喷砂等处理，加以配件组合成的灯具。

（3）金属灯具：金属灯具多半是用金属材料，如铜、铝、铬、钢片等，经冲压，拉伸折角等成一定形状，表面加以镀铬、氧化、抛光等处理。筒灯就是典型的金属灯具。

2. 选择灯具的要领

在室内环境的设计中，灯具的选择特别重要。首先要满足基本的实用功能，其次要造型优美，也就是要满足形式感方面的要求。灯具与室内环境的设计要相得益彰，有时甚至会起到画龙点睛的作用。

（1）灯具的选型必须与整个环境的风格相协调。譬如，同是为餐厅设计照明，一个是西餐厅，另一个是中式餐厅，因为整体的环境风格不一样，灯具选择必然也不一样。一般来说，中式餐厅的灯具可以考虑具有中国传统风格的八角形挂灯或灯笼形吊灯等，而西餐厅也许选择玻璃或水晶吊灯更符合欧式风格。

（2）灯具的规格与大小尺度要与环境空间相配合：尺度感是设计中一个很重要的因素，一个大的豪华吊灯装在高大空间的宾馆大堂里也许很合适，突出和强调了空间特性。但是同一个灯具装在一间普通客厅或卧室里，它便可能破坏了空间的整体感觉。此外，选择灯具的大小要考虑空间的大小，空间层高较低时，尽量不要选择过大的吊灯或吸顶灯，可以考虑用镶嵌式或体积较小的灯具。

（3）灯具的材料质地要有助于增加环境艺术气氛：每个空间都有自己的空间性格和特点，灯具作为整体环境的一个部分，同样起着相当的作用。无论空间强调的是朴素的、乡土气息的，还是强调富丽堂皇的、宫廷气氛的，都必须选用与材料质地相匹配的灯具。一般情况下，强调乡土风格的可以考虑用竹、木、藤等材料制作的灯具，而豪华水晶、玻璃灯具更适用于豪华一些的空间环境。

第4章

色彩环境设计

人类自诞生之日起，就无时无刻地感受着大自然瞬息万变的丰富色彩。远古时代，人们在看到大自然的色彩变幻时，一定充满了惊奇和喜悦。灿烂的晚霞、瑰丽的日出、蔚蓝的大海、清澈的天空、金色的沙漠、青翠的草木、皑皑的白雪……带给人们无限的遐想。大自然无时无刻不给人以探求的渴望，坐观四时之变，心中感触无限，或惜春，或悲秋。山花烂漫的春天，苍翠蓊郁的夏天，果实累累的秋天，白雪皑皑的冬天。（图01）然而，生活在今天的我们，早已对周围的环境熟视无睹，一切是那样的熟悉，又是那样的陌生。

严格说来，一切视觉表象都是由色彩和光线产生的，光是表达色彩的媒介，人们在实际生活中看到的色彩是在一定光源下的色彩。马克思曾把"色彩的感觉"视为"一般美感中最大众化的形式"。所谓大众化的美感形式，有两层意义：一是指色彩感是最大多数人都能从中感到愉悦的形式感，二是指色彩感是最原始而又最现代的形式感。他在群体性和个体性的融合方面，在历史感和时代感、空间感和时间感上，都是易于被接受的。

有些因素，譬如光线的变化、物体表面肌理的改变，会影响到人类的眼睛和大脑所感觉到和处理过的特定物体和事物的影像，色彩在我们理解这个自然世界的过程中通常是一个强烈的、重要的要素。更为重要的是，当我们改变外部世界来满足我们的需要时，我们人类在始终如一地开发和利用色彩的特性。用色彩和形式来装饰我们家里的需要，以及创造一个接近我们生活的、刺激和激发我们所喜欢的品位感觉和风格环境，能表现出一种人类的基本本能，这种本能可以一直追溯到我们人类远祖的洞中岩画。

01

理解色彩

一、色彩的表现

人对色彩是有生理反应的。首先，人之所以能够感受和识别色彩，是因为人的眼球视网膜中有对色彩感觉不同的视觉神经细胞，它们能感受红绿蓝三种光色，分别称为感红、感绿、感蓝单元。因为它们能两单元、三单元同时感受，因而能识别出各种色彩。

人类最初使用颜色大约是在15到20万年以前的冰河时代。据考古发现，那是在红土中埋着的尸体或骨骼被涂上了红色的粉末。红色是血液的颜色，流血会造成死亡，因此，原始人类把红色当成是生命的象征。他们不仅在死者的体表涂上血色粉末，同时也在自己的身体和脸上，以及石器上涂上红土和黄土。这种做法既表达了对自然的敬畏和崇拜，同时又表达了生命神圣不可侵犯，企图征服自然的意愿。

这样，色彩就和旧石器时代的人们所使用的线条一样，已经成为人类生活的有机组成部分，这是人类第一次选择在山洞的岩壁上通过创作二维空间的艺术来表现和诠释自己的生活。一些早期的岩画保存至今。例如，1940年在法国Dordogne的拉斯科（Grotte de Lascaux）发现的15000年前的岩上壁画，展现出叙事形式的动物图案和看上去混合了人类自己的观察和神话创造的符号的画面。壁画用黄色和红褐色的土制颜料，以及从碳中提炼出来的黑色描绘，它们揭示了一个基本的、简单的、容易理解的色彩体系，这个色彩体系确切地反映出当时的泥土、岩石、毛皮和鲜血等事物的特色和特征。（图02）

在我国山顶洞人的洞穴遗址中发现的石器也用红色染过，在残存的尸骨旁撒有赤铁矿的粉末。

英国著名心理学家格列高里认为："颜色知觉对于我们人类具有极其重要的意义——它是视觉审美的核心，深刻地影响到我们的情绪状态。"[1] 在色彩设计中，色彩往往是先声夺人的传达要素。

一般人都会觉得，各种各样的色彩，具有各自特定的表现性质。歌德对于基本色彩的生动论述，来自一个善于表现自己所见事物的诗人的印象，也可以作为研究色彩表现性质的极好材料。歌德把色彩划分为积极的（或主动的）色彩[黄、红黄（橙）、黄红（铅丹、朱红）]和消极的（或被动的）色彩（蓝、红蓝、蓝红）。主动的色彩能够产生一种"积极的、有生命力的和努力进取的态度"，而被动的色彩，则"适合表现那种不安的，温柔的和向往的情绪"。[2]

在设计方面，表现性质是色彩领域的一个重要研究对象。包豪斯基础课创始人约翰内斯·伊顿（Johannes Itten）是最早引入现代色彩体系的教育家之一，具有非常敏感的形式认识。他坚信色彩是理性的，了解色彩的科学构成，才能有色彩的自由表现，他在《色彩艺术——色彩的主观经验与客观原理》一书中指出："对比效果及其分类是研究色彩美学时一个适当的出发点。主观调整色彩感知力问题同艺术教育和艺术修养、建筑设计和商业广告设计都有密切关系"。[3]

"色彩美学"的概念由此而来，并且可以从三个方面进行研究：印象（视觉上）；表现（情感上）；结构（象征上）。伊顿提倡从美学、生理学和心理学角度，对色彩的审美视觉传达效果、审美情感的反应与表现、它的象征与描绘的内

---

[1] [英]R．L．格列高里．视觉心理学．北京：北京师范大学出版社，1986．第106页．

[2] [美]鲁道夫·阿恩海姆著．滕守尧、朱疆源译．艺术与视知觉．北京：中国社会科学出版社，1987．第469页．

[3] [瑞士]约翰内斯·伊顿．色彩艺术．上海：上海人民美术出版社，1985．第9页

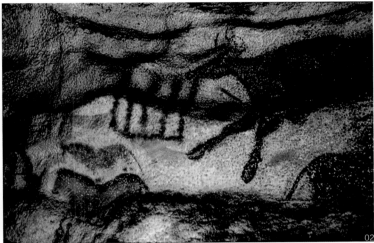

01．自然环境的色彩　　02．法国旧石器时代的洞中岩画　　03．色彩的运用使服务台的角色十分突出

在与外在结构形式等问题，进行深入的研究。他把视觉的准确性、感人力量、结构的象征性内容、视觉力量的情感效果等，统一于色彩理论的创建之中。

简而言之，色彩表达是捕捉由色彩的客观物体对视觉心理造成的印象，并将对象的色彩从它们被限定的状态中解放出来，是指具有一定的情感表现力，再加以象征性的结构而成为表现生命节奏的色彩构图。

如果要表达一个特定的事物，形状和色彩可以说是各有千秋。作为一种信息的传达方式，形状要比色彩有效得多，但要说到人对这个事物的情感反映，色彩的作用是其他任何方式都不可媲美的。（图03）朴辛说："在一幅画中，色彩从来只起到一种吸引眼睛注意的诱饵作用，正如诗歌那美的节奏是耳朵的诱饵一样。"①马克思说，色彩的感觉在一般美感中是最大众化的形式。

我们对色彩的感觉是主观性的，因此我们对色彩的反映也就变化无常，而且很难确定和把握。就像风格和时尚一样，由于涉及美学的和心理学的问题，我们对色彩的经验和感觉只能停留在描述的阶段，而不能进行具体分析。然而色谱本身也确有其内在的品质和特性，而且能相当容易地被归纳总结出来。这里对色彩的分析和讨论仅仅针对的是少数的几种颜

① 转引自[美]鲁道夫·阿恩海姆著. 滕守尧、朱疆源译. 艺术与视知觉. 北京: 中国社会科学出版社, 1987. 第495页.

04.暖色调　　05.冷色调　　06.令人兴奋的色彩

色颜料或燃料被混合的过程。再生出来的颜色，是通过对光束的混合得到的，就像电视机屏幕或计算机显示器的原理一样，但表现出来的效果却有很大的差异。

二、色彩的表情

色相、明度和纯度是认识色彩语言的三个尺度。而对比是色彩美学的核心，色彩的魅力只有通过对比才能真正显示出来。然而构图中的所有颜色要互为关联还必须在一个统一的整体中相配，形成和谐的色彩系统。换言之，对比是以和谐为限度的。色彩进行明度、色相、纯度、冷暖、综合等比较，会显现不同的表现力和感知力。不同程度的色彩对比，也会造成不同的色彩感觉，如最强对比使人感到生硬、粗野；强烈对比使人感觉响亮、生动、有力；弱对比使人感到柔和、平静、安定；最弱对比使人感觉朦胧、暧昧、无力。人对色彩还具有心理反应。不同的色彩给人以不同的感受，色彩虽然是一种自然现象，但由于对色彩的感受不同，随之也就赋予了色彩以不同的感情味道在里面，从而使色彩也带

有了明确的感情和表情。

色彩学与心理学的研究已经告诉我们：色彩的审美与人的主观情绪有很大的关系，对于色彩的美感心理产生，是在对比存在的。而色彩对比正是一种色彩变化，在于与其他色彩相邻的缘故。因此，对于色彩的审美感觉，就是建立在这种客观与主观的交流互动过程中。

[一] 色彩的冷与暖

红色使人联想到火，给人以温暖的感觉，这样的颜色称作暖色，色环中从橙红到黄色的色相都为暖色。（图04）蓝色使人联想到水与冰，给人以寒冷的感觉，这样的颜色称作冷色，色环中从蓝绿色到蓝紫的色相都为冷色。（图05）绿和紫是不冷不暖的中性色，并以它的明度和纯度的高低变化而产生冷暖的变化，譬如绿、紫、蓝在明度高时倾向于冷色，低时倾向于暖色，纯度强时倾向于暖色。此外，由于色彩之间的对比，其冷暖也会发生变化。如紫与红并置时，紫色给人的感觉偏冷，而与蓝色并置时，又给人一点暖意。无彩色中白色冷、黑色暖，灰色为中性。一般情况下，无彩色比有彩

07.令人沉静的色彩　　08.华丽的色彩　　09.朴素的色彩

色感觉冷些。

色彩的冷暖感也与物体表面的光泽度有关。光泽强的倾向于冷色，而粗糙的表面倾向于暖色。

[二] 色彩的兴奋与沉静

兴奋与沉静是由色彩刺激的强弱引起，冷色对人的眼睛的刺激作用较小，使人感到安静、舒适。暖色的刺激作用较大，过强的暖色或观看暖色时间过长都会感到疲劳、烦躁和不舒适。红、橙、黄色的刺激强，给人以兴奋感，因此称为兴奋色。（图06）暖色多为兴奋色，容易使人产生兴奋、热烈的感觉，明度低的暗色接近于沉静色。蓝、青绿、蓝紫色的刺激弱，给人以沉静感，称为沉静色。（图07）冷色多为沉静色，具有沉静、幽雅之感，明度高的、纯度高的亮色近于兴奋色。色彩的兴奋性与沉静性往往随纯度或明度的变化而改变，纯度或明度越高，色彩的刺激性越强。绿与紫是介于二者中间的中性色，既没有兴奋感，又没有沉静感，是人们视觉不容易觉得疲劳的颜色。清淡明快的色调多给人以轻松愉快的感觉，浓重灰暗的色调往往使人感到沉重压抑。此外，白和黑以及纯度高的颜色给人以紧张感，灰色及纯度低的颜

色给人以舒适感。为获得兴奋、活泼的效果，可以使用红色系列的颜色，若要获得沉静、文雅的效果，则要使用蓝色或绿色系列的颜色。

[三] 色彩的华丽与朴素

色彩由于其纯度与明度的不同，会给人以辉煌华丽和朴素雅致的感觉，一般纯度或明度高的颜色华丽，纯度或明度低的朴素。冷色具有朴素感。金、银色单独使用时具有华丽感（图08），但与黑色搭配时，既有华丽感，又有朴素感。用色相相差较大的纯色与黑或白搭配时，因有明度的差异而感到华丽，纯度低的颜色搭配时有朴素感。（图09）黑白两色因使用情况的不同，既可以具有华丽感，也可以具有朴素感。

[四] 色彩的轻与重

在日常生活中，由于生活经验的作用，一般认为白色的棉花是轻的，黑色的钢铁是重的；天空中漂浮着的白云是轻的，人们立足的大地是重的。这告诉我们，无纯度的颜色的轻重感来源于生活经验。色彩的轻重主要取决于明度，而纯度对

10 . 俄罗斯圣彼得堡冬宫展厅入口　11 . 俄罗斯圣彼得堡冬宫展厅　12 . 盖蒂艺术中心展厅
13 . 盖蒂艺术中心过厅　14 . 巴黎莫里哀酒店客房墙面的色调幽暗的壁纸

色彩的轻重感的影响其次，色相的影响最低。明度高的颜色感觉轻快（图10），低的颜色感觉沉重（图11）；同明度、同色相的颜色纯度高的感觉轻，低的颜色感觉重。

[五] 色彩的软与硬

一般情况下，掺入白灰色的明浊色有柔软感，掺和了黑色的纯色有坚硬感，这说明颜色的软硬感与其明度和纯度有关。明度高纯度低的颜色有柔软感，而明度低纯度高的颜色有坚硬感，黑、白有坚硬感（图12），是坚固色，灰色有柔软感（图13），是柔软色。一般情况下，软色感觉轻，硬色感觉重。

[六] 色彩的明与暗

色彩的明暗感与明度有关，明度高就亮，明度低就暗。但是，颜色的明暗不一定只对应着色彩的明度。譬如，蓝色和蓝绿色，尽管蓝绿色的明度高，然而却感到蓝色比蓝绿色还要亮。白、黄与其他颜色并列时，可以感到黄色更明亮。（图14）通常不能给人以亮感的颜色有蓝绿色、紫色、黑色等，相反，不能给人以暗感的颜色有红色、橙色、黄色、黄绿色、蓝色、白色等（图15），绿色是中性色。

[七] 色彩的活泼与忧郁

在我们的日常生活中，如果稍加留意就会注意到，充满阳光的房间有轻快活泼的气氛，光线昏暗的房间则让人感到忧郁。以红、橙、黄等暖色为主的明亮色调，容易让人感到活泼（图16），而以蓝色和绿色为主的暗淡色调容易让人感到忧郁。（图17）在英文中人们常用"Blue"来表示自己忧郁的感情，布鲁斯（Blues）就是西方音乐中一种曲调忧伤的歌曲。色彩活泼和忧郁的感觉是伴随着明度的明暗、纯度的高低、色相的冷暖产生的，无彩色的白色和其他纯色搭配时

15．香港迪斯尼酒店大堂　　16．卢森堡大使北京官邸的起居室　　17．令人沉静、忧郁的色彩　　18．绿色能缓解人们的视觉疲劳

感到活泼，黑色是忧郁的，灰色是中性的。

[八] 色彩的疲劳感

纯度高、显色性强的颜色对人的视觉刺激较大，容易使人感到疲劳。一般来说，暖色比冷色疲劳感强，不论是高明度，还是低明度，色相过多，纯度过强，或纯度、明度相差过大的搭配，都容易使人感到疲劳。譬如在世界上最大的美国国会图书馆的阅览室中，在色彩设计方面进行了充分地考虑，绿色的大理石墙面和窗台，墨绿色的窗框，室内固定装置采用了淡绿色的饰面，室外是苍翠、蓊郁、幽静的环境。这种

色彩的搭配和选择不仅美观、雅致，而且科学、实用。绿色有助于恢复眼睛的疲劳。（图18）

三、颜色的通感性

"在日常经验里，视觉、听觉、触觉、嗅觉、味觉往往可以彼此打通或交通，眼、耳、舌、鼻、身各个官能的领域可以不分界限。颜色似乎会有温度，声音似乎会有形象，冷暖似乎会有重量，气味似乎会会有锋芒。"[①]这就是通感。"大弦嘈嘈如急雨，小弦切切如私语，嘈嘈切切错杂弹，大珠小珠

19. 黄色调的室内环境　　20. 绿色调的室内环境

落玉盘；间关莺语花底滑，幽咽泉流冰下难。"白居易使用的就是通感的处理手法。

我们经常用"冷"和"暖"这两个字来形容色彩的表现性质，体现在这两种不同的感觉领域之间（视觉和触觉），有着某些明显的共同指出，我们的语言习惯也往往不自觉地将它们的相似之处揭示出来。然而，当这两个字所指的是某一特定色彩向着另一种色彩的方向偏离的事实时，"冷""暖"所包含的那种典型意义就显得比较明确，也易于理解。

不同的色彩语言，会唤起不同的情感"应答"，其中包含着个人最自由的审美趣味和爱好。但是，颜色又是具有真实品质的东西，它引起的情绪变化是一个复杂的心理、生理、物理、化学综合作用的过程。不可否认，颜色引起人的情感变化的原理，具有可观的科学价值和设计价值。

人们的任何一种感觉受到刺激之后，会立即引起该感觉系统的直接反映，或称第一次感觉。此外，还会引起除了第一次感觉系统之外的其他感觉系统地反映，即第二次感觉的共鸣。亦可称为主导性感觉和伴随性感觉。伴随性感觉称之为共鸣，因此叫作通感觉。假设伴随而来的是视觉中的色彩感觉，则称为色彩的通感觉。如色彩是主导性的感觉，其他感觉系统受到颜色的刺激后伴随而产生反应，也叫作通感觉。即，通感觉也可以是听觉通感觉、触觉通感觉、味觉通感觉、嗅觉通感觉等。

康定斯基在《论艺术的精神》中写道："如果灵魂与肉体浑然一体，心理印象就很可能会通过联想产生一个相应的感觉反应。例如，红色会产生火焰所引起的类似感觉，因为红色是火的颜色，但另一色调的红色却使人联想起流淌的鲜血，从而使人产生痛苦或厌恶。在这些情况中，色彩能唤起一种相应的生理感觉，毫无疑问，这些感觉对心灵会产生强烈的作用。"他继续写道："人们可以说明亮的黄色看上去是'酸的'，这是因为它令人想到了柠檬的味道。"[②]

严格地讲，色彩所产生的主导性感觉与其他感觉系统所产生的伴随性感觉，都是由于光和眼睛的生理作用，与其他感官如听觉、味觉、嗅觉、触觉等并不直接发生直接的关系，它们是伴随视觉而产生的感受，是对物体色综合经验的感受。

诗人何其芳在《祝福》中写道：

青色的夜流荡在花阴如一张琴，

香气是它散出的歌吟。

学者、诗人朱自清在《荷塘月色》中写道：

……塘中的月色并不均匀，但光与影有着和谐的旋律，如梵婀玲上奏着的名曲。

在诗人的笔下，视觉与听觉的感受融合在一起，形成一种复合的美。

比如，有一种色调看起来感觉很喧闹，而另一种色调感觉非常肃静，这种所谓的"喧闹"和"肃静"均属于听觉感受，是以颜色来比拟声音的。低沉的音乐会使人想起深暗的色调，高昂的音乐使人想到明亮的颜色。同理，在味觉、触觉、嗅觉方面也是如此。例如，人们看到橙红色总有一种甜

① 钱钟书. 通感. 中西比较美学文学论文集. 成都：四川文艺出版社，1985. 第229页.

② [俄]康定斯基著. 论艺术的精神. 查立译. 北京：中国社会科学出版社，1987. 第33页.

21.钓鱼台国宾馆总统套房　　22.具有江南色彩特点的室内环境

味、充满食欲的感觉；红色与蓝色物体虽然质地相同，但总觉得红色温暖、蓝色清凉；而暗浊的色彩容易让人感到污浊和不清洁。

在听觉和色彩视觉方面，曾有人做过实验，结果是：蓝紫色是庄重的；黄绿是舒畅的；黄色是欢快的（图19）；红色是兴奋的；紫色是强有力的；绿色到蓝绿色是柔和的；蓝色是忧郁的。（图20）

色彩与味觉的关系，大致和色彩的心理倾向相似。如有变化而不杂乱配色的暖色系和冷色系食品，对时雨的影响主要因个人对色彩的爱好而异，其他方面影响不大。但食欲受色彩的明度影响较大，明色调的食物比暗色调的食物易引起食欲，但若明色调配的不好，也会给人以生硬感，从而影响食欲。若从色相的象征性来区分，黄色表示甘甜；红橙色具有苦、辣、咸的感觉；青绿色具有酸的味道；紫色表示腐败了的食品；白色意味着清淡；黑色则表示浓或咸的食品。

人们已经知道，视觉不仅可以与味觉一致，而且可以与其他感觉相一致。很多颜色，如深群青、铬绿、蓝灰等，被形容成"粗糙"或刺一般的，另外一些颜色则是"柔和的"和"天鹅绒般的"，这样人们才想去抚摩他们。甚至颜色的冷暖特点也基于这些差别。有些颜色显得柔软，如灰蓝；有些显得坚硬，如钴绿、氧化青绿，因此，刚从锡管中挤出来的颜色看上去就是"干燥的"。

康定斯基认为："色彩的声音非常明确，几乎没有人能用低沉的音调来表现鲜明的黄色，或者用高音来表现深蓝。"[1]

色彩与嗅觉也有主导与伴随的关系，如花有色也有香，由于色彩而联想到花香，由花香联想到花色，这些是常有的事情。例如，当人们闻到槐花的花香时，就好像看到了它白色的花朵。一般讲，暖色系、明亮的色彩是人感到有香或较好的味道，而冷色系、暗浊色容易使人想起腐败了的味道。

色彩有它自身的美，就像人们尽力在音乐里保存音色一样。组织和结构，对保存色彩的生动性很有影响。色彩美的这种客观性，如果与人的情感表达的主观性相结合，就会呈现出迷人的魅力。人的创造性，能够赋予色彩流动鲜活的情感，这是设计艺术最为灵活的表现手段之一，色彩的创造和表现同样又成为人的价值体现，"由物质唤起和扶养并被心灵创造，色彩能够传达每一事物的本质，同时配合强烈的感情"。[2]

四、色彩的联想和象征

色彩能够表现人的情感，这已是一个无可争辩的事实。但是，人们对于色彩作用与有机体产生的影响和产生影响的生理过程，仍然是显得茫然无知。这是鲁道夫·阿恩海姆在他所著的《艺术与视知觉》中所提到的已无法回避的事实。

① [俄]康定斯基著. 查立译. 论艺术的精神. 北京：中国社会科学出版社，1987. 第34页.
② [法]亨利·马蒂斯. 马蒂斯论艺术. 郑州：河南美术出版社，1987. 第149页.

23. 红色让人联想到火焰　24. 绿色调让人沉静　25. 色相的对比

很显然，假如在研究与各种不同色彩对应的不同情调和概括它们在各种不同的文化环境中的不同象征意义时，不注重探索发生这种现象的原因和根源，就会走入歧途。可惜，目前这方面的研究依然无法太深入。也许就因为"色彩的表现作用太直接、自发性太强，以至于不可能把它归结为认识的产物"[1]。人们根据各自的生活经验和社会经历，记忆或知识等对颜色产生各自的联想，这种联想根据不同人，不同年龄、民族、性别会有不同的反应，但对有些色的联想是有共性的。另外，对色彩的联想由于社会习俗的不同会形成一种习惯，一种约定俗成的制度，则被称作色彩的象征，不同民族、地区色彩的象征有所不同。（图21、图22）

就近获得的关于色彩感情共通点及异质点的调查研究资料表明，在表现社会价值的感情（理想、未来）、表现个人的价值情感（快乐、幸福），负面感情（恐怖、罪）及兴奋（怒、爱）这四个基本因子中，色彩感情的构造超越了文化的差异，在具有历史、文化之近缘性的日本和韩国以及与这两国具有不同历史和文化的美国以达成三国共通。但三国对"不安"这个因子的反映是不同的：日本人选择灰调，韩国人选择的是红紫，而美国人则选择高纯度的黄色系色相。依据弗洛伊德的现实不安和神经症不安理论，分析带来这一差异的原因，日本人的不安属内在世界状态，而美、韩两国是以色彩来象征不安的外在世界。

另外，就日、韩两国因国家、性别差异对色彩情感的影响调查研究结果表明，性别所带来的影响远远不及国别所带来的影响差异之大。但在反应形式上，可以看出性别差异和国家差异两要素的相互作用及相互影响。同时，从两国共有的一种色彩（例如：白色）的情感多义性现象中也显示出文化个

性的解释具有多样的可能性。

日本的色彩学专家琢田敢先生在其《色彩美学》一书中写道："色的联想就多数人来说具有共同性。一般地说，它与传统密切相关，按照色所含的特定内容，色的象征主义便流行起来。色的象征性既有世界共通的东西，也有一些由于民族习惯而不同的东西。涉及色彩图案，认识这个色的象征性极为重要，通过所运用的色彩，能传达出设计的意义。"[2]

不可否认，色彩的情感表现在很大程度上是靠人的联想而得到的。而且，色彩的这种强烈的作用力虽无法透彻地用科学理论解释清楚，但却是相当明显的，以至于每个人都是有切身体会的。康定斯基在《论艺术的精神》中指出："如果一个人不够敏感，色彩就只会给他留下暂时和浅显的印象。但即使这种最简单的效果，其性质也视情况而异。眼睛受到明亮的、纯净的色彩的强烈吸引，而明亮的暖色吸引力更强。红色是人想起火焰，它一直为人类所眷恋迷醉。浓烈的柠檬黄非常刺眼，就像长鸣不止的喇叭尖叫声那样刺耳。为了缓和紧张，人们会转向绿色或蓝色。"[3]（图23、图24）

这种色彩的动感并非单单是个人的感觉，它们和现实之中显示色彩的物体的形态表情相吻合，并且各自都具有一种能被普遍理解的性质，一种普遍的适应性。正如由于人们共同以太阳和火获取温暖，自然形成一种直觉的心理反应：红色系给人温暖感。相反，蓝色系给人以清凉感，白色令人想到冰天雪地，给人以寒冷感。色彩的冷暖，可谓是最基本的心理感觉。当人们对色彩的体认掺入复杂的思想感情和丰富的生活经验后，色彩就变得富有人情和情调了，随之也成为一定的象征。色彩象征其实是色彩联想和情感的深层作用之结果。

[1] [美]鲁道夫·阿恩海姆. 腾守尧、朱疆源译. 艺术与视知觉. 北京：中国社会科学出版社，1987. 第460页.

[2] [日]琢田敢著. 色彩美的创造. 长沙：湖南美术出版社，1986. 第89页.

[3] [俄]康定斯基著. 查立译. 论艺术的精神. 北京：中国社会科学出版社，1987. 第33页.

表4-1：色彩的联想

颜色 ＼ 方式	特点	抽象联想	具体联想	象征
红	最强有力	热情、革命、危险	火焰、血液、太阳、口红、苹果、心脏、红旗、禁止信号、郁金香	热情、兴奋、胜利、喜庆、危险、野蛮、革命、战争、危险、卑俗、幼稚
橙	最温暖	华美、温情、嫉妒、阳气、乐天、热情	橘子、橙子、柿子、收获、秋天、晚霞、砖	华丽、温暖、快乐、炽热、积极、幸福、满足、焦躁、可怜、卑俗、温情、明朗、甘美
黄	明度最高	光明、活泼、快乐	香蕉、黄金、菊花、柠檬、秋叶、向日葵、提醒信号、蒲公英、月亮	光明、辉煌、财富、权利、注意、不安、野心、雅致、泼辣、明快、希望、明朗
绿	人眼最容易适应	和平、成长、安宁、健全、安静、自然	植物、大地、田园、树叶、公园、安全信号、草坪	青春、希望、和平、宁静、理想、成长、安全、新鲜、跃动
蓝	人眼比较敏感	沉静、悠远、理想、沉着、广大、悠久	湖泊、海洋、天空、远山	博大、沉静、凉爽、忧郁、消极、冷漠、理智、纯净、自由、无限、理想、永恒、悠久、平静、薄情
紫	明度最低	优雅、高贵、神秘、永远、不安	葡萄、地堇花、三色草、茄子、紫罗兰、紫菜、紫藤	高贵、神秘、庄重、优雅、嫉妒、病态、压抑、悲哀
白	反射全部光线	纯洁、神圣、虚幻	百合、雪山、白云、棉花、医院、冰雪、白兔、砂糖	明亮、干净、纯洁、朴素、虔诚、神圣、虚无、神秘、清楚、死亡、神秘
灰		平凡、忧郁、朴实、中庸、温和、谦让、中立	乌云、水泥、阴天、银子	阴郁、绝望、忧郁、荒废平凡、沉默、死亡
黑	吸收全部光线	严肃、死亡、罪恶、	煤炭、墨、夜晚、木炭、头发	死亡、恐怖、邪恶、严肃、孤独、沉默、刚健、坚实、阴郁、冷淡

表4-2：色彩的民族特征

颜色 ＼ 地区	中国	日本	欧美	古埃及
红	南朱雀火	火、敬爱	圣诞节	人
橙			万圣节	
黄	中央、土	风、增益	复活节	太阳
绿			圣诞节	自然
蓝	东青龙木	天空、事业	新年	天空
紫			复活节	
白	西白虎金	水、洁净	基督	
黑	北玄武水	土、降伏	万圣节前夜	地

表4-3：世界各地区、各国家对色彩的喜爱与象征[①]

国别	对色彩的喜爱与象征
一、亚洲地区	
中国	喜用红、黄、青、白
日本	喜用金银相间、红白相间及金、银、白紫等色，色调柔和的色彩
印度	喜用红、橙、黄、绿和鲜艳色，流行绿和橘红色，认为红色热烈、有朝气、富有生命力，蓝色表示真实，金黄色表示壮丽和辉煌，姿色表示宁静和悲伤，忌用黑、白、灰色
菲律宾	喜用红、橙、白及鲜艳色
印尼	喜用高纯度的红色、黄色、绿色以及淡黄色、粉红色、淡绿色
伊拉克	绿色象征伊斯兰教。国旗上的橄榄绿不能随便使用，警车用灰色，客运用红色
缅甸	喜欢用鲜艳的颜色，如红、黄等，喜欢高明度的颜色
新加坡	喜欢红、绿、蓝及红白相间、红金相间的色。红与金、红与白表示繁荣、幸福，忌讳使用黄、黑色。大厅中多用茶色、深绿色、青紫色、紫色、红色等
韩国	喜用红、绿色、黄及鲜艳色，忌讳使用黑、灰色
伊朗、沙特阿拉伯、科威特、巴林、也门、阿曼	喜欢用棕、黑（特别是用白边衬托的黑色）、绿、深蓝色与红相间的色、白色，而且忌讳使用粉红、紫、黄色
阿富汗	喜欢用红、绿色。红绿象征着吉祥如意
叙利亚	喜欢用绿、白、红色，青蓝为最美。在伊斯兰教中黄色象征死亡，平时禁止使用
塞浦路斯	土耳其人喜欢用绿色，希腊人喜欢使用蓝和白的配色，都喜欢用鲜明的色彩
斯里兰卡	喜欢红色和它的补色绿色
泰国	一般喜欢用纯度较高的颜色。红、白、蓝为国家所用的颜色，黄色象征王室，一般不准使用
马来西亚	喜用红、橙、金及鲜艳色，黄色为王室之色，象征健康长寿，一般禁用，绿色象征宗教，而且忌用黑色
巴基斯坦	喜用绿、金、银、橘红及鲜艳色，还喜欢橘红色，最喜欢翠绿色，但不喜欢黄色，忌用黑色
土耳其	由于宗教原因喜用绿色及高纯度的颜色，代表国家的红色和白色比较流行
二、非洲地区	
埃及	普遍使用绿色，在白或黑底上配红、绿色以及橙、青绿、浅蓝和明显色也比较喜爱，不喜欢蓝色、暗淡色和紫色
突尼斯	伊斯兰教喜用绿、白、红色，犹太人喜欢白色，不同宗教喜欢不同的色
摩洛哥	喜欢用明度较低的色，不喜欢特别艳丽的色
东非	喜欢白色、粉红色，还喜欢红、中黄色、天蓝色、茶色、黑色
西非	喜欢大红色、绿色、蓝色和茶色，还喜欢藏青色和黑色
南非	喜欢红色、白色、淡色和藏蓝色
多哥	喜爱白、绿、紫，忌用红、黄、黑色
乍得	喜欢白、粉红、黄色，忌用红、黑色
尼日利亚	忌用红、黑色
加纳	喜爱明亮色，忌用黑色
博茨瓦纳	喜爱浅蓝、黑、白、绿等色
贝宁	忌用红、黑色
埃塞俄比亚	喜爱鲜艳明亮的颜色，忌用黑色
象牙海岸	喜爱明亮的颜色，忌用淡色、黑白相间的颜色
塞拉利昂	喜爱红色，忌用黑色

[①] 施淑文编著. 建筑环境色彩设计. 北京: 中国建筑工业出版社, 1991. 第45页.

利比里亚	喜爱鲜艳明亮的颜色，忌用黑色
利比亚	喜欢绿色
马达加斯加	喜爱鲜艳明亮的颜色，忌用黑色
毛里塔尼亚	喜欢绿、黄、浅淡色
三、拉丁美洲	
古巴	受美国影响很大，一般居民喜欢鲜明的颜色
巴西	喜欢红色，认为暗茶色不吉祥，紫色表示悲伤，黄色表示绝望
厄瓜多尔	喜欢暗色，沿海地区喜欢白色及高明度的颜色
巴拉圭	普遍喜用高明度的颜色，红、深蓝、绿三色分别象征国内三大党的颜色，使用时十分慎重
秘鲁	喜用红、紫红、黄等鲜明色，紫色只用于宗教仪式
委内瑞拉	喜欢黄色，红、绿、茶、白和黑色代表国家五大党，一般不用
墨西哥	喜欢红、白、绿色
阿根廷	喜欢黄、绿、红色，忌用黑紫相间的颜色
哥伦比亚	喜欢明亮的红、蓝、黄及明亮颜色
圭亚那	喜爱明亮的颜色
尼加拉瓜	忌用蓝、白蓝平行条状色
四、欧洲地区	
爱尔兰	最喜欢绿色，喜欢纯度较高的鲜明颜色
英国	喜欢蓝色和金黄色，上层社会使用白色和银色，平民多用浅茶色、褐色等同色相的颜色，喜欢调配成对比效果，认为红色是不干净的颜色
法国	喜欢蓝色、粉红色、柠檬色、浅绿色、浅蓝色、白色和银色，不喜欢墨绿色
德国	喜欢高纯度色及黄、黑、蓝、桃红、橙、暗绿等色，将黄色称为金色，常用黑、金两色。厌恶茶、红、深蓝色
荷兰	喜欢代表国家的颜色橙色、蓝色
挪威	十分喜爱高纯度颜色，特别喜欢红、蓝、绿等色
瑞典	喜欢黑、绿、黄色。蓝色和黄色代表国家，不准滥用
葡萄牙	无特殊喜好。但蓝、白色被看作是庄重的颜色，红、绿是国旗的颜色
南欧	喜欢蓝绿色，以及高纯度、高明度的颜色
北欧	喜欢红、白、绿、蓝等高纯度的颜色
芬兰	对色彩无特殊喜好
瑞士	喜欢红、黄、蓝、红白相间、浓淡相宜的颜色，国旗用的红、白色很流行、忌用黑色
比利时	喜欢蓝色、粉红色、柠檬色、浅绿色、浅蓝色、白色和银色，不喜欢墨绿色
意大利	喜欢浓红、绿、茶、蓝及鲜艳的色彩，忌用黑色
罗马尼亚	喜欢白、红、绿、黄色，白色为纯洁，绿为希望，红为爱情，黄色代表谨慎，忌用黑色
斯洛伐克	喜欢用红、白、蓝等色，忌用黑色
希腊	喜欢黄、绿、蓝等色，忌用黑色
丹麦	喜欢红、白、蓝等色
西班牙	喜欢黑色
奥地利	绿色在国内流行，被广泛使用。喜欢鲜艳的蓝、黄、红色
五、美洲地区	
美国	一般讲，对色彩无特殊的爱憎，但多数喜欢鲜艳的红、蓝色，绿色被认为是庄重的颜色，红色表示干净
加拿大	除部落中的宗教徒外，对色彩无特殊的喜爱。一般喜欢素净的颜色

26.明度对比　　27.纯度对比

上述的色彩象征，仅代表一定的普遍性，不同的国家、不同时代、不同文化历史背景以及具有不同经历的人，对色彩的感情联想确有很多的不同，十分复杂，同时又处在不断变化之中。

因此，人们对色彩的喜好是千差万别且不断变化的，对色彩的选择与某些重要的社会因素和个性因素有关，某种色彩往往随着它对人的用处不同而引起不同的反应。因此，设计表现用色应尊重人类历史风俗习惯和各区域的人们生理心理的感觉，避免色彩特征与表现主题发生矛盾冲突。而且，在崇尚个性的时代，人们以色彩作为个性象征的心理是不容忽视的。毕加索在绘画创作生涯中经历了蓝色时期向粉红色时期的转变，这也反映出他自己的性情和创作观念的某种变化。就设计者而言，也会不同程度地显露对色彩选择的主观倾向，甚至成为其视觉语言的风格因素。

色彩的好恶：不同人，不同性别、年龄、阶层、职业、环境、地域、民族等因素对颜色的喜好是不同的，但由于各人的个性、趣味的相近又有相似之处。

光线影响颜色的正确显示：颜色是种光谱效应，有了光才有了颜色，但不同的光线对色彩的正确显示是有影响的。钨丝白炽灯下，不同光色会将其光色的颜色会影响物体固有色的色相，会使明度和纯度发生变化。荧光灯下物体明度、升高、纯度会降低，但色相不变。

流行色：色彩的流行趋势，称作流行色。不同国家地区有不同的流行趋势，但在国际经济不断一体化的情况下，共性在增强，个性在不断消失或减少。国际色彩组织、国际服装组织每年都会定期发布各季节的流行趋势以供参考。

五、色彩的认知

人们对色彩的认知和感受是通过色相、明度和纯度的对比得以实现的。只有这样，才能理解色彩的几个要素在色彩搭配设计中的作用，怎样搭配才能获得最佳的色彩效果。

[一] 色彩的对比

色相相邻时与单独见到时的感觉不同，这种现象叫色彩的对比。几种颜色同时看到时产生的对比，叫同时对比。先看到一个色再看到另一个色时产生的对比叫继时对比。继时对比在短时间内会消失，通常我们讲的对比是同时对比。

1. 色相对比
对比的两个色相，总是在色环相反的方向上，这样的两个色称作补色如红与绿、黄与紫等。二个补色若相邻时，看起来色相不变而纯度增高，这种现象叫补色对比。（图25）

2. 明度对比
明度不同的二色相邻时，明度高的看起来明亮，低的更显暗，这种对比使明度差异增大，叫明度对比。（图26）

3. 纯度对比
纯度不同的二色相邻时会互相影响，纯度高的会显得更艳丽，而纯度低的看起来更暗淡一些，被无纯度色包围的有彩

28.钓鱼台总统套房卧室　　29.冷色的室内环境

色，看起来纯度会更高些。（图27）

[二] 色彩的面积

颜色的明度、彩色都相同时，面积的大小会给人不同的效果感觉。面积大的色比面积小的色感觉在明度、彩色上都高。因而以小的色标去定大面积的墙面时，要注意颜色有可能出现的误差。

[三] 色彩的可辨别性

色彩在远处可以清楚见到，在近处却模糊不清，这是因为受到背景颜色的影响。清楚可辨的颜色叫可识度高的色相反叫作可识度低的色。可识度在底色和图形色的三属性差别大时增高，特别在明度差别大时，会更高，可识度受照明状况及图形大小影响。

（1）色彩的前进与后退

在相同距离看时，有的色比实际距离显得近，称前进色，有的色则反之，称后退色。从色相上看，暖色系为前进色，冷色系为后退色；明亮色为前进色，暗淡色为后退色；纯度高的色为前进色，低者则为后退色。（图28、图29）

（2）色彩的膨胀和收缩

同样面积的色彩，明度和纯度高的色看起来面积膨胀，而明度、纯度低的色看起来面积缩小。暖色膨胀，冷色收缩。

六、光源色与物体色

任何物体的颜色都需要依赖于光才能表现出来。物体表面的

颜色取决于入射光的光谱组成和物体吸收光谱的程度。另外，入射光的光色也极大地影响着物体的表面颜色和环境气氛，同时也左右着人们的心理状态和生理功能的发挥和平衡。因此，在进行建筑内部环境的色彩设计时，对于光色必须给予足够的重视。根据环境的整体气愤的需要来确定灯具的形式与光彩，可以进行成品灯具的造型，也可以根据具体情况，设计符合环境整体气氛的特殊灯具，从而会达到更加统一协调的效果。

不同的场所对光源要求有所不同，因而在使用上应针对具体情况进行调整和选择，以达到各种不同环境中满意的照明效果。选用什么样的灯光，应该根据具体的环境、场所的性质、使用要求等来确定。

[一] 光源色

光源色：由各种光源（标准光源：白炽灯、太阳光、有太阳时所特有的蓝天的昼光）发出的光，光波的长短、强弱、比例性质不同，形成不同的色光，叫作光源色。也可以理解成为光源照射到白色光滑不透明物体上所呈现出的颜色。如：普通灯泡的光所含黄色和橙色波长的光多而呈现黄色，普通荧光灯所含蓝色波长的光多则呈蓝色。那么，从光源发出的光，由于其中所含波长的光的比例上有强弱，或者缺少一部分，从而表现成各种各样的色彩。

1. 光源色温

当光源的颜色和一定全辐射体（黑体）在某一温度下发出的光色相同时，完全辐射体的温度就叫作光源的色温，单位为K（绝对温度）。40W的白炽灯色温为2700K，40W荧光灯色温为3000~7500K，普通高压钠灯为2000K，HID（高强度气体放电灯，如金卤灯）为4000~6000K，日光为

5300~5800K。

2. 光源显色指数

物体在待测光源下的颜色和它在参考标准光源下颜色相比的复合程度叫作光源显色指数，符号为Ra和R，Ra为一般显色指数，R为特殊显色指数。普通照明光源用Ra作为显色性的评价指标。Ra的最大值为100，100~80为显色优良，79~50为显色一般，小于50为显色较差。例如：500W白炽灯Ra为95~99，荧光灯为50~93，400W荧光灯高压汞灯为30~40，1000W镝灯为85~95，高压钠灯为20~25。

光源颜色由光源的色温、显色性决定：

表4-4：光源的色表分组

色表分组	色表特征	相观色温	适用场所举例
I	暖 色	<3300	客房、卧室等
II	中间色	3300~5300	办公室、阅览室等
III	冷 色	>5300	高照度或白天需要补充天然光的房间

表4-5：光源显色指数分组于适用场所

显色指数分组	一般显色指数（R）	适用场所举例
I	R≥80	客房、卧室、绘图室等辨色要求高的场所
II	60≤R<80	办公室、休息室等辨色要求较高的场所
III	40≤R<60	行李房等辨色要求一般的场所
IV	R<40	库房等辨色要求不高的场所

[二] 物体色

光被物体反射或投射后的颜色叫作物体色。物体色的组成取决于光源的光谱组成和物体对光谱的反射或投射情况。

暖色光：在展示窗和商业照明中常采用暖光与日光型结合的照明形式，餐饮业中多以暖光为主，因为暖色光能刺激人的食饮，并使食物的颜色显得好看，使室内气氛显得温暖；住宅多为暖光与日光型结合照明。

冷色光：由于使用寿命较长，体积又小，光通量大，易控制配光，所以常做大面积照明用，使必须与暖色光结合才能达到理想效果。

日光型：显色性好，露出的亮度较低，眩光小，适合于要求辨别颜色和一般照明使用，若要形成良好气氛，常需与暖光配合。

颜色光源：通常由情性气体填充的灯管会发出不同颜色的光，即常用的霓虹灯管，另外还可以是照明器外罩的颜色形成的不同颜色的光。常用于商业和娱乐性场所的效果照明和装饰照明。

1. 光发效率的比较

一般大功率光源发光效率高，如荧光灯是白炽灯发光率的324倍。

2. 光源的寿命考虑

不同光源使用寿命不同，因而对不同照明时间要求的照明配置应选择不同光源。以白炽灯1000小时为依据的话，荧光灯是它的10倍，汞灯与高压钠灯是它的12倍，金属钨化物灯则是它的6~7倍。

3. 灯泡表面温度

各种光源的灯泡表面温度不同，相同光源瓦数越大温度越高，根据不同使用场所，要具体情况具体配置。考虑到安全防火需求，有些灯具要有阻燃措施，有些灯具要防止行人接触以免发生危险，而有些灯具要远离易燃物体。

02

色彩的基本知识

自古至今，错误概念一直伴随着人们探讨颜色奥秘而存在。关于颜色的起源和关系问题，人们已经提出浩繁的解释，但直到最近才开始有人注意配色问题。

令人惊异的是，直到1731年才有一个德国理论家里·布伦（Le Blon）发现了许多现代人可能认为是不言自明的事情：仅仅用三种基本颜色——红、黄、蓝就可以配得广泛的颜色。布伦的发现受到高度的评价。一个当时的作家写道："尽管最初被人们视为无稽之谈，但是这个发现被全欧洲认同了。"[①]他的发现迅速地被人们接受，尤其是印刷行业，1776年莫斯·哈里斯（Moses Harris）出版了第一个有条理的颜色配置轮盘，预期取代当时流行的对于颜色的一般理解，他将这些理解说成是"如此黑暗和怪诞"。

一、颜色的属性

任何一种颜色都有三种基本特性。色相（Hue）就是颜色的名称，是用来区分不同的颜色的：红色、黄色、蓝色，或其他任何颜色。纯度（Chromatic intensity）是色彩的鲜艳程度，又被称作彩度，用来描述颜色的饱和程度：鲜红色与黑色或白色混合，就会变得暗淡和昏暗。纯度高的鲜艳颜色被称作清色，纯度低的混浊色则被称作浊色。纯度高的颜色其色相特征明显，被称纯色。明度（Tonal value）是衡量色彩反射能力的尺度，表示出色彩的明暗程度。明度最高的颜色为白色，最低为黑色。它们之间不同的灰度排列显示出明度的差别，有彩色的明度是以无彩色的明度为基准来比较和判断的。无彩色则没有纯度，只有明度。

二、颜色的种类

色彩是通过光的照射，反映到人眼中而产生的视觉现象，尽管我们的眼睛可以区分的颜色有百万个之多，但颜色的产生却是有规律可循的。因而这里我们把颜色进行一下分类，得到的结果是颜色不过是两个类型——无彩色和有彩色。

（1）无彩色：即黑、白，以及由此二色混合而成为不同明度的灰色。

（2）有彩色：无彩色以外的所有颜色。

（3）有彩色的质色和调和色。

原色包括红色、黄色和蓝色。在理论上，所有其他的颜色都可以通过三原色的混合而得到，尽管在实际操作中，通常得到的结果会有一些不能令人满意的在色彩的纯度和明度上的损失。二次色是指通过混合三原色中的任何两种颜色而得到的颜色。三次色是指通过一种原色和一种次生色的混合而得到的颜色。

根据色彩的明度值还可以把颜色分成两类：一类是明调子的，通过在一种颜色里加入白色而使颜色变浅变亮；另一类是暗调子的，通过在一种颜色里加入黑色使颜色变深变暗。

当我们在选择一种颜色时，它的效果通常会因为另外一种颜色的出现而改变。没有严格的、快速的规律，两种互为补色（complementary color）的颜色如果处在补色环的相对的位置上，就会提高相互的饱和度会产生鲜明的对比。同样，不协调色（discordance color）与那些普通的颜色有类似的特征，譬如亮粉色和酱紫色，都是从红色中提取出来的。在强调一种颜色时，补色的使用要特别慎重，如果在相邻的位置

[①] [加]米高·威各仕著. 张嘉龙译. 青出于蓝. 香港: Art Distribution Center LTD, 1995. 第12页.

大面积的使用两种互补的颜色，它们会相互影响，甚至会产生不协调的效果。

三、色彩的表示体系——表色系

目前，国际上常用的几种颜色体系主要有以下这么几个：

第一个表色系是美国色彩学家阿尔伯特孟赛尔（Albert H. Munsll，1858~1918）创立的表色系统，称之为孟赛尔色系，也是目前最常用的表色系。随后又出现了伊登表色系、奥斯瓦尔德（W.Ostwald）表色系、瑞典的自然色体系（NCS）、美国光学学会的均匀色体系（OSA-UCA）、德国工业标准颜色体系（DIN）、匈牙利 Coloroid 颜色体系，以及 CIE 国际照明协会表色系和日本色研表色系（PCCS）等表色系统。

孟赛尔色系历史悠久，影响也最大。我们在这里仅以最常用的孟赛尔表色系为代表作一下介绍和分析。

孟赛尔色系主要由孟赛尔色环、孟赛尔色立体二个基本环节构成，并以此给出了孟氏色标。

孟赛尔色环，是将光谱分析得出的颜色按顺序环状排列而成的，在孟氏色环中，有个主要色相（红R、黄Y、绿G、蓝B、紫P），在这5个色相中又加入了5个混合色的色相（橙YR、黄绿GY、蓝绿BG、蓝紫PB、和紫红RP），构成10个色相为基本的色环范围，使用时把10纯色再各分四分之一，即2.5、5、7.5、10四段，全体40个色相。

孟赛尔色立体是按色相，明度和纯度三属性，把颜色组合成一个不规则的立体形，这个立体形可以帮助我们了解颜色的系统和组织，色立体又被称作色树。

表色系的作用是使我们对颜色的理解有一个可参考的依据和标准，并能在国际范围内通用，减少因颜色理解不同造成的错误和混乱。

03
色彩设计

一、色彩设计的作用

人们在传统上把形状比作富有气魄的男性，而把色彩比作富有活力的女性。这使我们思考"色彩与形态"时的感觉神经变得异常活跃和敏锐。

说到表情的作用，色彩又胜一筹，那落日的余晖或海水的碧蓝所传达的表情，恐怕是任何形态都望尘莫及的。

马蒂斯曾经说过，如果线条是诉诸心灵的，色彩是诉诸感觉的，那你就应该先画线条，等到心灵得到磨炼之后，它才能把色彩引向一条合乎理性的道路。

心理学家鲁奥沙赫的试验表明，对形态和色彩的选择，与一个人的个性有关：情绪欢乐的人一般容易对色彩起反应，而心情抑郁的人一般容易对形状起反应。对色彩反应占优势的人在受刺激时一般很敏感，因而易受到外来影响，情绪起伏，易于外露。而那些易于对形状起反应的人则大都具有内向性格，对冲动的控制力很强，不容易动感情。

在对色彩的视觉反应中，人的行为是物体对人的外在刺激引起的，而为了看清形状，就要用自己的理智识别力去对外界物体做出判断。因此，观者的被动性和经验的直接性的综合作用是色彩反应的典型特征；而对形状知觉的最大特点，是主观上的积极控制。总之，凡是富有表现性的性质（色彩性质、有时也包括形状形制），都能自发地产生被动接受的心理经验；而另一个式样的结构状态，却能激起一种积极组织的心理活动（主要指形状，但也包括色彩特征）。

不得不承认，色彩确实是好动的，它会将观赏者带入时间中去。它不仅仅有前进和后退的层次，还能产生对比，有时还

和听觉、嗅觉、触觉的表象相复合，时而引人入胜，时而又拒人于千里之外。

为了把握形势和色彩色视觉力量，采用两者"互补"的处理方法显示艺术家们的创造力。他们往往是无意识地利用了这种方法，更为有效地表现某种情调，以某种色彩特性去支持和突出形式的风格特点。回顾历史，曾经一度鼓吹禁欲，了无生命与生存之乐的哥特时期，常用冷色来突出建筑、雕塑及其尖削如钉而又轮廓鲜明的形式（图30）；相形之下，另一个惟以嬉戏奢华为乐事的巴洛克时期，则以乐观和充满生活之乐的鲜明色彩为那丰满而轻快的形式更添无上的"光彩"。（图31）

一般在设计中，形式的含义都是有意识强调并以逻辑思维进行构思的。色彩在较多情况下则体现为一种直觉的运用，然而蕴含在形式中的节奏，还依赖于色彩的视觉心理作用。作为一种传达设计的基本视觉要素，色彩须经组合与构图来获得它自己的艺术生命，犹如音乐须经一系列音符的恰当选择与巧妙安排，才得以产生美妙动听之旋律一样，的确，色彩可在不止一种意义上与音乐相比。

现代建筑设计，常是任由色彩本身创造一种造型上的节奏。像格罗皮乌斯、里特维尔德、密斯、柯布西耶等这些建筑师都做出了很好的尝试。将纯色糅合到建筑环境的节奏与结构中去，既有和谐的视觉效果，又能给人以新奇感。（图32）

可以说，色彩赋予了形式另一种生命、另一种神情气质和另一层存在意义，从而使得色彩也可被视为图形语言的一种。

色彩的感情作用，以及色彩对人的心理、生理和物理状态的调节作用，通过建筑、交通、设施、设备等综合地全面地影响着我们的日常工作和生活，因此也影响到我们在设计实践

30.科隆大教堂内景　　31.巴黎朗贝尔公馆客厅　　32.英国格林威治千年穹顶　　33.具有浓郁墨西哥地方特色的色彩

中的应用。只有充分地进行色彩处理和搭配，才会使色彩有意义、有价值，同时也显示了色彩的社会意义。

色彩美的内涵体现在三个层面上：视觉上的审美印象，表现上的情感力量，结构上的象征意义。象征性具有不可泯灭的社会文化价值，其中也包含着审美文化的传统因素和情感的传达等因素，虽不是主要构成，却因这一群体历史文化的长期积淀，而具有潜移默化的作用。（图33）

色彩美的三个层面是相辅相成互为依存的有机整体，诚如色彩美学的创始人伊顿所言：缺乏视觉的准确性和没有力量的象征，将是一种贫乏的形式主义；缺乏象征的真实和没有情感能力的视觉印象，将只能是平凡的模仿和自然主义；而缺乏结构上的象征性或视觉力量的情感效果，也只会被局限在空泛的情感表现上。

在色彩设计上，美观并不是唯一的目的，这是对色彩设计的偏见和误解。美感也不可能是色彩设计的全部内容，美感是综合性的，是适应性、伴随性的。

色彩设计取决于两个方面：一是体现建筑本身的性质、用途，二是对建筑的使用考虑与色彩感觉。既要符合建筑的性能，又能促进社会对商品的好感与认识。因而色彩设计应在熟悉产品和消费的基础上，根据色彩情感的研究，找出最佳设计语言，从而使商品的形象色在消费者的是直觉中形成最有效的信息传达，使之具有独有的特征。

[一] 调节作用的表现

色彩的调节在室内环境的设计中起到重要的作用，既能改善室内环境的视觉感受，也能改变人的心理感受，塑造出一个良好的环境氛围。

（1）人得到安全感、舒适感和美感。

（2）有效利用光照，便于识别物体，减少眼睛的疲劳，提高注意力。

（3）形成整洁美好的室内环境，提高工作效率。

（4）危险地段及危险环境的指示用醒目的警界色做标识，减少事故和意外。

（5）对人的性格、情绪有调节作用，可以激发也可以抑制人的感情。

[二] 室内环境的色彩调节

室内环境的色彩是一个综合的色彩构成，构成室内空间的各界面的色彩以材料及材料的颜色为主色，成为整个室内的大背景。而其中照明器、家具、织物及艺术陈设等，则会成为环境中的主体，并参与室内颜色的整体构成，因而室内的色彩需整体考虑才会最终达到满意的效果。

一般来讲，公共场所是人流集中的地方，因而应强调相对统一的效果，配色时应以同色相或近似色的浓淡系列为适宜。（图34）业务场所的视觉中心、标志等应有较强的识认性和醒目的特征，因而颜色会有所对比，并且饱和度也会高些。同一个室间内，功能空间要求区分的话，可以用两个色以上的配合来得到。总之，我们在配色时可以按颜色的三大属性的任何一方面对颜色给以调控，从而求得理想的效果。

（1）从色相上，可按室内功能的要求决定色调，其用法则非常自由，按不同的气氛不同的环境需求来做变幻，可以说变幻无穷。

（2）明度上，结合照明，适当地设定天花、墙面及地面的色彩，如在劳动场所，天花明亮，地面暗淡易于分辨物品；天花明度及好的顶部照明，使人感到舒适；住宅中，若天花与地面明度接近，则易形成休息感和舒适感。夜总会、舞厅、咖啡厅则把天花做得比地面还暗，餐厅，天花则比地面稍弱，但应有温暖的橘黄色照明，可使就餐者食欲大增。

（3）纯度上，劳动场所不适合纯度过大，若纯度超过4会产生刺激，使人易疲劳。住宅和娱乐场所纯度偏大，一般为4~6，高纯度的色块可小面积使用。

形体、质感与色彩是构成空间的最基本要素，色先于形，它能使人对形体有完整的认识，并产生各种各样的联想。对人眼的生理特点的研究表明，眼睛对颜色的反映比形体要直接，即"色先于形"。这就是为什么我们通常会首先记住建筑物或物体的颜色，其后才是形状的原因。因而在环境及空间的塑造上，颜色的设计是不容忽视的一环。

建筑环境色彩设计既包括建筑学、生理学、心理学的内容，也包括物理学的内容。下面以工业建筑和民用建筑为例说明色彩设计的作用。

工业建筑内的色彩设计：

（1）改善实力作业条件，降低劳动强度，提高操作的准确性，从而提高产品质量和生产效率。

（2）降低疲劳强度，提高出勤率。

（3）减少生产事故，保障安全生产。

（4）提高车间内部的使用效果。

（5）有利于整顿生产秩序。

民用建筑内的色彩设计：

（1）能更好地体现建筑物的性质和功能，并具有空间导向、空间识别和安全标志的作用。

（2）可以提高建筑内部空间的卫生质量和舒适度，有利于身心健康。

（3）可改善建筑内部空间和实体的某些不良形象和尺度，是调节室内空间形象和空间过渡的有效手段。

（4）利用色彩可配合治疗某些疾病。

（5）可创造有性格、有层次和富于美感的空间环境。

34.三亚半山半岛酒店大堂　　35.香港国际机场　　36.同类色的运用令人感觉自然、舒适

二、色彩的搭配与协调

两种以上色的组合叫作配色。配色若给人以愉快舒服的感觉这种配合就叫作调和，反之，配色给人以不舒服感，就叫不调和。但由于人们对色彩的感觉不同，若非专业人士，大多数人对色彩的理解都比较感性，甚至有的人对色彩感觉迟钝，所以对色彩的理解是不同的。而从色彩本身来讲，不同材质，不同照明环境等都会令色彩产生不同的效果，所以我们所讲的色彩调和即针对上述现象来考虑的。

[一] 色彩的搭配

色彩的搭配，即色彩设计，必须从环境的整体性出发，色彩设计得好，可以起到扬长避短，优化空间的效果，否则会影响整体环境的效果。我们在做色彩设计时，不仅仅要满足视觉上的美观需要，而且还要关注色彩的文化意义和象征意义。从生理、心理、文化、艺术的角度进行多方位、综合性的考虑。

1. 配色方法
配色的方法都是从人类长期以来的经验中获得的。对大自然的感受和观察，对已经建成环境的理解和分析，都是获得配色方法的途径。

（1）汲取自然界中的现成色调，随春、夏、秋、冬四季的变化进行组合搭配，自然界的种种变化都是调和配色的实例，也是最佳范例。

（2）对人工配色实例的理解、分析和记忆，在实践中归纳和总结配色的规律，从而形成自己的配色方法。

2. 纯度调和
（1）同一调和：同色相的颜色，只有明度的变化，给人感觉亲切和熟悉。（图35）

（2）类似调和：色相环上相邻颜色的变化统一，给人感觉自然、融洽、舒服，建筑内环境常以此法配色。（图36）

（3）中间调和：色相环上接近色的变化统一，给人感觉暧昧。

（4）弱对比调和：补色关系的色彩，明度相差大，但柔和的对比配色，给人以轻松明快的感觉。

（5）对比调和：补色及接近补色的对比色配合，明度相差较大，给人以强烈或强调的感觉，容易形成活泼、艳丽、富于

37 . 颜色的对比调和

动感的环境。

3. 色相调和

色相调和就是对两种色相以上的颜色进行调和，有二色调和、三色调和、多色调和。

（1）二色调和

以孟赛尔色相环为基准，二色之间的差距可按下列情况来区分：

①同一调和：色相环上一个颜色范围之内的调和。由色彩的明度、纯度的变化进行组合，设计时应考虑形体、排列方式、光泽以及肌理对色彩的影响。

②类似调和：色相环上相近色彩的调和。给人以温和之感，适合大面积统一处理，如能一部分设强烈色彩，另一部分弱些，或一部分明度高，另一部分低的形式处理，则能收到很理想的效果。

③对比调和：色相环上处于相对位置的色彩之间的调和，对经强烈，纯度相互烘托，视觉效果强烈，如一方降低纯度，效果会更理想。如二者为补色，效果更强烈。（图37）

综上所述，我们看到，两个色彩的调和，其实存在两种倾向，一种是使其对比，形成冲突与不均衡，从而留下较深刻的印象；另一种就是调和，使配色之间有共同之处，从而形成协调和统一的效果。

（2）三色调和

①同一调和：三色调和同二色调合一致。

②正三角调和：色相环中间隔120°的三个角的颜色配合，是最明快、最安定的调和，这种情况下以一种颜色为主色，其他二色为辅色。

③等边三角形调和：如果三个颜色都同样强烈，极易产生不调和感，这时可将锐角顶点的颜色设为主色，其他二色为辅色。

④不等边三角形调和：又叫任意三角形造色，在设色面积较大的情况下，效果突出。

（3）多色调和

四个以上颜色的调和，在色相环上形成四边形，五边形及六边形等。这种选色，决定一个是主色很重要，同时要注意将相邻色的明度关系拉开。

4. 明度调和

明度调和主要包括以下三类。

（1）同一和近似调和

这种调和具有统一性但缺少变化，因而需变化色相和纯度进

38.通过调整纯度进行调和　　39.有层次感、节奏感的色彩空间效果　　40.小面积色彩应提高纯度，多为点缀饰物，以活跃气氛

41.色与色之间加无彩色和金银线加以区分　　42.形态和材质的对比丰富了装饰效果　　43.类似色相的协调　　44.对比色的协调

行调节，多用于需沉静稳定的环境。

（2）中间调和

若纯度、明度都一致会显得无主次和层次，因而适当改变纯度，可取得更好的效果，容易形成自然、明朗的气氛。（图38）

（3）对比调和

有明快热烈的感觉，但多少有点生硬，可将色相、纯度尽量一致。

5. 纯度调节的方法

以下介绍几类纯度调节的方法。

（1）同一和近似调和

有统一和融洽的感觉，但感觉平淡，可通过改变色相和明度予以加强。

（2）中间调和

有协调感，但有些暧昧不清爽，可通过改变明度和色相，即加大对比，使其生动。

（3）对比调和

给人明快、热闹之感，但易过火，确立主色，加大面积比或改变色相可得到校正。

6. 颜色的位置

颜色的位置需根据周围环境与使用功能来选择。

（1）明亮色在上，暗淡色在下，会产生沉着、稳定的安全感；反之，则产生动感和不安全感。

（2）室内天花若使用重色会产生压迫感，反之轻快。

（3）色相、明度与纯度按等差或等比级数间隔配置，可产生有层次感、节奏感的色彩装饰或空间效果。（图39）

7. 颜色使用面积的原则

在颜色使用面积的问题上，有以下两个原则可遵守。

（1）大面积色彩应降低纯度，如墙面、天花、地面的颜色，但为追求特殊效果可例外。小面积色彩应提高纯度，多为点缀饰物，以活跃气氛。（图40）

（2）明亮色、弱色面积应扩大，否则暗淡无光。暗色、强烈色可缩小面积，否则会显得太重或太抢眼。

8. 配色的修正

配色的过程中往往会感到有些不如意或不理想之处，可以用一些方法来补救。

（1）明度、纯度、色相分别作调整，直至视觉上舒服，或者在面积上做适当调整，一般是深色或重色可以盖住浅色和轻色。

（2）在色与色之间加无彩色和金银线加以区分，或加适当面积的黑、白、灰予以调节。（图41）

（3）用重点色，在面积上和形式上占优势，并做适当调和。

[二] 色彩协调的一般原理

形态、色彩和材质等要素综合在一起共同构成了我们周围的环境，这些环境因素都可以直接诉诸视觉并产生美感，但是色先于形，色彩是最快速、最直接作用于视觉的。在我们不经心地观看周围时，首先感受到的就是色彩，因此在一定程度上可以这样说，色彩是感性的，而形态是理性的。同样形态和材质的空间因为色彩的不同可以形成差别极大的气氛，因此色彩设计对于环境艺术设计来说至关重要。如何通过色彩设计来满足不同的功能需要，创造某种环境气氛，产生某种特殊的效果，都是需要我们花费时间和精力去研究和探索的。色彩配色的基本要求是协调，然后在协调的基础上，根据需要创造出不同的配色关系，如调和的协调、对比的协调等。色彩的配色原则同样遵循艺术的基本法则，即统一与对比，在统一的基础上寻求对比，寻求变化。

1. 单一色相的协调

单一色相的协调就是用属于同一种色相的颜色，通过它们明度或纯度的差异来取得变化。这种协调方法不仅简单、有效，而且会产生朴素、淡雅的效果，一般用于高雅、庄重的空间环境。这种色彩的处理可以有效地弥补空间中存在的缺陷，实现空间内部不同要素之间的协调和统一。同样，单一的色相有时会给人过于单调和缺少变化的感觉，这可以通过形态和材质方面的对比来进行调整。（图42）

2. 类似色相的协调

类似色是指色环上比较接近的颜色，是除对比色之外的其他颜色，如红与橙、橙与黄、黄与绿、绿与青等。它们之间有着共同的色彩倾向，因此是比较容易统一的。在许多情况下，如果有两种颜色不协调，只要在一种颜色里加进同一种别的颜色，就能获得协调的效果。与单一色相相比，类似色就多了些色彩变化，可以形成较丰富的色彩层次。类似色配色，若仍过于朴素和单调，也可以在局部用小面积的对比色，或者通过色相、明度、纯度来加以调整，以增加其变化。（图43）

3. 对比色的协调

对比色所指的是色环上介于类似色到补色之间的色相阶段，如红、黄、蓝或橙、绿、紫这样的色彩配色。这样的搭配在色环上呈三角形。对比色可以表现出色彩的丰富性，但需要

注意的是容易造成色彩的混乱。一般的经验是首先要有一个基本色调，即用一个颜色为基本的环境色彩，然后在较小的面积上使用对比色；也可以通过降低一种颜色的纯度或明度，形成环境色彩的基调，然后再配以对比色，这也是一个非常有效的处理方法。在色彩的纯度上不要同时用同一纯度，用不同的纯度产生变化，更易于协调，获得赏心悦目的效果，由于对比色的色阶较宽，它的采用就有更多的变化，得到的效果就会更加丰富、生动、活泼。（图44）

4. 补色的协调

补色是色环上相对立的色，如红与绿、橙与青、黄与紫等，这是性质完全不同的对比关系。因此，使用补色的效果非常强烈、突出，运用得好，会极有表现力和动感。由于补色具有醒目、强烈、刺激的特点，所以在室内环境中多用于某些需要活泼、欢快气氛的环境里，如迪斯科舞厅等娱乐场所，或者某些需要突出的部位和重点部分，如门头或标志等。补色协调的关键在于面积的大小以及明度、纯度的调整。一般来说，要避免在面积、明度及纯度上的调整，因为这样势必造成分量上的势均力敌，无主次之分，失去协调感。补色协调的要领有三：一、主次明确，二、疏密相间，三、通过中间色。主次明确就是要有基调，如万绿丛中一点红，绿为主，红为点缀，这样有主有次，对比强烈，效果突出，如果是红一半，绿一半，那么必然分不清主次。当然，真的是红的一半，绿的一半，可以采用疏密相间的办法，把红的一半面积分散成小块面积，绿的也同样，然后相互穿插组合，又是另一种视觉效果。可见，尽管实际面积没变，但组合方式变了，结果又不一样了。补色之间有时还可以利用中间色，如金、银、白等来勾画图案或图形的边，这样可以起到缓冲对比过于强烈的作用。（图45）

5. 无彩色与有彩色及光泽色配色

无彩色系由黑、白、灰组成。在室内设计里，也可以把某些带有些微有色色相的高明度色看作无彩色系列，如米色、高明度的淡黄色等。由无彩色构成的室内环境可以非常素雅、高洁和平静。白与黑也是中和、协调作用极强的色彩。譬如，某些家具色组合过于繁杂，可以用白色墙或灰色墙面做背景加以中和。（图46）

无彩色与有彩色的协调也是比较容易的。用无彩色系做大面积基调，配以有彩色系做重点突出或点缀。这样可以形成对比，避免无彩色的过分沉寂、平静，也可以免于浓重色彩造

45．补色的协调　　46．家具和陈设的色彩组合繁杂，用白色墙面或灰色墙面做背景加以中和

47．用无彩色系做大面积基调，配以有彩色系做重点突出或点缀　　48．室内环境中金色的使用

成的喧闹。无彩色具有很大的灵活性、适应性，因此，在室内环境设计中被大量应用。（图47）

有光泽的金色、银色也属于中间色，也可以起缓冲、调节作用，有极强的协调性和适应性。金色无论与什么色配合都可以起到协调效果。金、银色用得多，可以形成富丽堂皇的感觉，体现某种高贵，但如果运用过滥，易造成庸俗的感觉。因此，如不是需要体现一定的华丽辉煌的气氛时，也应慎重运用金色、银色，尤其是金色的运用要慎之又慎。（图48）

严格来说，色彩的搭配和组合是无定式可循的，具体的环境要具体地分析才能确定。上述的配色方法只是一个基于经验的理性认识，是抽象理解的一般性知识。它只能帮助我们在实践中去加深理解色彩设计的知识，使我们对色彩的感觉和感受更加敏锐。在色彩设计方面，一般的规律和方法有助于培养和强化我们的能力，而我们更需要的是敏锐的观察力、丰富的想象力和独特的创造力。

[三] 配色时需要注意的问题

色彩搭配是一个比较复杂的工作，在色彩搭配时，有时由于经验不足或其他种种原因，会出现一些我们意想不到的问题，应该引起关注，尽量避免，如色彩的变色和变脏问题。

变色是指有些材料如纺织品、塑料、涂料及有些金属，长期暴露在日光和空气中，会因风吹日晒引起氧化等一系列反应，产生颜色变化，因而在做室内色彩的选择时，要考虑到所选用材料变色与褪色的因素，这样才能使房间的色彩效果历久弥新。变脏，一种是由于真空和长期使用造成的脏，可以采用清洗或耐脏材料或可清洗材料来处理。还有一种就是颜色使用不当，例如有些纯度低的颜色和混沌的颜色相配使

49.具有伊斯兰风格飞餐厅　　50.LV专卖店

用，会使二者都互相排斥和抵消，使得颜色显得混浊不洁净。因此，在设计中配色时要注意以下几个事项：

（1）按使用要求选择的配色应与环境的功能要求、气氛环境要求相适应；

（2）检查一下用的是怎样的色调来创造整体效果的；

（3）是否与使用者的性格、爱好相符合；

（4）尽量减少用色，即色彩的减法原则；

（5）是否与室内构造、样式风格相协调；

（6）与照明的关系，光源和照明方式带来的色彩变化应不影响整个气氛的形成；

（7）选用材料时是否注意了材料的色彩特征；

（8）要考虑到与邻房的关系，考虑到人从一个房间到另一个房间心理适应能力。

三、色彩设计的原则

色彩设计如同环境艺术设计的其他部分设计一样，要首先服从使用功能的需要，在这个前提下，还必须做到形式美，发挥材料特性，满足人们的各种心理需要，考虑民族文化因素等等。

[一] 功能性原则

室内色彩的设计必须充分反映室内空间的功能，不同的色彩搭配可以满足不同的功能要求，反映不同的室内空间特征。由于色彩能从生理、心理方面对人产生直接或间接的作用，从而影响人的工作、学习、生活。因此，在色彩设计时，应该充分考虑空间环境的性质、使用功能、人的需求等等。

为了保证教室的明亮宽敞，室内环境色彩应采用反射系数较高的淡雅、明亮的颜色，墙面宜采用淡灰绿、淡灰蓝、浅米黄，不要有过多的装饰和色彩，能给人以清雅、明快、淡静之感。学校的教室黑板通常为黑色、墨绿色或浅墨绿色的毛玻璃，也可以采用亚光的磁性材料。这样有利于保护儿童和学生们的视力，同时也有利于学生们注意力的集中，保证教室里明快、活泼的气氛。地面多采用中明度的含灰色调，天花多采用白色。有些教室采用白墙与黑色黑板，对比过于强烈，这容易使眼睛疲劳，所以应该适当调整。

由于经营内容（川菜、鲁菜、淮扬菜、日本料理、韩国料理等）和装修风格（中式、日式、古典式、现代式、乡村式等）的不同，餐饮空间的色彩设计比较多样、复杂，不同的餐厅往往风格各异、各有特色。虽然色彩环境的设计差异较大，但必须能够满足饮食使用功能的需要。（图49）

商业空间内部环境色彩设计应该以突出商品为原则，能够使商品展现真正的色彩，而不能变色失真。由于商品种类繁多，琳琅满目，颜色极其丰富，所以，为了吸引顾客，作为背景色的墙面以及租赁柜架等一般采用无色彩系或低纯度色系的颜色，常用的颜色有白色、奶白色、浅灰色、淡蓝色、粉红色、浅紫色等，这样才能突出商品，增强展示的效果。（图50）

合理地选用色彩进行家居装饰，不仅可以创造一个安全、舒适、快乐、温馨的环境，而且还可以增加家居空间的艺术感染力。起居室是家庭团聚和接待客人的地方，色彩的使用要创造亲切、和睦、舒适、利于交流的环境，因此多用浅黄、浅绿、米色、淡橙色、浅灰红色等色彩。（图51）卧室主要是供人休息的场所，常用浅黄、浅绿、米色等色创造一个安静的气氛。（图52）

展览空间是一个展示的场所，首先要保证展品的视觉真实性，因此，像展览馆、陈列室等这样的地方，一般来说墙面等适宜用无色色系，如白色、米色、浅灰色等。（图53）而对于博物馆来说，虽然同是展览空间，但需要根据展品来调整墙面的色彩，不能一概而论，譬如，中国画需要的是淡雅的

51. 起居室　　52. 卧室

背景，而油画需要的却是色彩浓烈的背景。（图54）

考虑功能要求也不能只从概念出发。而应该根据具体情况做具体分析。一般可以从三个方面去做一些具体的分析和考虑：分析空间和用途，分析人们在色彩环境中的感知过程，分析变化因素。

分析空间性质和用途，不是只做概念的理解。以往传统的色彩概念就认为，似乎医院就应该是清洁、干净、以白色为主的，而现代的科学证实，人们经常生活在白色的环境中，对人们的心理、生理是不容易造成精神紧张，视力疲劳，并且会联想到疾病使心情不愉快。所以，对于手术室采用灰绿色——红色的补色，可以便于医生的视力尽快恢复。医院病房的色彩设计，对于不同科别、不同功能空间也应该有所区别。如老年人的病房宜采用柔和的橙色或咖啡色等，避免大红、大绿等刺激色彩；外伤病人和青少年病房宜用浅黄色和淡绿色，这种冷色有利于减少病人的冲动，抑制烦躁痛苦的心情；儿童的病房应采用鲜明欢快的色调促使儿童乐观活利于疾病的治疗。有科学家指出，红色利于小肠和心脏等疾病的治疗。黄色可协助脾脏和胰腺病的治疗，蓝色有助于大肠和肺部病的治疗，绿色有助于治疗肝、胆的病变。由此可以看出，同一个医院，也有众多的区别，只有认真分析，才能确实找出合适的色彩。

另外，人们在不同室内环境中所处的时间不同，对于色彩的感知也有所不同的。譬如，在停留的时间较短的空间中，使用色彩可以明快和鲜艳些，以给人较深刻的印象。（图55）而在人们需要长时间停留的地方，色彩就不宜太鲜艳。以免过于刺激视觉，用较淡雅和稳定的色彩，有助于正常的工作和休息。（图56）

最后，生活和生产方式的改变，致使许多环境在改变。譬如，银行过去在人们的印象中是一个庄重甚至带有几分神秘色彩的地方，而如今人们越来越多地开展商业活动，对银行也愈来愈熟悉，银行也向亲切、平易近人的方向发展，因此，色彩的选用也开始由传统的比较庄重向轻松亲切方向发展了。

[二] 形式美原则

大自然赋予我们的是一个千变万化、多姿多彩的世界，无论是人文景观还是自然景观都在向我们传达着各种各样的色彩信息。在环境的设计和创造中，我们也经常使用色彩来表达自己对美的感受和追求。因此在色彩设计中，要运用得体的色彩语言，创造符合人们审美要求的环境空间。因此，色彩的设计和配置也同样遵循形式美的法则和规律，运用对称与均衡、节奏与韵律、衬托与对比、特异与夸张等手法，处理好环境空间中的色彩。

色彩的设计如同绘画一样，首先要有一个基调，即整个画面的调子，这个基调就是环境色彩的整体倾向，体现的是大致的空间性质和用途。基调是统一整个色彩关系的基础，基调外的色彩起着丰富、烘托、陪衬的作用，因此，基调一定要明确。用色的种类多少，面积大小，都是视基调的要求而定，必须是在统一的条件下的变化。多数情况下，室内的色彩基调多由大面积的色彩，如地面、墙面、顶棚以及大的窗帘、桌布等这些部分构成。所以，决定这些部分的色彩时，也就是决定基调的时候。（图57）

与变化的原则贯穿于整个造型艺术一样，色彩也必须遵循。强调基调，就是重视统一，而求变化则是追求色彩的丰富多彩，免于单调乏味，使色彩活泼多样，更趋个性化。但求变化不能脱离统一基调。一般情况下，小面积的色彩可以较为鲜艳，而面积过大，就要考虑对比是否过于强烈，破坏整体感。

室内色彩还需注意一个上轻下重的问题，即追求稳定感和平衡感。多数情况下，顶棚的色调要明快，尤其是比地面要明度高

53.纽约大都会博物馆展厅　　54.新隐士芦博物馆意大利厅　　55.伦敦泰德博物馆　　56.较淡雅和稳定的色彩,有助于休息

57.地面和墙面决定了空间的基本色调　　58.装饰元素、家具和其他陈设品共同构成色彩的节奏和韵律

些。地面可用明度较低的色彩,这样符合人们的视觉习惯。

节奏和韵律也是色彩形式美的重要法则。环境色彩设计与绘画还略有不同,环境色彩多由建筑元素、构件、家具等物件构成。这些物体相互都有前景与背景关系,如墙面的色彩是柜子的背景而柜子也许又是一个花瓶,或者其他物品的背景。强调节奏、韵律要考虑色彩排列的次序和节奏,这样可以产生韵律感。(图58)

[三] 客观性原则

环境都是由具体的建筑与装饰材料等客观物质构成的,因此,在色彩的选择和搭配上必然会受到这些客观因素的限制,不可能像艺术创作那样随心所欲地进行选择和调配。尤其是那些天然材料,譬如,天然的大理石和花岗岩,尽管有多种色调和花纹,但我们只能在已有的色彩和纹理种类范围

59 . 木材本色装修充分显示出木材的天然纹理
60 . 具有中国皇家特征的色彩

内进行选择。当然，我们可以通过对石材的表面进行一定的
技术处理而在某种程度上调整色彩的感觉，但绝对不能对某
种石材的色彩做任何根本上的调整和变动。人工制造的材
料，在一定程度上有更为宽泛的挑选可能和余地，有时甚至
可以定做加工，能更大程度上满足人们对色彩的需要。

对于天然材料，我们应尽量发挥其独特之处，挖掘其自身所
蕴涵着的自然美和潜力，而不要过多地雕凿和修饰。譬如木
材，如果色彩及质感运用得当，运用本色远比用不透明漆要
好。（图59）

[四] 地域性原则

色彩的地域性是指特定地区的自然地貌、气候条件、生态物

种等对色彩的长期作用而形成的色彩特征。

人们最开始对色彩的接受和创造是来自于他们所生活的环
境。各地区的色彩传统的形成往往包含着他们对周围环境色
彩的模仿或对某种稀缺色彩的渴求。各地区的色彩传统在相
对封闭的环境中保持着较为稳定的发展态势，形成独特的色
彩文化。譬如，起源于黄河流域的汉族，自然环境的主色调
为黄色，因此，虽然历经岁月荏苒和朝代更迭，但对黄色一
直情有独钟。（图60）而对于生活在雪域高原的藏族来说，
白色是他们心中圣洁无瑕、至高无上的颜色。生活在沙漠中
的埃及人，绿色对他们来说具有生命力和永恒的意义。日本
人喜欢自然色和朴素的色彩，印度人崇尚神秘幽玄的颜色。

色彩的地域性还直接受到气候条件的影响。在日照时间长的
地区，人们喜爱暖色调和鲜艳的颜色。如赤道附近的地区几

61.江南水乡特征的书吧

62.天下第一城酒店大堂酒吧

63 63.具有摩洛哥特色的色彩环境

乎都对艳丽的色彩情有独钟。这些地区的建筑外墙多为红色、粉红色、黄色、白色等,内墙多为绿色、青绿色、蓝色等冷色系的颜色。日照时间短、雨季长的地区的人们一般喜欢使用暖色和灰色系的颜色。(图61)这类地区的建筑外墙一般使用绿色、蓝色和灰色系的颜色。譬如,中国江南水乡的建筑多以白墙黛瓦为主,色彩朴素大方。

[五] 象征性原则

自古以来,色彩一直以其独特的象征意义成为人类文化的发展一个组成部分,色彩象征的本质是以色彩环境的普遍性存在反映人的内心世界,色彩象征是古代东西方各民族运用色彩的主要精神内容和依据。不同的民族有不同的用色习惯,有着禁忌和崇尚的用色。色彩的喜爱和厌恶也反映了各个民族的文化。对中国人来说,黄色和红色象征着富贵和权利(图62);对埃及人来说,白色象征着太阳神;对基督教来说,金色和白色象征着上帝和天国;对伊斯兰教来说,白色象征着自由和和平,绿色象征着生命和希望。

一直到现代社会,色彩的象征意义一直表现在室内设计色彩中。色彩的象征手法总是表现在表达人类情感、祈求幸福吉祥、真实张扬个性、维护等级次序、模拟宇宙天象等各个方面。同时,也使室内设计表现出更深的文化内涵。(图63)

第5章

装饰材料

在当今的IT时代，信息可以当作商品出售，任何商品也只能利用材料而不可能是其他的东西制造，尤其是那些人人都可以触摸、感觉到的客观实在。这恰巧应对了中国那句流传已久的俗语——巧妇难为无米之炊，也充分说明了材料的重要性。

材料是人类赖以生存的基本条件，是从事建造和造物活动的基础。从诞生的那一天起，人类就与材料发生了一种互为关系。可以这样认为，人类文明的历史其实就是人类发现材料、利用材料和制造材料的历史。

材料的使用还反映着一个时期科学技术和生产力的发展水平，新材料的发现和使用，会带来技术的变革，比如光敏材料、记忆材料、光导纤维、超导材料、纳米材料等的发现和利用，正在改变着人们生活的方方面面。

01
材料与设计

一、材料的固有特性

我们生活在一个物化的世界中，无时无刻地体验着周围的事物传达给我们的信息，感受着各种材料构成的界面，以及它们围合而成的空间和环境。我们发现空间和环境的美感表现在形式和色彩上，及流露出来的材质和功能的内在美上。

记忆中有一首歌中这样唱道："有一个美丽的传说，精美的石头会唱歌，它能给勇敢者以智慧，也能给善良者以欢乐，……"。在这里，我们可以这样理解，每一种材料都有它自己的自由意愿和自己的表达，材料的客观独立性决定了材料既不从属于形式，也不从属于内容和功能。现代主义建筑大师密斯·凡·德·罗认为："每一种材料都有自己的特性，它们是可以被认识和加以利用的。新的材料不见得比旧的材料好。每种材料都是这样，我们如何处理它，它就会变成什么样子。"[1]任何一个产品的品质来源于材料并存在于材料之中。

形式是物质或材料的体现，而材料是形式的载体，设计就仅仅是赋予材料以一种形态的手段而非其他，物质只有经过造型才有其自身存在的意义。

商品被设计成能够被人应用的形式，这强化了人们对产品有某种单独的需求和对材料的固定感受。譬如：鞋底必须防水并有柔韧性，杯子必须不漏水，而且平滑，这当然包括杯子的外表面。因此，材料也成为设计作品特征的一个部分，也就是说，在满足产品功能的条件下，材料的选择和使用当追

随其自身的性能，否则就会引起歧义。假如一个艺术家或设计师选择用裘皮类的不光滑材料来做杯子的外表面时，可能是为了引起人们的警觉，或逗人发笑，或有其他的用意。

当我们欣赏以往那些优秀的设计作品时，我们首先看到了它的形式和色调，随之又体会到它从整体到局部，从局部到局部，又从局部回到整体的统一关系，它们每个部分都彼此呼应，并具备了组成形式美的一切条件。以帕提农神庙为例，其设计从里到外始终使用一种材料，或粗犷如廊柱，或细腻如雕刻檐板，如同一首咏叹调，时而豪放高亢，时而婉转细腻。而质朴的材质在希腊明媚的阳光下闪烁着纯净完美的光辉，成排的廊柱在阳光照射下投下富于律动性的光影，使这个内外相通连的建筑有无限的延展性和亲切感，空间与材质的美表露无遗。再如中世纪的教堂巴黎圣母院（图01、图02），其大部分空间，也不过是一种石材的立面贯穿到底，配以橡木护壁板和薄如蝉翼的彩绘玫瑰窗，石头与木材的立面形成一种富于庇护感的空间，而薄如蝉翼的玫瑰窗则使空间延伸到无限遥远的空间。黑白相间的铺地与其中成排的弥撒椅是向人们伸开的手臂，崇高的气氛是空间的主题，这个主题是精神上的统领，是建筑所刻意营造的气氛。

但是在1887年，当古斯塔夫·埃菲尔（Gustave Eiffle）着手进行他的铁塔设计时，激起了一群艺术家们的公开反对。当这个高300米的铁塔竣工的时候，批评就更多了。并不是塔的高度而是它的构筑材料遭到人们反对。一般来说，高塔当然都是用石头建成的。因此，有的人认为埃菲尔铁塔是工厂的烟囱，也有的人认为它更像脚手架，还有一些人认为埃

---

[1] 刘先觉. 密斯·凡·德·罗. 北京：中国建筑工业出版社，1992. 第217页.

01．巴黎圣母院中厅
02．巴黎圣母院玫瑰窗
03．巴黎埃菲尔铁塔
04．巴黎埃菲尔铁塔局部

菲尔忘记了16世纪高尚的铁艺商业。当然可以肯定的是，建造铁塔时的手工劳动被机械劳动所取代。铁塔显示了实用的美学，以及技术的胜利。显而易见，铁塔展现了工业时代的美与价值。（图03、图04）

05.安藤忠雄设计的Benneese House　　06.安藤忠雄设计的直岛地中美术馆　　07.SOM设计的奥克兰教堂

08.KPF设计的美国今日公司总部大楼　　09.法兰克福商业银行新总部大厦　　10.尼古拉斯·格雷姆肖设计的英国伊甸园工程

自古希腊以来，西方建筑的概念一直是与石质材料相关联的。与石材这种材料密切相关的巨大尺度、厚重和纪念碑式的建筑形态在人们的观念中根深蒂固，因此人们不能理解使用金属这种如此容易易弯曲的材料，建筑物也能够达到这样的高度。

然而，每当一种新的建筑技术和建筑材料面世的时候，都会出现这种类似的情况。人们往往对它还不很熟悉，总要用它去借鉴甚至模仿常见的形式。把新材料当作规范化的、保险的材料的廉价替代品。因此，如果当时纪念碑式的结构是由钢筋混凝土建造的，造型将成为优先要考虑的因素，而不会对材料有什么考虑。但随着人们对新技术和新材料性能的掌握，就会逐渐抛弃旧有的形式和风格，创造出与之相适应的新的形式和风格，充分挖掘出新材料和新技术的潜力。只有那些认识到材料本身特有的潜力的设计师才充分发挥材料的性能，创造出新的艺术形式。在一定程度上可以这样说，新材料产生了新风格。

密斯认为："所有的材料，不管是人工的或自然的都有其本身的性格。我们在处理这些材料之前，必须知道其性格。材料及构造方法不必一定是最上等的。材料的价值只在于用这些材料能否制造出什么新的东西来。"[1]

设计师们在设计的过程中不断探索旧材料的新表现和新材料的应用。即使是同一种技术和材料，到了不同建筑师和设计师的手中，也会有不同的性格和表情，以及不同的使用方式。譬如，粗野主义的暴露钢筋混凝土在施工中留下的痕迹，在勒·柯布西耶的手中粗犷、豪放，而到了日本建筑师安藤忠雄（Tadao Ando）的手中，则变得精巧、细腻（图05、图06）；同样工业化风格的形象在SOM和KPF的手中分别有了不同的诠释（图07、图08）；同样的生态建筑在诺曼·福斯特（Norman Foster）和尼古拉斯·格雷姆肖（Nicholas Grimshaw）的手中也有不同的建筑形式和不同的生态设计方式。（图09、图10）

---

① [日]小形研三等著.园林设计——造园意匠论.北京：中国建筑工业出版社，1984，第67页.

二、材料与形式

"材料与形式"其实就是物质与形式，因为材料是通过形式体现自我的。从某种意义上我们可以指出，某种特定的材料必然会有某种限制，它也必定会有其外在的表现形式。每提到形式，就要说到材料，反之亦然。这些概念相辅相成。

形式是否与材料相辅相成？木头可以被削成一个形状，花岗岩可以被雕刻成一个形状，黏土和蜡可以被模造成一个形状，水可以被浇注成一个形状。在这所有的例子中，材料在一定程度可以理解为一种无形的元素，人们可以赋予它以一种形式。木头能被焚烧或腐烂，但桌子的造型将被保存下来。当木头被做成桌子，桌子可说是有形的，如果桌子被烧毁或腐烂，它就是无形的。

材料的客观存在先于其特性、品质和表现。物体的特征来自事物的内部，材料可以以根本不同的形式出现，譬如混凝土的可塑性极强，或粗犷或细腻，或阳刚或阴柔。因此，设计师应该不仅仅是使形式和功能物化的人，也是使它们具体化和实物化的人。物质材料体现着产品上所有美的要求和规律，它是一切美的载体和媒介。整体与局部，局部与局部，局部与整体的所有关系都落实在材质的表现上。（图11）

在艺术设计中直接影响视觉效果的因素，从大的方面讲有形、色、质。各种材料因其结构组织的差异，其表面呈现不同的质地特征，会给人以不同的感觉，也可以获得不同的艺术形象。木材表面的质感以线条为主，具有生动的速度性和方向性。从起源上讲，石头、金属、玻璃同出一脉，质感以沉重的惰性和充分的实体为主，兼具晶体表面重影效果表现出的瞬息万变的不确定性。石头已不仅仅是一个无机物形象，它使人感受最强烈的特征便是质感特征。石系列中的超级人工石混凝土可塑性极强，或粗犷或细腻，或阳刚或阴柔。始于近代的钢铁带着机器介入的痕迹，暗示了一种质地坚硬冷拔的力量。质明壁薄的玻璃的特殊材性使它与源头的石材质感相去甚远。光的介入显示出的反射、漫射、折射等特性，赋予玻璃多变、丰富的表面特征。

从历史的角度看，材质的利用和表现是有节制的、珍惜的、减法的。一座文艺复兴的宅邸并没有比我们今天的某些建筑用的高档材料多，但丝毫不感到简陋；一座巴洛克式的宫殿虽有雕饰，但却是统一完整和彼此呼应的，而且未必比得上今天某些五星级酒店豪华大堂用的雕砌多。值得指出的是，眼下我们不少人错误地认为美就是堆砌豪华高档材料，因而总有人嫌档次不够高，装饰不够豪华，殊不知美与材料的多少和档次并无多少关系。

三、材料与技术

材料与工艺技术之间的关系，实际上就是人能动地把握材料的属性的关系。《考工记》中记载："轮人为轮，斩三材必以其时"。制造车轮的工匠，选伐用于毂、辐、牙三种构件的木材必须注意季节，朝阳的树木要在冬天砍伐，背阳的树木要在夏天砍伐，并做好阴阳向背的标志，以利加工时选择，使成器后不至于变形。"弓人为弓，取六材必以其时"。不仅弓杆的选材上有柘、檍、桑、橘等材质上差别，所用角料，也必须注意其内在的干湿软硬的变化，以防"善者在外，动者其内"，造成使用上的变形。因此，在工艺上，人对材料自然规律的认识不是被动的，而是主动的，是支配与遵从的关系。

材料不仅决定了一定的加工材料的工艺技术，而且决定了一定的设计方法和艺术表现风格。材料自己在审美方面会提出自己的要求，材料的性能确定着形式的表现，材料使人感觉到风格。譬如：木工工艺中的雕花、刻花、组合、拼接，金属工艺中錾花、镶嵌、金银错、镏金银，陶瓷工艺中的堆花、剔花、印花、贴花、划花、绣花、刻花、画花、镂空，漆艺工艺中的彩绘、锥画、金银平脱、堆漆、剔红、剔犀、百宝嵌、夹纻，染织工艺中的刺绣、挑花、补花、抽纱、绰丝、印花、扎染等多种装饰方法都与材料的内在性能有直接的关系。

但是，任何一种材料都有一定的物理特性，这决定了它的适应性。木材是人类最早使用的建材之一，它材质轻，强度高，有较好的弹性和韧性，耐冲击耐振动性好，容易加工和进行表面装饰，对电、热、声有良好的绝缘性，有优美的纹理和柔和温暖的质地，其优点是其他材料无法取代的。但由于木材的吸湿性，它在干燥前后的材质变化较大，因而木材需干燥到与其使用的地方水含有率相符合时才不会变形、开裂，这是由于木材自身的特点决定的。为了使材料具有更广的适应性，人们经常对材料的内部结构进行变化和改造，以改变材料的自然属性。所以，采用炭化、合成等加工手段，可以改善木材本身的性能，解决木材的变形、开裂等问题。

然而，当一种新的技术和材料面世的时候，人们往往对它还不很熟悉，总要用它去借鉴甚至模仿常见的形式。随着人们对新技术和新材料性能的掌握，就会逐渐抛弃旧的形式和风格，创造出与之相适应的新的形式和风格，充分挖掘出新材料和新技术的潜力。因此，材料有时会激发人的创造，它会鼓励你、引导你进行创造，进行新的艺术风格尝试。

11.托马斯·赫尔佐格设计的工作室的室内的墙面装饰　　12.赖特设计的流水别墅室内

四、材料与生态

如果一件商品出乎人们的意料地使用了新颖别致的材料制成，我们会表示怀疑那有什么用？这种怀疑很少是不公正的，因为我们从经验中知道，新材料并不总是意味着就是廉价的材料。通常，便宜和差一点儿的材料也许可以胜任，但是，也是经过生态学观点的论证，并且我们会出乎意料地发现结论中已经包含了自然中伦理道德的成分。随着人类的发展和社会的不断进步，不可再生的材料将逐渐消亡而不能永存，材料将被消耗殆尽。为了保护我们的星球，我们也许应该支持使用一些劣质的东西，而少一些感官的享受，否则也许我们会逐渐迷失在美丽与奢华之中，就像古罗马人所经历的那样。

譬如，弗兰克·劳埃德·赖特的流水别墅（图12），建筑师所采用的材质除混凝土之外，不过是毛石与木材，加上小部分的木材以及室内陈设中一点点皮革、一点点织物和几件家具而已，却把主人自然，质朴与田园诗般的生活理想表露无遗，建筑与周围的环境，室内与室外环境既统一协调又相互呼应，几十年后的今天，仍不失其魅力。再如，瑞士建筑师马里奥·博塔（Mario Botta）1995年完成的法国艾弗里教堂，这是一个高34米，直径38.4米的圆柱形教堂。教堂内外通体采用红砖为主要材料，外部空间的简洁与内部空间的纯粹形成了无比神圣和崇高的境界。红砖墙体采用横竖向的四丁挂与交错立体式的二丁挂有机结合的方式，使内墙肌

理简洁有致又富于立体变化，黑色抛光的石材地面，宁静而沉稳，欧洲橡木的座席简洁利落，与红砖墙面如出一辙，钢结构采光顶棚把空间拉向无限远的天空；祭坛外，水银般质感的半圆玻璃造型窗，取代了传统的玫瑰窗，形成室内的视觉中心。材料种类少而又少却使用得精而又精，所有的造型都简洁统一，仿佛整个空间只存在两种材料红砖与半圆窗上的玻璃，而且内外材质浑然一体，无怪乎人们将该建筑列为20世纪欧洲的经典建筑之一。从材料上看，毛石可谓价廉，红砖更为便宜，但它们却不妨碍我们建造经典和杰作。（图13、图14）

现在，有的哲学家和社会学家使用"代用品的世界"这样一个词语来描述我们这个对任何代用产品都具有浓厚兴趣的年代。这是因为我们在改造客观世界的同时，客观世界也遭到破坏，从某种意义上说是遭受到疯狂的破坏。设计只是为了回复物质的客观实在性，而物质的客观实在性是它始终如一的特质。技术的进步使代用品呈现出比原品更加丰富的效果：雪花铁看起来像大理石，混凝纸像红木，熟石膏像浅的细纹大理石，玻璃像昂贵的缟玛瑙。具有异国风情的棕榈是浸制的卡纸做成的，壁炉里的火是用红色的锡箔做成的。在巴黎的一个公寓中，起居室中的壁炉和它上方的镜框，角落里的庞大壁钟和钟两侧镀金装饰的乌木色支架桌子，以及钟前方桌子上的蜡烛台都是用硬纸板制成的。（图15）

尽管代用品并非能真正做到与原品之间没有任何差别，但是我们还是接纳了代用品。因此在科技发达的今天，自然而然地出现了大量的替代产品。我们既不需要自然的物品，也不

13.红砖是一种传统建筑材料　　14.红砖砌筑出来的精美图案　　15.巴黎一套公寓的起居室　　16.洛杉矶迪斯尼音乐厅

需要"纯正的"物品，而设计师的责任就是创造这些流行的东西。

在设计领域，随着科技的发展，营造技术不断进步，新型材料层出不穷，设计师们的设计有了更广阔的天地，除了为艺术形象上的突破和创新提供更为坚实的物质基础外，也为充分利用自然环境、节约能源、保护生态环境提供了可能。

新世纪科技的迅速发展，使建筑和室内设计的创作处于前所未有的新局面。新技术和新材料极大地丰富了建筑和室内环境的表现力和感染力，创造出新的艺术形式和生态环境，新型建筑材料和建筑技术的采用，丰富了建筑和室内设计的创作，为建筑和室内设计的创造提供了多种可能性。美国建筑师弗兰克·盖里设计的洛杉矶迪斯尼音乐厅（图16），充分利用航空材料钛金板的耐弯性，满足建筑体量的异常弯曲复杂，在阳光的照射下，色彩斑驳，光怪陆离。材料质感使建筑具有一种新奇刺激、使人振奋的视觉效果。譬如用材料吸热降温，利用构造通风和降温等是目前建筑师和设计师正在尝试的技术。这样不仅可以降低建筑中设备的投资和运行费用，同时建筑空间的质量在主观和客观上都得到很大的改善。随着科技的发展，建筑技术不断进步，新型建筑材料层出不穷，使建筑师和设计师们的设计有了更广阔的天地，艺术形象上的突破和创新、设计的生态化就有了更为坚实的物质基础。

02

材料的分类及性质

一、材料的分类

建筑装饰材料是指在环境艺术工程中所采用的各种材料的总称，门类品种极多。可以从不同的角度进行分类：

[一] 按材料的化学组成分

按化学组成建筑材料可以分为有机材料和无机材料两大类，以及这些材料的复合材料。

1. 无机材料

无机材料指由无机物单独或混合其他物质制成的材料。无机材料一般可以分为传统的和新型的无机材料两大类。传统的无机材料是指以二氧化硅及其硅酸盐化合物为主要成分制备的材料，因此又称硅酸盐材料。新型无机材料是用氧化物、氮化物、碳化物、硼化物、硫化物、硅化物以及各种非金属化合物经特殊的先进工艺制成的材料。

（1）非金属材料

天然石材：毛石、料石、石板、碎石、卵石、砂；

烧土制品：黏土砖、黏土瓦、陶、炻、瓷；

玻璃及熔融制品：玻璃、玻璃棉、矿棉、铸石；

胶凝材料：石膏、石灰、菱苦土、水玻璃、各种水泥；

砂浆及混凝土：砌筑砂浆、抹面砂浆、普通混凝土、轻骨料混凝土；

硅酸盐制品：灰砂砖、硅酸盐砌块。

（2）金属材料

黑色金属：铁、非合金钢、合金钢；

有色金属：铝、铜及其合金。

2. 有机材料

植物质材料：木材、竹藤材；

沥青材料：石油沥青、煤沥青；

合成高分子材料：塑料、合成橡胶、胶粘剂、有机涂料。

3. 复合材料

金属——非金属：钢纤混凝土、钢筋混凝土；

无机非金属——有机：玻纤增强塑料、聚合物混凝土、沥青混凝土；

金属——有机：PVC涂层钢板、轻质金属类芯板。

[二] 按材料的使用功能

按使用功能建筑材料可以分为结构材料、墙体材料、功能材料、建筑砌材和饰面材料。

装饰材料品种繁多，性能各异，价格相差悬殊，材料的选用直接关系到建筑的坚固性、实用性、耐久性、美观和经济要求。设计师应对各种建筑装饰材料的性能进行充分的了解。

二、材料的基本性质

材料的性质来源于材料的内部结构，所谓材料的内部结构是指包括原子以及原子在晶体中、分子中与邻近的原子的结合方式与显微结构。不同的内在结构决定着材料不同的物理与化学性能。如金属的分子结构决定着金属的刚性和延展性，生漆的内在结构决定着它的液体质和覆盖性。材料的特性决定了它一定的加工工艺和艺术方法，材料的加工工艺是建立在材料的客观属性上的，所以我们必须能动地把握材料的各种属性。

[一]材料的物理性质

材料的物理性质包括：材料的密度、表面密度和堆积密度，孔隙率与空隙率，材料的亲水性与憎水性，材料的吸水性与吸湿性，材料的耐水性，材料的抗渗性，材料的抗冻性，材料的导热性。

1. 材料的密度、表面密度和堆积密度

密度是指材料在绝对密实状态下，单位体积的重量。绝对密实状态下的体积是指不包括孔隙在内的体积，在测定有孔材料的实体积时，须将材料磨成细粉，干燥后用李式瓶（排液置换法）测定。

表面密度原称容重，也称体积密度，是指材料在自然状态下，单位体积的质量。材料的表面密度的大小与其含水情况有关，应予以注明，通常材料的表面密度是指气干状态下的表面密度。

堆积密度仅适用于散粒材料（粉状或粒状材料）的一个指标，为在堆积状态下单位体积的质量。

2. 孔隙率与空隙率

孔隙率是指材料中孔隙体积占总体积的比例。材料中固体体积占总体积的比例，称为密实度。材料的密实度加上孔隙率等于一。

材料的孔隙率的大小直接反映了材料的致密程度。孔隙率的大小及孔隙本身的特征（孔隙构造与大小）对材料的性质影响很大。

通常，对于同一种材质的材料，如其孔隙率在一定范围内变化，则这种材料的强度与孔隙率有显著的关系，即材料的孔隙率越小，则它的强度越高。

空隙率的大小反映了散粒材料的颗粒互相填充的致密程度。在混凝土中，空隙率可以作为控制砂石级配及计算混凝土砂率的依据。

3. 材料的亲水性与憎水性

材料表面与水或空气中水汽接触时，会产生不同程度的湿润。材料表面吸附水或水汽而湿润的性质与材料本身的性质有关。材料能被水湿润的性质称为亲水性，材料不能被水湿润的性质称为憎水性。一般可以按湿润边角的大小将材料分为亲水性材料与憎水性材料两类。湿润边角指在材料、水和空气的交点处，沿水滴表面的切线与水和固体接触面所成的夹角。

亲水性材料水分子之间的内聚力小于水分子与材料分子间的相互吸引力，表面易被水湿润，且水能通过毛细管作用而被吸入材料内部。建筑材料大多为亲水性材料，如砖、混凝土、木材等；少数材料如沥青、石蜡等为憎水性材料。憎水性材料有较好的防水效果。

4. 材料的吸水性与吸湿性

材料在水中能吸收水分的性质称为吸水性，吸水性的大小用吸水率表示。吸水率是指材料浸水后在规定时间内吸入水的质量占材料干燥质量或材料体积的百分率。工程用建筑材料一般均采用质量吸水率。

质量吸水率 =（材料吸水饱和状态下的质量 − 材料干燥状态下的质量）/材料干燥状态下的质量。

材料的吸水性与材料的亲水、憎水性有关，还与材料的孔隙率的大小、孔隙特征有关。对于细微连通孔隙、孔隙率大，则吸水率大。封闭孔隙，水分不能进入，粗大开口孔隙、水分不能存留，吸水率均较小。因此，具有很多微小开口孔隙的亲水性材料，其吸水性特别强。

材料在潮湿空气中吸收水分的性质称为吸湿性。常用含水率表示。材料的含水率随空气的湿度和环境温度变化而变化，也就是水分可以被吸收，又可以向外界扩散，最后与空气湿度达到平衡。与空气湿度达到平衡时的含水率称为材料的平衡含水率。

材料的吸水性与吸湿性均会导致材料其他性质的改变，如材料的自重增大，绝热性、强度及耐水性等产生不同程度的下降等。

5. 材料的耐水性

材料长期在饱和水作用下不破坏，其强度也不明显降低的性质称为耐水性。材料的耐水性用软化系数表示。即软化系数材料在吸水饱和状态下的抗压强度材料在干燥状态下的抗压强度。

软化系数的大小表示材料浸水泡后强度降低的程度，其范围波动在0至1之间，软化系数越小，说明材料吸水饱和后的强度降低越多，耐水性越差。对于经常处于水中或受潮严重的重要结构物的材料，其软化系数不宜小于0.85；受潮较轻或次要结构物的材料，其软化系数不宜小于0.7。

6. 材料的抗渗性

材料抵抗压力水渗透的性质称为抗渗性（或不透水性）。材料的抗渗性常用渗透系数表示。渗透系数越大，表明材料渗透的水量愈多，抗渗性愈差。

材料抗渗性的好坏，与材料的孔隙率及孔隙特征有关。孔隙率大且开口连通的孔隙材料，其抗渗性较差。

抗渗性是决定材料耐久性的主要指标，对于地下建筑及水工构筑物，因常受到压力水的作用。所以要求材料具有一定的抗渗性。对于防水材料，则要求具有更高的抗渗性。材料抵

抗其他液体渗透的性质，也属于抗渗性。

7. 材料的抗冻性

材料在吸水饱和的状态下，能经受多次冻融循环（冻结与融化）作用而不破坏，强度也无显著降低的性质，称为材料的抗冻性。

材料受冻融破坏是由于材料孔隙中的水结冰造成的。水在结冰时体积约增大10%，当材料孔隙中充满水时，由于水结冰对孔壁产生很大的压力，使孔壁开裂。

一般规定材料经受若干次冻融循环后，质量损失不超过5%，强度损失不超过25%时，认为抗冻性合格。对于水工及冬季气温较低的地区施工应考虑材料的抗冻性。

材料抗冻性的高低，取决于材料孔隙中被水充满的程度和材料因水分结冰体积膨胀所产生压力的抵抗能力。

抗冻性良好的材料，对于抵抗大气温度变化、干湿交替风化作用的能力较强，所以抗冻性常作为考查材料耐久性的一项指标。温暖地区的建筑物，虽无冰冻作用，为抵抗大气作用，确保建筑物的耐久性，有时对材料也提出一定的抗冻性要求。

8. 材料的导热性

在建筑中，除了满足必要的强度及其他性能的要求外，建筑材料必须具有一定的热工性质，以达到降低建筑物的使用能耗、创造适宜的生活与生产环境。导热性是材料的一项重要热工性质。

导热性是指当材料两侧存在温度差时，热量从温度高的一侧向温度低的一侧传导的性质。材料的导热性通常用导热系数表示。

导热系数的物理意义是：单位厚度的材料，当两侧的温度差为1℃时，在单位时间内通过单位面积传导的热量。它是评定材料保温绝热性能好坏的主要指标。导热系数越小，材料的保温绝热性能越好。影响建筑材料导热系数的主要因素有：

（1）材料的组织与构成

通常金属材料、无机材料、晶体材料的导热系数分别大于非金属材料、有机材料、非晶体材料。

（2）孔隙率

孔隙率大，含空气多，则材料表观密度小，其导热系数也就小。这是由于空气的导热系数小的缘故。

（3）孔隙特征

在同等孔隙率的情况下，细小孔隙、闭口孔隙组织的材料比粗大孔隙、开口孔隙的材料导热系数小，因为前者避免了对流传热。

（4）含水情况

当材料含水或含冰时，材料的导热系数会急剧增大。

[二] 材料的力学性质

材料的力学性质主要是指材料的宏观性能，如弹性性能、塑性性能、硬度、抗冲击性能等。它们是设计各种工程结构时选用材料的主要依据。主要包括：材料的强度、等级与标号，材料的弹性与塑性，材料的脆性与韧性，硬度。

1. 材料的强度、等级与标号

材料在外力（荷载）的作用下，抵抗破坏的能力成为材料的强度。当材料承受外力作用时，内部就产生应力。外力逐渐增加，应力也相应地加大，直到质点间作用力不再能够承受时，材料就会破坏，此时极限应力值就是材料的强度。

根据外力作用方式的不同，材料强度有抗压强度、抗拉强度、抗弯强度和抗剪强度等。

2. 材料的弹性与塑性

在外力作用下，材料产生变形，外力取消后变形消失，材料能完全恢复原来形状的性质称为弹性。这种外力去除后即可恢复的变形称为弹性变形，属可逆变形，其数值大小与外力成正比，比例系数成为材料的弹性模量。在弹性变形范围内，弹性模量为常数。弹性模量是衡量材料抵抗变形能力的一个指标，弹性模量愈大，材料愈不易变形。

材料在外力的作用下变形，当外力取消后，有一部分变形不能恢复，这种性质称为材料的塑性，这种不能恢复的变形称为塑性变形，属不可逆变形。

实际上纯粹意义上的弹性材料是没有的，大部分固体材料在受力不大时，表现为弹性变形，当外力达到一定值时，则呈现塑性变形。有的材料受力后，弹性变形和塑性变形同时发生，当卸载后，弹性变形会恢复，而塑性变形不能消失，这类材料称为弹塑性材料。

3. 材料的脆性与韧性

当外力达到一定的限度后，材料突然破坏，而破坏时并无明显的塑性变形，材料的这种性质称为材料的脆性。具有这种性质的材料称为脆性材料，如混凝土、玻璃、砖石等。脆性材料的抗压强度远远大于它的抗拉强度，所以脆性材料不能承受振动和冲击荷载，只适用于作承压构件。通常脆性材料的抗拉比很小，即抗拉强度明显低于抗压强度。在冲击、振动荷载的作用下，材料能够吸收较大能量，同时还能产生一定的变形而不致破坏的性质称为韧性（冲击韧性）。一般以测定其冲击破坏时试件所吸收的功作为指标。建筑钢材、木材等属于韧性材料。

4. 硬度

材料的硬度是指材料抵抗较硬物质压入其表面的能力，通过硬度可大致推知材料的强度。各种材料硬度的测试方法和表示方法不同。如石料可用刻痕法或磨耗来测定；金属、木材及混凝土等可用压痕法测定；矿物可用刻划法测定（矿物硬度分为十个等级，最硬的10级为金刚石，最软的1级为滑石及白垩石）。

常用的布氏硬度可用来表示塑料、橡胶及金属等材料的硬度。

（1）材料的化学性质

指材料与它所处外界环境的物质进行化学反应的能力或在所处环境条件下保持其组成及结构稳定的能力。如胶凝材料与水作用，钢筋的锈蚀；沥青的老化；混凝土及天然石材在侵蚀性介质作用下受到腐蚀等。

（2）材料的耐久性

材料在使用过程中抵抗周围各种介质的侵蚀而不破坏的性能，称为耐久性。耐久性是材料的一个综合性质，诸如抗渗性、抗冻性、抗风化性、抗老化性、耐化学腐蚀性、耐热性、耐光性、耐磨性等均属耐久性的范围。

（3）材料的性质与材料的内部组成结构之间的关系

材料的性质除与试验条件（如测定材料强度时试件的形状、尺寸、表面状况、含水情况及试验时的温、湿度与荷载速度等）有关外，主要是与材料本身的组成及结构有关。

材料的组成包括化学组成和矿物组成等。化学组成是指构成材料的化学元素及化合物的种类与数量；矿物组成则是指构成矿物的种类（硅酸盐水泥熟料中的硅酸三钙、铝酸三钙等矿物）和数量。材料的组成不仅影响材料的化学性质，也是决定材料物理性质的重要因素。

材料的结构包括微观结构（如晶体、玻璃体及胶体等）、细观结构（如钢铁中的铁素体、渗碳体等基本组织）以及宏观结构（如孔隙率、孔隙特征、层理、纹理等）。材料的结构是决定材料性质极其重要的因素。

原子晶体：中性原子是以共价键结构结合而成的晶体，如石英。离子晶体：正负离子以离子键结合而成的晶体，如NaCl。分子晶体：以范德华力即分子间力结合而成的晶体，如有机化合物。金属晶体：以金属阳离子与自由电子间的金属键结合而成的晶体，如钢铁。

晶体具有一定的几何外形、各向异性、有固定熔点和化学稳定性等特点，但金属材料如钢材却是各向同性的，因为钢材由众多细小晶粒组成，而晶粒是杂乱排布而成（晶格随机取向）的。

玻璃体的特点是各向同性、导热性较低、无固定熔点、其化学活性较高。

例如，高炉炼铁熔融状态的矿渣，经缓慢冷却后即得慢冷矿渣（重矿渣），为化学稳定性材料；但熔融物若经急冷，则质点来不及按一定规则排列，就凝固成固体，即为粒化高炉矿渣，磨细后能与水在石灰存在的条件下起水化硬化作用，因此可作为活性混合材料使用。

胶体是由胶粒（粒径1~10mm固体粒子）分散在连续介质中而成。胶体具有良好的吸附力与较强的黏结力；胶体脱水、凝聚，即成凝胶；凝胶完全脱水即为干凝胶，具有固体性质。如硅酸盐水泥完全硬化后，水化硅酸钙凝胶占70%，其胶凝能力强，且强度较高（凝胶粒子间存在范德华力与化学结合键）。材料的宏观结构，如孔隙率与孔隙特征，对材料的强度、吸水性及绝热性等都有密切的关系。

03

装饰材料

一、木材

在众多的建筑材料中，木材是为数不多自然生长的、具有可再生能力（在恢复能力允许的范围内）的有机材料，而且具备不少独特的优点，因而备受建筑师、室内设计师和家具设计师等的青睐。木材除了用来建造房屋外，还可以用来建造桥梁，木材最主要的用途应该是在建筑室内装修和装饰中。在一定程度上讲，其是永久的建筑材料。历史上，木材因其结构上的性能和美学上的价值而得到广泛应用。但是现在，由于木材自身的性能原因，更由于设计师追赶时尚的原因，人们已经远离了木材。

木材是人类最早使用的建材之一，它材质轻，强度高，有较好的弹性和韧性，耐冲击、耐振动性能好。木材与其他材料相比更容易加工和进行表面装饰，而且有优美的纹理和柔和温暖的质地，同时木材还对电、热、声有良好的绝缘性。以上这些优点都是其他材料无法取代的。但由于木材的吸湿性，它在干燥前后的材质变化较大，因而木材需干燥到与其使用的地方水分含有率相符合时才不会变形、开裂。木材的分类及其基本性质有以下几种：

[一] 天然材

天然材根据木材树叶的外观形状可以分为阔叶材和针叶材两大类。

1. 阔叶材

树干通直部分较短，材质硬且重，故称作硬木树。强度一般较大，胀缩、翘曲变形较大，易开裂，较难加工。有些树种纹理美观，是室内装修及家具制作的良好用材。常用的有水曲柳、榆木、柞木（又称麻栎或蒙古栎）、桦木、铂木（又叫槭木或枫木）、椴木（又叫紫椴或籽椴，质较软）、黄菠萝（又叫黄檗或黄柏）及柚木、樟木、榉木等，其中榆木、黄菠萝、柚木等多用作高级木装修。

2. 针叶材

树干通直高大，纹理平顺，材质均匀，表面密度和膨胀变形小，耐腐蚀性强，易于加工，多数质地较软，故又称为软木树，为建筑工程中主要用材，多用作承重构件。常用的有红松（也叫东北松）、白松（也叫臭松或臭冷杉）、獐子松（海拉尔松）、鱼鳞松（也叫鱼鳞云杉）、马尾松（也叫本松或宁国松），纹理不匀，多松脂，干燥时有翘裂倾向，不耐腐，易受白蚁侵害。一般只可做小屋架及临时建筑，不宜做门窗）及杉木（又叫沙木）等。这些都是建筑常用材，也用于室内装修和家具。

[二] 人造板材

天然材生长周期长，而木材又是人类大量使用的材料。对木材的过度消耗，使地球的森林资源日益匮乏，同时还带来了日趋严重的环境问题。为了合理的利用木材，提高木材的使用效率，利用木材加工过程中产生的边角料，以及小径材等木料，利用先进的加工机具、设备和不断进步的黏结技术，制造质量不断提高的人造板材，来逐渐替代天然材。

人造板材分为人造板和集成材。（图17、图18）

1. 人造板

人造板包括胶合板、纤维板、刨花板、中密度纤维板、细木工板、空芯板以及各种贴面饰面材。

17. SOM设计的奥克兰教堂室内环境　　18 . 以木装修为主的室内环境

（1）胶合板

胶合板是将厚木材经蒸煮软化后，沿年轮方向旋切成大张单板，经剪切、组坯、涂胶、预压、热压、裁边等工序而制成的板材。单板的层数一般为奇数，3~13层，组坯时将相邻木片纤维垂直组合，常见有3厘板、5厘板、9厘板和多层板。胶合板既可以做基层板来使用，也可以使用富有良好装饰效果的优质木材作为胶合板的饰面来使用，也叫饰面板，是室内装修和家具制作的常用饰面材料。饰面板，全称装饰单板贴面胶合板，它是将天然木材或科技木刨切成一定厚度的薄片，粘附于胶合板表面，然后热压而成的一种用于室内装修或家具制造的表面材料。

（2）纤维板

纤维板是将木板皮、木渣、枝丫、剩废料、刨花（纤维不破坏状况下）、小径材等，经切碎、蒸煮、研磨成木浆后加入石蜡和防腐剂，再往经过过滤、施胶、铺装、预压、热压等工序制成的板材。由于成型时温度与压力不同，又分为硬质（高密板）、中硬质（中密板）与软质三种。目前应用最多的为中硬质纤维板，即中密度板。由于中密度板内部组织均匀，握钉力较好，平整度极好，而且不容易开裂、翘曲和变形，抗弯强度较高。中密度板的表面还可以雕刻、铣形处理，为家具常用板，也可作为贴面基材使用。

（3）刨花板

刨花板是将木材加工剩余物，枝丫、小径板以及纤维未破坏之碎料等切削成片状，经干燥、施胶、加硬化剂，再经铺装、预压、热压、裁边等工序制成的板材。根据铺装方式不同分为定向刨花板与普通刨花板。普通刨花板，上下为均匀的细刨花，中间为粗大的刨花，材质均一，握钉力较好，多为家具用板；定向刨花则通体为大片刨花，握钉力较差，多为建筑用板。刨花板强度低，边缘易吸湿变形和脱落，但平整度好，价格较低，多作为基材使用。

现在装修经常使用的欧松板是定向结构刨花板（Oriented-StrandBoard，OSB），是一种来自欧洲、20世纪七八十年代在国际上迅速发展起来的一种新型板种。欧松板相较于胶合板、中密度纤维板以及细木工板等板种，其线膨胀系数小，稳定性好，材质均匀，握螺钉力较高；由于其刨花是按一定方向排列的，它的纵向抗弯强度比横向大得多，因此可以做结构材，并可用作受力构件。另外，它可以像木材一样进行锯、砂、刨、钻、钉、锉等加工，是建筑结构、室内装修以及家具制造的良好材料。欧松板在家具上的应用得到了空前的发展，很多的大型家具企业都开始使用欧松板制作家具，其备受消费者喜欢的原因就是低甲醛释放，并且结实耐用，且比中密度纤维板制作的家具重量更轻，平整度更好。

（4）细木工板

细木工板又称为大芯板，是由上、下两层单板（旋切单板）中间夹有木条拼接而成的芯板经热压制成，芯板间留有细小空隙，固性能较稳定，握钉力好，硬度、强度、耐久度均佳，但表面平展度稍次于刨花板及中密度板，多用于装修用材中的基层板。

（5）空芯板

空芯板又称蜂窝板，是由上、下两层单板，经热压贴在四周有木框，中间为蜂窝状、波形、格形和叶形等填充材料上粘接而成的一种板材。常用的面板是浸渍过合成树脂（酚醛、聚酯等）的牛皮纸、玻璃布或不经树脂浸渍的胶合板、纤维板、石膏板等。其特点是强度大，重量轻，受力均匀，抗压力强，导热性低，抗震性好，不易变形，隔音性好，是装修及活动房屋常用材。

（6）定向木片层压板

定向木片层压板又称欧松板，国际上通称为OSB，是一种新型结构装饰板材，采用松木碎片定向排列，经干燥、施胶、高温、高压而制成。与其他人造板材相比，欧松板的甲醛释放量几乎为零，成品完全符合欧洲E1标准，同时其抗冲击能力及抗弯强度远高于其他板材，并能满足一般建筑及装饰的防火要求，可用于墙面、地面等处，以及用于家具制作。目前，欧松板在北美、欧洲、日本的使用量极大，建筑工程中常用的胶合板、刨花板已基本被其取代。

（7）饰面材

随着技术的进步，人造饰面材越来越丰富，目前常用的有薄木皮、浸渍纸、防火板、宝丽板等。这种材料色彩丰富，纹理多样，结合其他板材如中密度板等一起使用，能满足多样的需求。

①薄木皮：为节省珍贵树种的用量，将此类木材经蒸煮软化后，旋切成山形花纹或刨切成直纹的0.1~1mm厚的薄木片，再经拼接，胶合或用坚韧的薄纸托衬形成的贴面材料，多为卷材。其特点是木纹逼真、质感强，花纹美丽，使用方便。

②浸渍纸：经照像制版，绘制成各种木材纹理的仿真纸皮，经浸渍三聚氰胺树脂，形成浸渍纸，使用时用热压机加热即可贴在人造板上，形成花纹美丽的贴面板。

③防火板：防火板是将多层纸基材浸渍于碳酸树脂溶液中，经烘干，再在275℃高温下，施加1200Pa压力压制而成的胶板，其表面的保护膜具有防火、防热性能，且防尘、耐磨、耐酸碱、耐冲撞性良好，花纹的种类繁多，是良好的家具饰面材及建筑装饰材料，如国内市场上经常使用的富美家、西德板等。

④宝丽板：宝丽板实际上是一种装饰纸贴面人造板。由基板和饰面层组成，玻璃纤维布做骨架材料，氯氧镁胶凝料作黏合剂，并添加增韧剂及防潮剂进行改性而制成，然后将干燥的基板贴上装饰纸，经罩光修整等工序制出。主要适用于家具，室内墙面，车船内壁等的装饰，防火防潮耐老化。

2. 集成材

随着人类对木材的大量采伐，全世界森林面积不断缩小，面对众多国家的缺材和贫材状况，集成材应运而生。它是为了利用开发速生丰产林种而开发出的用齿形榫（或称指榫）加胶将小径材拼宽接长，将短小的方材或薄板按统一的纤维方向，在长度、宽度或厚度方向上胶合而成的板方材的做法。集成材稳定性好，变形小，可利用短小，窄薄的木材制造大尺度的零部件，提高木材利用率，如指接板就是利用齿形榫可将小块木材拼接成大尺度的板、枋等。集成材最初用于建筑上作为木构建筑的梁架使用，由于其胶拼性能良好，形状控制简单，结构强度、弹性、韧性、耐冲击力，抗震性以及困施胶形成的耐腐蚀性等都非常的好，逐渐成为本世纪最受好评的建材之一。随着其拼接胶种的改良（建筑用采用的酚醛树脂胶，会留下棕色胶线）采用脲醛树脂胶使得表面洁净无缝，因而成为家具界及装修界的宠儿，多用于地板、门板、家具等的制作。

二、竹材和藤材

藤竹材均为热带、亚热带常见植物，生长快，韧性好，可加工性强，被广泛用于民间家具、建筑上。现代常用在民间风格的装修和园林绿化中的小景中。另外，用竹皮加工的竹材刨花板、竹皮板、竹木地板等也被广泛用于建筑装修中。藤材、竹编的家具在近年来受到广泛的喜爱，甚至成为回归自然的象征。

[一] 竹材

竹材是亚洲的特产，特别是在我国分布最广，有毛竹、淡竹、苦竹、紫竹、青篱竹、麻竹、四方竹等。竹材的可利用部分是竹竿，圆筒状的竹竿，中空有节，两节间的部分称为间节。其节间的距离，在同一根竹竿上也不一样，一般根部处和梢部处密而短，中部较长。竹竿有很强的力学强度，抗拉、抗压能力较木材更优，且有韧性和极好的弹性。抗弯强度好，但缺乏刚性。竹材纵向的弹性模量抗拉为132000kg/cm²，抗压为11900kg/cm²，平均张力为1.75kg/cm²，毛竹的抗剪切强度横纹为315 kg/cm²，顺纹为121 kg/cm²。

竹材的加工，因受到材质的限制首先要进行防霉防蛀处理，一般用硼砂溶液浸泡，或在明矾溶液中蒸煮。其后还要进行防裂处理，即在未用之前，先浸泡在水中数月，再取出风干，即可以减少开裂现象，这就是常见的水中放竹的情景。另外，经水浸泡的竹材可以将其中所含的糖分去掉，减少了虫害。此外明矾或石炭溶液蒸煮，也可防裂。

竹材的表面还需进行处理，一般分为为油光、刮青或喷漆几种方式。油光是将竹竿放在火上烤，全面加热，至竹液溢满整个表面后，用竹绒或布片反复擦磨，至竹竿油亮即可；刮青，就是用篾刀将竹表面绿色蜡衣刮去，使竹青显露，经刮

19. 竹材饰面的柱子　　20 . 腾材作为装饰材料使用

青后的竹竿，在空气中氧化逐渐加深至黄褐色；喷漆就是可用硝基漆、清漆、大漆等刷涂竹材表面，或涂刷经过了刮青处理的竹材表面。

经上述处理后的竹材即可用来建造房屋和加工竹制品，竹制品的加工，工艺简单、易行，成为我国南方主要的家具及建筑材料之一。常见的工艺做法有：锯口弯接、插头榫固定、尖角头固定、槽固定、钻孔穿线固定、劈缝穿带、压头、剜口作榫、斜口插榫、四方围子、斜口插榫、尖头插榫等作法。（图19）

[二] 藤材

藤材为椰子科蔓生植物，盛产于热带和亚热带，分布于我国的广东、台湾等地区。此外，在印度、东南亚及非洲等地均有出产，种类有二百余种，其中产于东南亚的藤材质量最佳。藤的茎是植物中最长的，质轻而韧，极富有弹性，一般长至2米左右的都是笔直的。藤材种类丰富，常用的有产于南亚及我国云南的土厘藤、红藤、白藤，以及产于我国广东的白竹藤和香藤等。常用来制作藤制家具和具有民间风格的室内装饰用材料。（图20）

藤材在精细加工前要经过防霉、防蛀、防裂和漂白处理，原料藤材经加工后可成为藤皮、藤条和藤芯三种半成品原料，为深加工做准备。

藤皮是割取藤茎表皮有光泽的部分、加工成薄薄的一层，可用机械和手工获得。阔薄藤皮，宽度6mm~8mm，厚度1.1mm~1.2mm；中薄藤皮，宽度4.5mm~6mm，厚度1mm~1.1mm；细薄藤皮，宽度4mm~4.5mm，厚度1mm~112mm。

藤条按直径的大小分类，一般以4mm~8mm直径的为一类；8mm~12mm、12mm~16mm以及16mm以上的藤条为另外几类。各类都有不同的用途。

藤芯是藤茎去掉藤皮后剩下的部分，根据断面形状的不同，可分为圆芯（扁芯）、扁平芯（也称头刀黄、二刀黄）、方芯和三角芯等数种。

藤材首先要经过日晒，在制作家具前还必须经过硫磺烟熏处理，以防虫蛀。对色泽及质量差的藤皮、藤芯还可以进行漂白处理。

利用藤材制作家具，是我国具有悠久历史的传统技艺。在明代仇十洲的画中就可以找到藤材做成的圆凳。这是充分利用藤材可以弯曲的特点，发挥其材料的特性，作连续环状的交错连接，形成一个玲珑轻巧的框架。由于环状的连续结构，发挥和巩固了藤材的强度；同时，上下两端联结着圆形的板面，构成了一个虚实相间的柱体。

藤材有很多优点：一是质地坚韧，富有弹性，便于弯曲；二是表面润滑光泽；三是纤维组织成无数纵直的毛管状；四是易于纵向割裂，表皮可纵剖成极薄的小皮条，供编织使用；五是有吸湿性，在空气干燥情况下暴露过久，易于折裂；六是抗挫力强（对抗压强度和抗弯强度而言）。

三、石材

石材是建筑史上人类最早用来建筑房屋的材料之一，也是原始人类最早居住的洞穴壁面材。石材由于具有外观丰富、坚固耐用、防水耐腐等优点受到人们的喜爱和追捧。

石材分为天然石材与人造石材。

21. 巴黎卢浮宫地下一层大厅　　22. 地面、楼梯和部分墙面使用了大花白大理石　　23. 用机刨石拼出来的纹样

[一] 天然石材

天然石材同木材一样是人类建造活动中所使用的最古老的建筑材料之一，世界上许多古老的建筑和构筑物都是用天然石材建成的，如古埃及的金字塔、古希腊的雅典卫城、古罗马的角斗场、意大利的比萨斜塔、印度的泰姬玛哈陵等。我国传统建筑中的石窟、石塔、石墓等也是用天然石材建造的。此外，中国古代宫殿、祭祀等建筑的基座、栏杆、台阶都采用了石材。现代建筑中一般将石材作为饰面材料。（图21）天然石材为人类从天然岩体中开采出来的块状荒料，经锯切、磨光等加工程序制成块状或板状材料。天然石材品种繁多，不同的石材品种具有不同的色彩和纹理。

天然岩石根据生成条件，可以分为以下几种：

（1）岩浆岩，即火成岩，例如花岗岩、正长岩、玄武岩、辉绿岩等；

（2）沉积岩，即水成岩，例如砂岩、页岩、石灰岩、石膏等；

（3）变质岩，例如大理岩、片麻岩、石英岩等。

石材一般按照应用的部位不同分为三大类。即：承受机械荷载的全石材建筑，如大型的纪念碑式建筑、塔、柱、雕塑等；部分承受机械荷载的基础；台阶、柱子、地面等的材料；最后一类是不承受机械荷载的内、外墙饰面材，饰面材的装饰性能通过色泽，纹理，及质地表现出来的，由于石材形成的原因不同，其质地及加工性能也有所不同，因此应适当的针对石材材质予以注意和保护。

目前建筑工程中常用的饰面石材有：

1. 大理石

大理石是由石灰石、白云石等沉积变质而成的碳酸盐类石材，其矿物质主要是方解石和白云石，属于中硬材料，比花岗岩容易锯解、磨光、雕琢等加工。大理石组织细密、坚实，可磨光，颜色品种繁多，花纹美丽变幻，多用于建筑内部饰面，如酒店、办公、商场、机场等公共建筑的地面、墙面、柱面等。由于大理石主要化学成分为碳酸盐，易被酸腐蚀，而且耐水、耐风化与耐磨性都略差，所以若用于室外，在空气中遇到 CO、SO、水汽以及酸性介质，容易风化和溶蚀，使其表面失去光泽、粗糙多孔，降低装饰效果，因此除少数质纯、杂质少的品种如汉白玉、艾叶青等外，一般不用于室外装修。多用于室内立面装饰，部分用于地面和洗手台面装饰。

大理石常见的品种有：大花白、大花绿、细花的各种米黄石、杉文石、黑白根、珊瑚红等。（图22）

2. 花岗石

花岗石的主要矿物成分为长石、石黄、云母等矿物质，属岩浆岩。主要化学成分是 SiO（70%左右）。材质细密，硬度大，强度高，吸水率小，耐酸性（不耐氢氟酸和氟硅酸）、耐磨性及耐久性好，耐火性差，属于硬石材，使用寿命为75~200年。花岗石由多种矿物质组成，色彩多样，抛光后其花纹为均匀的粒状斑纹及发光云母微粒，是室内外皆宜的高档装修材料之一。一般而言，天然大理石中不含或少含微量放射性元素，而天然花岗石含放射性元素的几率往往要大于天然大理石，某些花岗石中含有超标的放射性元素，因此在室内选用花岗石时要慎重。

花岗石板材按形状分普型板材与异型板材两种，按表面加工程度可分为细面板材、镜面板材和粗面板材三种。

（1）细面板材

石材表面平整、光滑。

（2）镜面板材

石材表面经过抛光处理，表面平整，具有镜面光泽。

（3）糙面板材

石材表面平整、粗糙、防滑效果好。包括具有规则加工条纹的机刨石板材、剁斧板、锤击板和火烧板等。（图23）

24.大堂庭园的青石板铺装　　25.鹅卵石铺装作为点缀

常用材有：印度红、将军红、石岛红、芝麻白、芝麻灰、蒙古黑、黑金砂、啡钻、金钻麻、巴西蓝等多种多样的材质。

3. 其他天然石材

其他天然石材如石灰岩（俗称青石、青石板吸水率大）、砂岩（俗称青条石）、板岩、锈板、瓦板等也可用作装饰用石材。（图24）这些石材多属沉积岩或变质岩，其构造呈片状结构，易于分裂成薄板。在使用时一般不磨光、表面保持裂开后自然的纹理状态，质地坚密，硬度较大，色彩丰富。

4. 鹅卵石

鹅卵石多用于景观环境中铺设庭园小径，镶嵌拼贴装饰图案，以及用于室内外环境装饰和陈设点缀。（图25）

[二] 人造石材

人造石材已有近60年的历史，1948年意大利成功研制水泥型人造石材，1958年，美国开始制造人造大理石，到七十年代逐渐普及。中国七十年代末期开始引进国外的生产技术并投入生产。由于是通过颜料、填料和一定的加工工艺仿制天然石材的效果，故成为人造石材。人造石材是一种不断推陈出新的材料，由于其多样性和适应性，被广泛地应用在室内外环境的建造工程中。

常用的人造石材有人造大理石、人造花岗石、水磨石三种。人造石材具有天然石材的质感，重量轻、强度高、耐腐蚀、耐污染、施工方便。人造石材花色、品种、形状等多种多样，但色泽、纹理均不及天然石材自然、柔和。按生产所用的材料和制造工艺，人造石材可分为聚酯型人造石材（以不饱和树脂为胶粘剂，石英砂、大理石碎粒或粉等作集料）、水泥型人造石材（水泥、砂、大理石或花岗岩碎粒等为原料，如水磨石制品）、复合型人造石材（胶结料为树脂与水泥，板的基层一般用性能较稳定的水泥砂浆）以及烧结型人造石材（以高岭土、石英等原料经焙烧而成）四类。

1. 人造花岗石及大理石

人造花岗石及大理石是以天然石粉及石块为骨料，以不饱和聚酯树脂为胶粘剂，加入颜料搅拌后注入钢模，再通过真空振捣，树脂固化后一次成型，经锯切、打磨、抛光，制成标准规格。其花色可模仿自然石质亦可自行设计，发挥余地极大。而且抗污力、耐久性、材质均一性均优于天然石材。但部分品种耐刻划能力差，易翘曲变形，耐热性差，价格较高。多用于酒店、办公、居室等室内空间的台面、墙面的饰面材料、卫生洁具的制作等。

2. 水磨石

水磨石亦是一种人造石材，以水泥或其他胶粘剂和石渣为原料，经搅拌、配色、成型、养护、研磨而成的材料。可以根据需要制成不同颜色和图案，价格低廉，美观耐用，可以现浇或预制。按设计要求不同又可分为普通型水磨石和异型水磨石，其中大的平面板材为普通型，曲线的、多边形以及柱板、柱础、台面等属于异型。按结构处理的不同又分为普通磨光、粗磨面、水刷石、花格板、大拼花板、全面层板、大坯切割板、聚合物板和聚合物表层人造花纹板等。耐腐蚀性较差，且表面容易出现微小龟裂和泛霜。

四、玻璃

玻璃的发现大约在距今4000年前的地中海东部，到公元前1500年，压制和模制的玻璃器皿在埃及已经相当普遍。玻璃制造技术也已经传播到今天的威尼斯和奥地利的霍尔地区。从第一块玻璃的发现到吹制玻璃的出现，已经过去2000多年的时间了。技术的不断进步使得制造在窗子上使用的足够薄、足够硬的玻璃已经成为可能，因此玻璃在建筑中的使

26.科隆大教堂内的彩色玻璃窗　　27.玻璃艺术品　　28.喷沙玻璃隔墙

用也较早，但由于当时价格昂贵，这种使用并不多见。在古罗马时代，平板玻璃作为建筑装饰材料安装在公共建筑（教堂、浴室等）的窗户上，在靠近罗马的圣·保罗康斯坦丁大教堂中流光溢彩的玻璃制品大约生产于公元332年；1000多年前的拜占庭教堂则使用玻璃制成的马赛克来铺装墙面、天花及地面；中世纪的哥特式宗教建筑中，大面积彩色玻璃被用来代替墙面进行采光和装饰室内，为室内带来了神奇的宗教气氛。（图26）

玻璃是一种坚硬、质脆的透明或半透明的固体材料，是以石英砂、纯碱、长石以及石灰石等为主要原料，与辅料经1550℃到1600℃高温熔融成液态，然后经成型并急剧冷却而形成固体的无定形硅酸盐物质。从化学角度来看，玻璃与陶瓷和釉料的某些成分相似。通过加热或熔化的玻璃具有高度的可塑性和延展性。可以被吹大、拉长、扭曲、挤压或浇铸成各种不同的形状，冷玻璃也可以切割成片来进行黏合、拼接和着色。（图27）玻璃具有优良的光学性能，既会透过光线，也会反射和吸收光线，玻璃的反映光线和自然环境的性质使其本身就具有很高的装饰作用。现代建筑中，玻璃已成为不可缺少的建筑材料，伴随着玻璃技术的发展，不断产生新的建筑语言，其性能特点也在特定环境中被发挥得淋漓尽致，为空间带来了前所未有的开放观念，满足了人类对光、透明及扩大视野的渴求，改善了建筑内部与外部的相互关系。同时也改变了人类与空间、光与自然的关系。多数情况下，我们的眼睛看到的与其说是透明玻璃，不如说透过它去看玻璃围起的空间或空间以外的空间。目前，玻璃已由单一的采光功能向多功能方向发展，通过某些辅助性材料的加入，或经特殊工艺的处理，可制成具有特殊性能的新型玻璃，如用于减轻太阳辐射的吸热玻璃、热反射玻璃、光敏玻璃、热敏玻璃，用于保温、隔音的中空玻璃等，来达到节能、控制光线、控制噪音等目的，通过雕刻、磨毛、着色及铸以纹理等方式还可提高其装饰效果，玻璃制造的镜片可扩大空间的视觉尺度，高强度玻璃可以用来当作结构性材料使用，随着技术的进一步发展，兼具装饰性和实用性的玻璃品种不断涌现。

建筑玻璃按性能与用途，可分为平板玻璃、安全玻璃、绝热玻璃及玻璃制品。

[一] 平板玻璃

平板玻璃即平板薄片状玻璃制品，是现代建筑中大量采用的材料之一，也是玻璃深加工的基础材料。通常为透明、无色、平整、光滑，但也可以是毛面、碎纹、螺纹或波纹的，可以控制光线和视野，能够在采光的同时满足私密性要求。

1. 普通平板玻璃

普通平板玻璃也称单光玻璃、窗玻璃、净片玻璃，分为引拉法玻璃与浮法玻璃两种。未经研磨加工，透明度好，板面平整，表面平展、光洁、无玻筋、玻纹、光学性质优良，主要用于建筑门窗装配，制造工艺上有垂直引上法、平拉法、对辊法、浮法等，目前国内外主要使用浮法生产玻璃。

2. 磨砂玻璃

磨砂玻璃又称毛玻璃、暗玻璃，用机械喷砂、手工研磨，或氢氟酸溶液腐蚀的方法将普通平板玻璃进行处理，使玻璃表面（双面或单面）形成均匀粗糙的毛面，也可以按照要求形成某种图案。由于磨砂玻璃表面粗糙，形成表面均匀的毛面，使光线产生漫射，具有透光不透视的特点，可使室内光线柔和，同时具有一定的私密性。规格厚度同普通玻璃。用

29. 花纹玻璃　　30. 彩色玻璃

于办公、医院、卫生间、浴室的门窗，安装时毛面朝向室内。（图28）

3. 花纹玻璃

花纹玻璃根据制作方法可以分为压花玻璃、滚花玻璃、刻花玻璃等几种，就是将玻璃在冷却、硬化之前表面按设计的图案加以雕刻、印刻、压制等无彩处理，形成花纹。压花，在玻璃硬化前，经有刻有图案花纹的滚筒，在玻璃单面或双面压出深浅不同的花纹。喷花，将玻璃表面贴加花纹防护层后，喷砂处理而成。刻花，经涂漆、雕刻、围蜡与腐蚀、研磨而成。（图29）

4. 彩色玻璃

彩色玻璃又分为透明彩色玻璃和不透明彩色玻璃，透明彩色玻璃是在原料中加入金属氧化物而成，譬如加入硒和镉可以得到红色，加入氧化铬和氧化铁可以得到绿色，加入铜和钴可以得到蓝色。不透明则是在无色的平板玻璃的一面喷上色釉经烘制而成，或利用高分子涂料涂刷制成。彩色玻璃早在2000多年前就已经出现，中世纪以来彩色玻璃一直在教堂建筑中大量使用，在12到13世纪得到高度的发展，彩色玻璃被镶嵌在工字形有槽的铅或铁框架中，用于装饰性的窗户上，金属条本身则成为图形的轮廓；彩色玻璃还可以粘贴在混凝土的表面作为装饰。19世纪晚期的维多利亚和新艺术运动时期，彩色玻璃大量使用在建筑的窗子、灯罩等照明构件或装置中，以及用来制造花瓶、首饰等各种工艺饰品。（图30）

5. 镭射玻璃

镭射玻璃又称光栅玻璃，经过特殊工艺处理在玻璃表面构成全息光栅或其他几何光栅，在光源的照射下，会出现物理衍射的绚丽色彩，而且随着照射及观察角度的不同，显现出不同的变化，呈现出典雅华贵，亦梦亦幻的视觉氛围，给人以神奇美妙的感觉。

镭射玻璃产品品种齐全，装饰范围广泛。一般用于宾馆、商业和娱乐性建筑等的内外墙、天花、地面、屏风、装饰画、灯饰等。

6. 电热玻璃

电热玻璃由两块烧铸玻璃型料压制而成；两玻璃之间铺设极细的电热丝，电热丝用肉眼几乎看不见，吸光量约在1%~5%之间。这种玻璃上不会发生水分凝结、蒙上水汽和冰花等现象，能减少热量损失和降低采暖费用。

7. 冰花玻璃

冰花玻璃是一种利用平板玻璃经过特殊处理而形成的具有自然冰花纹理的玻璃，具有主体感强、花纹自然、质感柔和、透光不透明、视觉舒适的特点。冰花玻璃可用无色平板玻璃制造，也可以用茶色、蓝色、绿色等彩色平板玻璃制造，给人以典雅清新之感。

8. 玻璃纸

玻璃纸也称玻璃膜，具有多种颜色和花色。根据纸膜的性能不同，具有不同的性能。绝大部分起隔热、防红外线、防紫外线、防爆等作用。

9. LED光电玻璃

光电玻璃是一种新型环保节能产品，是LED和玻璃的结合体，既有玻璃的通透性，又有LED的亮度，主要用于室内外装饰和广告。

10. 调光玻璃

通电呈现玻璃本质透明状，断电时呈现白色磨砂状不透明，在不透明状态下，可以作为背投的屏幕。

31. 厦门喜来登酒店大堂的钢化玻璃楼梯

11. 其他玻璃

玻璃的其他品种还有喷砂玻璃（透光不透射）、磨花玻璃及喷花玻璃（部分透光透视、部分不透视）、印刷玻璃和刻花玻璃（骨胶水溶液剥落造成冰花或雕刻腐蚀成图案）、彩绘玻璃和背漆玻璃、彩釉玻璃等。

[二] 安全玻璃

普通平板玻璃质脆易碎，破碎后形成的尖锐棱角容易伤人。为减小玻璃的脆性，提高玻璃的强度，通常采用某种方式将玻璃加以改性，如将玻璃淬火或在玻璃中加入钢丝、乙烯衬片，提高玻璃的力学强度和抗冲击性，降低破碎的危险，通过这种方式制成的玻璃统称安全玻璃。

1. 钢化玻璃

钢化玻璃出现在20世纪60年代，是将普通平板玻璃经"淬火"物理方法处理（加热到一定温度后迅速冷却）或用"离子交换"化学方法处理而成。处理后的玻璃强度比未处理前高3~5倍，具有较好的抗冲击力、弹性和抗弯性，耐急冷急热性能、耐酸碱腐蚀性能好。玻璃破碎后裂成圆钝碎片，不致伤人。由于化学钢化的成本较高，而且破碎后会产生尖

锐棱角的碎片，所以目前钢化玻璃的生产主要采用物理钢化。钢化玻璃不能切割、磨削，边角不能碰击拌压，只能根据需要定制加工。钢化玻璃在品种上可分为平钢化玻璃、弯钢化玻璃、全钢化玻璃和区域钢化玻璃。多用于建筑的门窗、隔墙、护栏、汽车挡风玻璃、暖房等。（图31）

2. 夹丝玻璃

夹丝玻璃又称防碎玻璃或钢丝玻璃，是将普通平板玻璃加热到红热软化状态，再将预热处理后的钢丝网或铁丝网压入到玻璃中形成。这样可以使玻璃强度增加，在破碎时，玻璃碎片附着在金属网上，从而破而不缺，裂而不散，并能在火蔓延时，热炸裂后固定不散，防止火热蔓延，具有一定的防火性能。常用于天窗、天棚顶盖、地下采光窗及防火门等处。夹丝玻璃颜色可以透明或彩色，表面也可以压花或磨光处理。（图32）

3. 夹层玻璃

夹层玻璃是在两片或多片平板玻璃中嵌夹透明塑料薄片，经过加热压粘而成的平面或曲面的复合玻璃。夹层玻璃的层数有2层、3层、5层、7层，最多可达9层。具有较高的强度，碎后安全，耐机械冲击、耐火、耐热、耐湿、耐寒等性能好，透明性能高。可以控制太阳辐射，具有一定的隔音效

32. 夹丝玻璃发光顶　　33. 澳门金沙酒店

果。夹层玻璃抗冲击性能要高于平板玻璃几倍，破碎时不会产生分离的碎片，只有辐射状的裂纹和少量的碎屑，碎片粘在衬片上不致伤人。夹层玻璃可用普通平板浮法玻璃、磨光玻璃、钢化及吸热玻璃等作为原片。常用的塑料薄片为聚乙烯醇缩丁醛。夹层玻璃的品种很多，譬如防弹夹层玻璃、防紫外线夹层玻璃、隔音夹层玻璃、电热夹层玻璃等。可用来制成汽车和飞机的风挡玻璃、防弹玻璃以及有些特殊要求场所的门窗，譬如银行、水下工程等。

[三] 绝热玻璃

绝热玻璃是通过反射、吸收、隔热等方式使建筑室内获取相对稳定热环境的透光玻璃，主要包括镀膜玻璃、吸热玻璃、光致变色玻璃、中空玻璃这四大类。

1. 镀膜玻璃

镀膜玻璃又称热反射玻璃，具有良好的热反射性能，又能保持良好的透光性能。热反射玻璃的使用不仅可以节约室内空调能源，还能增加建筑物美观和装饰效果，但却会导致室外环境温度升高。镀膜玻璃的制造方法有热解法、真空法、化学镀膜法等多种，就是在玻璃表面涂敷金属或金属氧化物膜、有机物薄膜，其薄膜可以是喷涂也可以浸涂。镀膜的方法有电浮法、金属离子迁移法、化学浸渍法、真空法（真空镀膜）、热分解法、减射法等，或向玻璃表面层渗入金属离子以置换玻璃表面层原有的离子而形成热反射膜。热反射玻璃有单向反射的性能，迎光面具有镜子的特性，背光面又像普通平板玻璃一样透明，对建筑物的室内能起到遮蔽和帷幕的作用，白天室内可以看到室外，室外却看不清室内，还可以像镜面一样映衬周边的环境和景色，为城市增色，但大面

积使用镀膜玻璃容易造成光污染。热反射玻璃多用于制造中空玻璃或夹层玻璃，用于建筑物的门窗、幕墙等。（图33）

2. 吸热玻璃

能吸收大量红外线辐射而又保持良好的可见光的透过率的平板玻璃称为吸热玻璃。吸热玻璃的生产是在普通玻璃中引入有着色作用和吸热作用的氧化物，如氧化铁、氧化镍、氧化钴以及硒等，使玻璃着色而具有较高的吸热性能，或在玻璃表面喷涂氧化锑、氧化锡、氧化钴等着色氧化物薄膜而制成。吸热玻璃色泽经久不变，具有一定的透明度，隔热，防眩光，可增加建筑物的美感。由于能够吸收太阳光谱中的热作用较强的红外线、近红外线，产生冷房效应，可以避免室内温度升高，节约空调能耗；还可以吸收紫外线，减少紫外线对人体和室内物品的损坏。适用于需要隔热又需要采光的部位，如商品陈列窗、冷库、计算机房等的门窗和幕墙。

3. 光致变色玻璃

在玻璃中加入卤化银，或在玻璃夹层中加入钼和钨的感光化合物。在太阳或其他光线照射时，玻璃的颜色随光线增强渐渐变暗，当停止照射时又恢复到原来的颜色。主要用于汽车和建筑物上。

4. 中空玻璃

中空玻璃亦称隔热玻璃，由两层或两层以上平板玻璃组成，四周密封，中间充入干燥的空气层或真空。具有良好的保温、隔热、隔声性能。玻璃的间距根据导热性及气压变化时对强度的要求而定；间距为10mm~30mm时，其隔热性相当于100mm混凝土墙；气温在20℃~25℃时不会产生凝结水，可以减低噪音1/2；内腔充以各种漫射光材料、惰性气体、导电介质后，可吸收射线，并可作为照明或取暖用，可以获得更好的声控、光控和隔热效果。原片可用普通平板玻

34. 美国康宁玻璃博物馆　　35. 玻璃马赛克

璃、彩色玻璃、钢化玻璃、压花玻璃、热反射玻璃、吸热玻璃和夹丝玻璃等，与边框（铝框架或玻璃条）的连接方法可以是焊接、胶接和熔结。主要用于需要采暖、空调、防止噪声、结露及需要无直射阳光和特殊光的建筑物上。

[四] 玻璃制品

玻璃砖出现在20世纪30年代，外观有矩形、长方形和各种异形，分为实心和空心两种。

1. 玻璃空心砖

玻璃空心砖用两块玻璃经高温压铸成四周封闭的空心玻璃制品，以熔接或胶结成整体，内部装入0.3气压左右的干燥空气，经退火，最后涂饰侧面而制成。玻璃空心砖透光率35%~60%，具有较高的强度、绝热、隔声、透明度高、耐水、耐火等优点。玻璃可以是光面、花纹及各种颜色的。用空心砖来砌墙和铺设的楼面，具有热控、光控、隔声、减少灰尘和凝露等优点。玻璃空心砖有单腔和双腔两种，双腔即空心砖在两个凹形砖之间有一道玻璃纤维网，从而形成两个空心腔，具有更高的热隔效果。在玻璃砖的内侧面可以做成各种花纹，赋予砖以特殊的采光性，既可以使外来的光扩散，也可以使外来光向一定方向折射，可以控制视线透过和防止眩光。玻璃空心砖一般用来砌筑透光的内外墙壁、分隔墙，用在地下室、采光舞厅地面及装有灯光设备的音乐舞台，以及酒店、卫生间、办公场所等。（图34）

2. 玻璃马赛克

玻璃马赛克又称玻璃锦砖或玻璃纸皮石，是一种小规格的彩色饰面玻璃。它是一种由乳浊状半透明玻璃质材料制成的小尺寸玻璃制品，一般尺寸为20mm×20mm、30mm×30mm、40mm×40mm，厚度为4~6mm各种颜色的小块玻璃质镶嵌材料，背面四周呈楔形斜面，并有锯齿或阶梯状的沟纹，以便砂浆粘贴。玻璃马赛克一般采用熔融法和烧结法生产，有透明、半透明、不透明之分，色彩丰富，有的还有带金色、银色斑点或条纹，表面可以有多种肌理效果。玻璃马赛克具有色彩柔和、朴实典雅、美观大方、化学稳定性好、冷热稳定性好，不变色、不积尘，耐风化，易洗涤等优点。由于出厂时已经按设计要求贴在纸衣或纤维网格上，因而施工方便，对于弧形墙面、圆柱等处可以连续铺贴，可镶拼成各种色彩或图案。可用于宾馆、医院、办公楼、住宅等内外墙以及地面等处。（图35）

五、建筑陶瓷

陶瓷是一种历史悠久的材料，主要是由黏土等材料烧制而成，既具有造型的灵活性又具有耐久性。陶瓷制品由于性能优良、坚固耐用、防水防腐且颜色多样、质感丰富，已经成为现代建筑的重要装饰材料。

[一] 陶瓷的种类

建筑陶瓷制品主要包括墙地砖、卫生陶瓷、琉璃制品等。按坯体的性质不同，我们常将陶瓷分为陶质（多孔、吸水率大，白色或白色不透明）、炻质（介于瓷质和陶质之间，一般吸水率小，有色不透明）以及瓷质（坯体致密，不吸水，白色半透明）三类。

1. 陶质

陶是由黏土烧制成的一种古老的材料，拉丁文中"陶"的意思即为"烧过的黏土"，陶器制作是人类最古老的手艺之

36. 纽约图书馆的缸砖地面　　37. 釉面砖建筑墙面　　38. 通体砖建筑墙面

一。目前所知，人类最早的陶器出现于约9000年前的西亚。从远古时代起陶就被当作墙面基本装饰材料，作为屋面瓦或地面砖加以使用。我国也有使用"秦砖汉瓦"的悠久历史。陶质制品由陶土烧制而成，陶的烧结程度较低，断面粗糙无光，内部为多孔结构，有一定的吸水率，底胎不透明，敲之声音粗哑，硬度、机械强度低于瓷器。根据其原料土的杂质含量以及烧制温度分为精陶、粗陶两种。建筑饰面用的釉面砖以及卫生陶瓷等多为精陶。烧结黏土砖、瓦等均为粗陶制品。陶质制品既可施釉也可无釉。陶质制品由于吸水率较大，因此耐冻、融循环性差，又由于耐磨性不强，所以一般不宜用于外墙和地面的铺贴。

2. 炻质

品质介于陶质、瓷质之间的一种制品，也称半瓷或石胎瓷。坯体致密、坚硬、孔隙率低、吸水率较小，坯体多数带颜色且无透明性，多棕色、黄褐色或灰蓝色。目前，大多数建筑外墙砖及地砖为此类产品。

3. 瓷质

瓷器最早产生于我国东汉时期的长江流域，距今大约有3000多年的历史，中国宋代的官、哥、汝、定、钧五大名窑以辉煌灿烂的成就，被列为世界文化宝库中的精品。瓷器采用瓷土（又称高岭土）经高温烧制而成，素坯大致为白色，有半透明性，敲之有金属声。由于烧制温度较高，质地坚硬、耐磨、机械强度大、结构致密，基本不吸水。

实际上，从陶器、炻器到瓷器在原料和制品性能的变化上是连续和相互交错的，它们的原料由粗到细，烧结温度由低到高，坯体结构由多孔到致密，因此很难有明确的区分界限，彼此差别也不是很清晰，建筑用陶瓷多属陶器至炻器之间的产品。

[二] 常用陶瓷墙地砖

陶瓷墙地砖是建筑陶瓷中的主要品种，是用于建筑物内外墙面，地面铺装的薄板状陶瓷制品。早在古罗马时代，瓷砖就曾出现在公共浴室和家庭当中。作为建筑材料，陶瓷具有强度高、耐久、防水以及容易保养等优点，但也有不吸音，触感冷硬以及容易滑倒等隐患。陶瓷墙地砖具有多种形状、尺寸和质地可供选择，其表面为配合不同的设计理念，可利用彩绘、不同的模具和釉面配方，设计出不同色彩和凹凸的肌理、质感变化。形成平面、麻面、单色、多色以及浮雕等图案，有些还可具金属光泽，仿石材、木材、织物等的色彩、质感等表面特征。外形多为具模数的方形，长方形，六角形等，铺设后整齐划一，还可以通过不同的铺设方式形成不同的整体外观效果，砖的背面则通常有凹凸条纹以利于牢固粘贴。现今的墙地砖瓷化程度也越来越高，甚至完全瓷化和呈玻璃质地。

1. 缸砖

缸砖是一种炻质无釉砖，质地坚硬、耐磨、耐冲击、吸水率小。由于胚体含有渣滓或人为掺入着色剂，缸砖多呈红、绿、蓝、黄等色。（图36）

2. 釉面砖

釉面砖指表面烧有釉层的陶瓷砖，又称作内墙贴面砖、瓷砖、瓷片，属于精陶类制品。由于施有釉层，可以封住陶瓷胚体的孔隙，使其表面平整、光滑，而且不吸湿，提高防污效果。釉面砖的颜色和图案丰富。以黏土、长石、石英、颜

39. 微晶石地面　40. 黑色手盆

料及助熔剂等为原料烧成，其表面的釉性质与玻璃相类似。主要用于建筑物的内、外墙和地面的铺贴。此外，有些种类的面砖还配有阴角、阳角、压条等，用于转弯、收边等位置的处理。由于釉面砖容易受到磨损而失去光泽，甚至露出底胎，因此在铺设地面时，要慎重选择使用。（图37）

3. 通体砖

通体砖是一种本色不上釉的瓷质砖，硬度高，耐磨性极好。其中渗花通体砖图案、颜色、花纹丰富，并深入坯体内部，长期磨损也不会脱落，但制作时留下的气孔很容易渗入污染物而影响砖的外观。通体砖表面经抛光处理后就成为抛光砖。尤其适用于人流量较大的商场、酒店等公共场所的地面及墙面铺贴。（图38）

4. 玻化砖

玻化砖就是优质瓷土通过高温烧结，使砖中的熔融成分呈玻璃质而制成的全瓷化不上釉的高级铺地砖。超强度，超耐磨，是所有瓷砖中最硬的一种。

5. 陶瓷锦砖

陶瓷锦砖俗称马赛克，又称纸皮砖。用优质瓷土为原料，经压制烧成的片状小瓷砖，表面一般不上釉，属于瓷质类产品。1975年，原国家建委建筑材料工业局根据实际用途的需要，在统一建筑陶瓷产品名称时，把陶瓷马赛克定名为"陶瓷锦砖"，是一种具有多种色彩、各种形状的小块陶瓷薄片，边长一般不大于40mm，自重轻，色彩质感多样丰富，表面带釉或不带釉，利于镶拼成各种花色、图案，甚至可拼成具象的图形，对于弧形、圆形表面可进行连续铺贴。由于出厂时已

按特定的花色图案成联地反贴于牛皮纸或网格纤维上，又称"纸皮砖"。可用作内外墙及地面装饰。陶瓷锦砖质坚、耐火、耐腐蚀、吸水率小、易清洗，可适合建筑物内外墙及地面装饰使用。

6. 劈离砖

劈离砖20世纪60年代最先在原联邦德国兴起和发展，又称劈裂砖、劈开砖、双层砖。是将一定配比的原料经粉碎、炼泥，真空挤压成型，经干燥、高温烧制而成。由于成型时为双砖背连的坯体，烧成后再劈成两块，故称劈离砖。劈离砖表面粗糙，具有强度高、吸水率低、表面硬度大、耐磨、耐压、耐酸碱、防滑等特点，表面可上釉或不上釉，色彩丰富，质感多样。适用于建筑物的内外墙面，地面，踏步的铺贴等。

7. 微晶石

微晶石又称微晶玻璃，在国外开发已有近30多年的时间。微晶石采用优质微晶材料与优质瓷质坯底等原料经高温烧结、压延等工艺复合而成，比天然石材具有更高的强度，吸水率几乎为零，结构致密、高强、耐磨、耐蚀、纹理清晰、色彩丰富、无色差、不褪色、无放射、无污染，还可通过加热的方法弯曲成弧形板。在质地、花色、彻底防污、防酸碱等性能方面超过大理石、花岗岩和陶瓷玻化砖。被认为是可以替代石材、陶瓷，用于建筑墙面、地面、柱面铺贴的高档装饰材料。（图39）

8. 陶板

陶板幕墙最初起源于德国。主要用作幕墙材料，近年来开始

41

41. 陶瓷艺术品   42. 陶瓷壁画

在室内墙面上使用。陶板是以天然陶土为主要原料，添加少量石英、浮石、长石及色料等其他成分，经过高压挤出成型、低温干燥及1200度的高温烧制而成，具有绿色环保、无辐射、色泽温和、不会带来光污染等特点。陶板的颜色可以是陶土经高温烧制后的天然颜色，通常有红色、黄色、灰色、咖啡四个色系，颜色非常丰富，能够满足建筑设计师和业主对建筑墙面颜色的选择要求。色泽莹润温婉，有亲和力，耐久性好。按照结构，陶土幕墙产品可分为单层陶板与双层中空式陶板以及陶土百叶；按照表面效果分为自然面、喷砂面、凹槽面、印花面、波纹面及釉面。双层陶板的中空设计不仅减轻了陶板的自重，还提高了陶板的透气、隔音和保温性能。

[三] 卫生陶瓷

卫生陶瓷是指具有一定使用功能的陶瓷制品，包括陶瓷洁具、陶瓷器皿、陶瓷艺术，其中陶瓷洁具和陶瓷器皿以使用功能为主，陶瓷艺术尽管有实用功能，但其观赏性更为人们所重视。

1. 陶瓷洁具

陶瓷洁具是以陶土或瓷土制胚并烧制出来的卫生洁具用品，是洁具中品质最好的，具有质坚、耐磨、耐酸碱、吸水率小、易清洗等优点。形式、种类丰富，色彩也很多，以白色为最常用。（图40）

2. 陶瓷器皿

日用陶瓷是陶瓷中应用最广的产品，人们日常生活中不可缺少的生活必备品。种类、花色齐全，质地或细腻或粗糙，釉色变化丰富，不上釉的产品亦是能体现自然、纯粹的率真。

3. 陶瓷艺术

陶瓷器皿以单件艺术品形式出现。由于陶瓷的原料可塑性极强，可画、可塑、可细、可糙，因而成为艺术家进行创作的极好原料。陶艺作品既有实用性又可欣赏，亦可作为大型艺术品登上大雅之堂，是艺术与生活结合的产物。（图41）

[四] 陶瓷壁画、壁雕

陶瓷壁画、壁雕是用陶瓷锦砖烧制而成，有的将原画放大，制板刻画、施釉烧成等技术与艺术加工而成，有的用胚胎素烧，釉烧后，在洁白的釉面砖上用色料绘制后再高温熔烧而成。壁雕，是以浮雕陶板及平陶板组合镶嵌而成。（图42）

六、金属材料

金属材料是指一种或一种以上的金属或金属元素与某些非金属元素组成的合金的总称。凡具有良好的导电、导热和可锻造性能的元素称为金属，如：铁、钴、镍、铜、锌、铬、锰、铝、钾、钠、锡等。合金则是由两种以上的金属或金属与非金属元素组成的具有金属性质的物质。如：钢为铁碳合金，黄铜为铜锌合金。

43. 陶板　　44. 不锈钢的使用

与其他材料相比，金属具有较高强度、优良的力学性能、坚固耐用，这一优势使得金属可以做成极细的断面又可以保持较高强度。金属表面具有独特外观，通过不同加工方式，可形成具有光泽感和夺目的亮面、亚光面以及斑驳的锈蚀感。金属的加工性能良好，可塑性、延展性好，可制成任意形状，也许除了塑料，没有其他材料可以被塑造成如此多的形状。金属具有极强的传导热、电的能力。大多数暴露在潮湿空气中的金属，需作保护（喷漆、烤漆、电镀、电化覆塑等），否则很快就会生锈、腐蚀。金属还可通过铸锻、焊接、穿孔、弯曲、抛光、染色等多种工艺对其进行加工，赋予其多样的外观。

人类使用金属已有几千年的历史，远在古代的建筑中就开始以金属作为建筑材料，至于大量的应用，特别是以钢铁作为建筑结构的主要材料则始于近代20世纪70年代，第一座生铁桥建造于英国塞文河上，而真正以铁作为房屋的主要材料，起初是应用于屋顶上，如1786年巴黎的法兰西剧院，后来，1851年由英国的帕克斯顿设计的"水晶宫"，1889年法国巴黎世博会中的埃菲尔铁塔与机械馆，都成功地将铁运用在建筑领域。金属材料在建筑环境中所起到的作用非常之大，尤其是今天，我们的建筑离不开钢铁的支撑和填充，也离不开各种合成金属的装饰和点缀。其中最为突出的是色泽各异的各种不锈钢制品和铝合金制品，已越来越多地走向建筑环境装修的舞台上来。钢铁与木材、水泥、塑料、玻璃被并称为现代建筑的五大建材。

金属一般分为黑色金属（包括铁及其合金）和有色金属（即非铁金属及其合金）两大类。用于建筑装饰的金属材料主要有钢、铁、铜、铝及其合金，特别是钢铁和铝合金被广泛用于建筑工程，这些金属材料大多被加工成板材或型材来加以使用。

[一] 黑色金属材料

金属是具有光泽、有良好的导电性、导热性与机械性能，并具有正的电阻温度系数的物质。现在世界上有86种金属。通常人们根据金属的颜色和性质等特征，将金属分为黑色金属和有色金属两大类。黑色金属主要指铁、锰、铬及其合金，如钢、生铁、铁合金、铸铁等。黑色金属以外的金属称为有色金属。事实上纯净的铁及锰是银白色的，而铬是银灰色的。由于钢铁表面通常覆盖一层黑色的四氧化三铁，而锰及铬主要应用于冶炼黑色的合金钢，因此都是黑色金属。

1. 铁材

铁的使用在人类历史上具有划时代的意义，在铁被用作建筑材料之前，就已被制成各种工具及武器。铁材有较高的韧性和硬度，主要通过铸锻工艺加工成各种装饰构件，对于铁在建筑装饰及结构上的运用，在维多利亚时期及新艺术运动时期就进行过积极探索，常被用来制作各种铁艺护栏、装饰构件、门及家具等。含碳2.1%以上的称为铸铁，铸铁是一种历史悠久的材料，硬度高、熔点低，多用于翻模铸造工艺，将其熔化后倒入型沙模可以铸成各种想要的形状，是制造装饰、雕刻的理想材料，一旦模子做好后，重复一个复杂的设计既廉价又高效便捷；含碳0.03%~0.3%的铁称为锻铁，硬度较低，熔点较高，多用于锻造工艺。（图43）

2. 钢材

钢材是由铁和碳精炼而成的合金，和铁比较，钢具有更高的物理和机械性能，具有坚硬、韧性、较强的抗拉力和延展性，大型建筑工程中钢材多用以制成结构框架。如各种型钢（槽

45. 条形金属板吊顶　　46. 法门寺的铜门

钢、工字钢、角钢等），钢板等。钢在冶炼过程中，加入铬、镍等元素，会提高钢材的耐腐蚀性，这种以铬为主要元素的合金钢就称为不锈钢。以前，建筑装饰工程中常见的不锈钢制品主要有不锈钢薄板及各种管材、型材。不锈钢板厚度在2mm以下使用得最多，其表面经不同处理可形成不同的光泽度和反射性，如镜面、雾面、拉丝、镀钛、腐蚀以及凸凹板、穿孔板和异形板等花纹板。

为提高普通钢板的防腐和装饰性能，近年来又开发了彩色涂层钢板，彩色压型钢板等新型材料，表面通过化学制剂浸渍和涂覆以及辊压（由彩色涂层钢板、镀锌钢板辊压加工成纵断面呈"V"或"U"形及其他类型，由于断面为异形，故比平板增加了刚度，且外形美观）等方式赋予不同色彩和花纹，以提高其装饰效果。不锈钢制品多用于建筑屋面、门窗、幕墙、包柱及护栏扶手、不锈钢厨具、洁具、各种五金件、电梯轿厢板的制作等。吊顶中大量使用的轻钢龙骨、微穿孔板、扣板也多由薄钢板制成。（图44）

[二] 有色金属材料

狭义的有色金属又称非铁金属，是铁、锰、铬以外的所有金属的统称。广义的有色金属还包括有色合金。有色合金是以一种有色金属为基体（通常大于50%），加入一种或几种其他元素而构成的合金。有色金属可分为重金属（如铜、铅、锌）、轻金属（如铝、镁）、贵金属（如金、银、铂）及稀有金属（如钨、钼、锗、锂、镧、铀）。

1. 铝合金

铝属于有色金属中的轻金属，银白色，重量极轻，具有良好的韧性、延展性、塑性及抗腐蚀性，对热的传导性和光的反射性良好。纯铝强度较低，为提高其机械性能，常在铝中加入铜、镁、锰、锌等一种或多种元素制成铝合金。对铝合金还可以进行阳极氧化及表面着色以及轧花等处理，可提高其耐腐性能及装饰效果。（图45）

铝合金广泛用于建筑装饰和建筑结构。铝合金管材、型材多用于门窗框、护栏、扶手、顶棚龙骨、屋面板、各种拉手、嵌条等五金件的制作；铝合金装饰板多用于建筑内外墙体和吊顶材料，包括单层彩色铝板、铝塑复合板、铝合金扣板、铝蜂窝板、铝保温复合板、铝微孔板、铝压型板、铝合金格栅等。

2. 铜

铜是人类最早使用的金属材料之一，同时也是一种古老的建筑材料，商代及西周（约公元前18世纪~公元前16世纪）是我国历史上青铜冶炼铸造的辉煌时代，当时人们利用青铜熔点低、硬度高、便于铸造的特性，为我们留下了大量造型优美、制作精良的艺术精品。铜耐腐蚀、塑性、延展性好，也是极好的导电、导热体，广泛用于建筑装饰及各种零部件的制造。铜是一种高雅华贵的装饰材料，铜的使用会使空间光彩夺目，富丽堂皇，多用于室内的护栏、灯具、五金的制造。纯铜较软，为改善其力学性能，常会加入其他金属材料，如掺加锌、锡等元素可制成铜合金，根据合金的成分，铜合金主要有黄铜、青铜、白铜等。

纯铜表面氧化后呈紫红色，故称紫铜；铜与锌的合金，呈金黄色或黄色，称黄铜，不易生锈腐蚀、硬度高、机械强度、耐磨性、延展性好，用于加工成各种建筑五金、镶嵌和装饰制品，以及水暖器材等；另外，加入锡和铝等金属制成的青铜，也具有较高机械性能和良好的加工性能。铜长时间露置于空气中会被氧化生成铜锈，可用覆膜法保护，也可任其生锈成为铜绿色效果，以此表现时间的流逝。（图46）

47. 北京威斯汀酒店大堂柱子使用的材料是人工塑料　　48. 酒店客房的墙面通常使用壁纸饰面

七、建筑塑料

塑料是人造的或天然的高分子聚合物，以合成树脂、天然树脂、橡胶、纤维素酯或醚、沥青等为主的有机合成材料。这种材料在一定的温度和压力下具有流动性，因而可以塑制成各种制品，且常温常压下可保持其形状不变。它有质轻，成型工艺简单，物理、机械性能良好，并有防腐、电绝缘等特性。塑料可以呈现不同的透明度，还容易赋予其丰富的色彩，在加热后可以通过模塑、挤压或注塑等手段而相对容易地形成各种复杂的形状、肌理表面。通过密度控制可使其变得坚硬或柔软。但塑料普遍耐热性差、易燃和含有毒性（尤其是在燃烧时会放出致命的有毒气体）、韧度较低，长期暴露于大气中会出现老化现象。常见的塑料制品有：塑胶地板、贴面板、有机玻璃、人造皮革、阳光板、PVC吊顶及隔墙板等。（图47）

（1）塑胶地板是聚氯乙烯树脂加增塑剂、填充料及着色剂经搅拌、压延、切割成块或不切而卷成卷。以橡胶为底层时，双层；面层或底层加泡沫塑料时则成三层。

（2）塑料贴面板系多层浸渍合成树脂的纸张层压而成的薄板，面层为聚氨酯树脂浸渍过的印花纸，经干燥后叠合，并在热压机上热压而成。因面层印花纸可有多种多样颜色和花纹，因而形式丰富，其化学性能稳定，耐热、耐磨，在室内装饰及家具上用途极广。

（3）人造皮革以纸板、毛毡或麻织物为底板，先经氯、乙烯浸泡，然后在面层涂以由氯化乙烯、增韧剂、颜料和填料组成的混合物，加热烘干后再以压碾压出仿皮革花纹，有各种颜色和质地。处理上可平贴、打折线、车线等。

（4）PVC隔墙板系以聚氯乙烯钙塑材料，经挤压加工成中空薄板。可作室内隔断、装修及搁板。具有质轻、防霉、防蛀、耐腐、不易燃烧、安装运输轻便等特点。

（5）有机玻璃：有机玻璃是一种具有良好透光率的热塑性塑料。它是以甲基丙烯酸甲酯为主要原料，加入引发剂、增塑剂等聚合而成。

有机玻璃的透光率较好，可透过光线的99%，机械强度较高，耐热性及抗寒性及耐气候性较好；耐腐蚀性及绝缘性能良好；在一定的条件下，尺寸稳定，并容易成型加工。其缺点是质较脆，易溶于有机溶剂（苯、甲苯、丙酮、氯仿等）中；表面硬度不大，容易擦毛等。

有机玻璃分无色透明有机玻璃（以甲基丙烯酸甲酯为原料，在特定的硅玻璃膜或金属膜内浇铸聚合而成）、有色有机玻璃（在甲基丙烯酸甲酯单体中，配以各种颜料经浇铸聚合而成）、珠光玻璃（在甲基丙烯酸甲酯单体中加入合成鱼鳞粉并配以各种颜料经浇铸聚合而成）等。

6）阳光板：阳光板又称PC板、玻璃卡普隆板，以聚碳酸酯为基材制成，有中空板、实心板、波形板。阳光板具有重量轻、透光性好、刚性大、隔热保温效果好、耐气候性强等优点，多用于采光天花的使用。

八、装饰卷材

顾名思义，装饰卷材是指那种可以卷起来存放的软质装饰面材，主要有壁纸、地毯这两大类。在现在的室内环境设计中使用比较广泛。

[一] 壁纸

壁纸又称墙纸，是室内装修中使用最广泛的界面（墙、天花装饰材料。壁纸图案丰富、色泽美观，通过印花、压花、发泡等工艺可制成各种仿天然材料和各种图案花色的壁纸。壁纸具有美观、耐用、易清洗、施工方便等特点。一般按基材的不同可以分为：纸基壁纸、纺织物壁纸、天然材料壁纸、金属壁纸、塑料壁纸五种类型。（图48）

（1）纸基壁纸
纸基壁纸是发展最早的纸，纸面可以印图案、压花。纸基纸的特点是易于保持壁纸的透气性，使墙体基层内的水分易散发，不致引起壁纸的变色、鼓包等现象；但不耐水、不能清洗、易断裂，不便于施工。改性处理后其性能有所提高，是现在使用的壁纸中既环保又高档的产品。

（2）织物壁纸
织物壁纸以丝、羊毛、棉、麻等纤维织成面层，以纱布或纸为基材，经压合而成。并浸以防火、防水膜、是室内装饰材料中的上等材料。织物壁纸的特点是，天然动植物纤维或人造纤维有良好的手感和丰富的质感，色调高雅，无毒、无静电、不褪色、耐磨、吸声效果好，给人以高尚、雅致、柔和的印象。

（3）天然材料壁纸
天然材料壁纸用草、麻、木材、树叶、草席等经过复合加工制成，也有用珍贵树种薄木制成。具有阻燃、吸音、散潮湿、不吸气、不变形的特点。其产品材质自然、古朴，风格淳朴自然，给人以亲切、高雅的感觉，是一种高档装修材料。

（4）金属壁纸
金属壁纸是以纸为基材，在基层上涂有金属膜，经过压合、印花制成。金属壁纸有光亮的金属质感和反光性，给人以金碧辉煌、庄重大方的感觉，适合在气氛热烈的场合使用，如饭店、舞厅、酒吧等。

（5）塑料壁纸
塑料壁纸以木浆纸为基材，PVC树脂为涂层，经过压合印花或发泡处理制成。塑料墙纸是发展最迅速、应用最广泛的墙纸（布），约占墙纸产量的80%。塑料墙纸是由具有一定性能的原纸，经过涂布、印花等工艺制作而成。印花涂料的胶料，常采用醋酸乙烯、氯乙烯等聚合而成的氯醋胶；涂料则是用钛白粉、高岭土、苯二甲酸、二辛酯、氯醋胶和颜料所组成。塑料壁纸的分类如下：塑料壁纸按生产工艺可以分为仿真塑料壁纸、非发泡墙纸（普通纸）、泡壁纸和特别塑料壁纸。

①仿真塑料壁纸：仿真塑料壁纸是以塑料为原料，用技术工艺手段，模仿砖、石、竹编物、瓷板及木材等真材的纹样和质感，加工成各种花色品种的饰面墙纸。

仿砖、石、竹编物、瓷板及木材等，工艺加工手段不同，目的是尽量做成以假乱真的效果。

②非发泡墙纸（普通纸）：印花压花印压结合以$80g/m^2$的纸为基材，涂塑$100g/m^2$聚氯乙烯糊状树脂（PVC糊状树脂），经印花、压花而成。这种壁纸花色品种多，适用面广。

单色压花壁纸，经凸版轮转热轧花机加工，可制成仿丝绸，织锦缎等。

印花、压花壁纸，经多套色凹版轮转印刷机印花后在轧花，可制成印有各种色彩图案，并压有布纹、隐条凹凸花等双重花纹。

有光印花和平光印花壁纸，前者是在抛光的面上印花的，表面光洁明亮；后者是在消光辊轧平的面上印花的，表面平整柔和。

③发泡壁纸：分低发泡和高发泡两种，它以$100g/m^2$的纸为基材，涂塑$300g/m^2 \sim 400g/m^2$、掺和发泡剂的PVC糊状料，印花后再加热发泡而成。这类壁纸有高发泡印花、低发泡印花、低发泡印花压花等品种。高发泡壁纸发泡倍率较大，表面呈富有弹性的凹凸花纹，有装饰、吸声功能。低发泡印花壁纸是在发泡平面印有图案的壁纸；低发泡印花压花壁纸是用有不同抑制发泡作用的油墨印花后再发泡，使表面形成具有不同色彩的凹凸花纹图案。

④特种塑料壁纸：特种塑料壁纸有耐水、防结露、防火、防霉等品种。以玻璃纤维毡为基材，适合用卫生间、浴室等，为耐水塑料壁纸；以$100g/m^2 \sim 200g/m^2$石棉作基材，在PVC涂料中掺入阻燃剂的为防火壁纸；在聚氯乙烯树脂中加防霉剂，适合在潮湿地区使用的为防霉壁纸；防结露纸则是在树脂层上带有许多细小微孔的壁纸。

49. 上海金茂君悦酒店咖啡厅

[二] 地毯

以动物纤维（多为羊毛等麻、丝、仅人造纤维材料为原料，经手工成机械编织而成的用于地面及墙面装饰的纺织品。（图49）根据地毯使用材料的不同，可以分为纯毛地毯、混纺地毯和化纤地毯。此外，还有用塑料制成的塑料地毯和用草、麻及其他植物纤维加工制成的草编地毯等。根据地毯表面织法的不同可以分为素花、几何纹样毯、乱花毯和古典图案毯；根据断面形状的不同则可以分为：高簇绒、低簇绒、粗毛低簇绒，一般圈绒、高低圈绒、粗毛簇绒、圈簇绒结合式地毯。

1. 纯毛地毯

纯毛地毯（即羊毛地毯），绒毛的质与量决定地毯的耐磨程度，耐磨性常以绒毛密度表示，即每平方厘米地毯上有多少绒毛。纯毛毯分为手织与机织，前者昂贵。

2. 混纺地毯

混纺地毯品种极多，常以毛纤维和其他各种合成纤维混织，

如羊毛纤维中加20%~30%的尼龙纤维，其耐磨性可提高5倍，也可加入聚丙烯腈纶纤维等合成纤维混纺织成。

3. 化纤地毯

化纤地毯是以丙纶、腈纶（聚丙烯腈纶）纤维为原料，经机织制成面层，再与麻布底层溶合在一起制成。品质与触感极类似羊毛，耐磨而富有弹性，经特殊处理后可具防火阻燃、防污、防静电、防虫等特点。由于防火尼龙熔点可达37℃，完善的防污处理，用户可大胆使用纯白色地毯。

九、装饰涂料

装饰涂料分为油漆涂料和建筑涂料两种，是不同组成成分构成的有机高分子胶体混合物，呈溶液或粉末状，涂布物体表面后能形成附着坚牢的薄膜，一般由四大基本成分构成，即：成膜物质、溶剂、颜料、助剂。

1. 成膜物质

成膜物质，又称黏结剂，是可以形成牢固附着力的涂膜的物质，它还可以黏结颜料共同成膜，是涂料的基础。涂料成膜物质（黏结剂）包括：油料树脂，干性油，半干性油，不干性油，天然树脂，人造树脂，合成树脂等。

2. 溶剂

溶剂或助剂，是辅助成膜的物质，根据树脂是否需要溶剂，分为溶剂型和非溶剂型漆。溶剂型漆是，树脂需要溶于溶剂才能参与成膜，比如硝基漆，需溶剂挥发才能成膜。有的不需要溶剂，如不饱合树脂漆，树脂本身是液体状，它无须溶剂，但需加入助剂——固化剂，才能快速成膜。

3. 颜料

颜料又称着色剂，它与成膜物质共同表现出各种颜色，并与黏结剂共同成膜，同时使涂膜性质有所改进，但其不能单独成膜。

4. 助剂

如催干剂、增塑剂等。

[一] 油漆涂料

涂料，在中国传统名称为油漆。所谓涂料是涂覆在被保护或被装饰的物体表面，并能与被涂物形成牢固附着的连续薄膜，通常是以树脂、或油、或乳液为主，添加或不添加颜料、填料，添加相应助剂，用有机溶剂或水配制而成的黏稠液体。中国涂料界比较权威的《涂料工艺》一书是这样定义的："涂料是一种材料，这种材料可以用不同的施工工艺涂覆在物件表面，形成黏附牢固、具有一定强度、连续的固态薄膜。这样形成的膜通称涂膜，又称漆膜或涂层。"

1. 天然漆

天然漆又称为国漆、大漆，有生漆、熟漆之分。天然漆漆膜坚韧、耐久性好、耐酸耐热、光泽度好。

2. 油料类油漆涂料

油料类油漆涂料有清油、油性厚漆、油性调和漆。

（1）清油

清油俗名熟油、鱼油，由精制的干性油如催干剂制成。常用作防水或防潮涂层，以及用来调制原漆与调和漆。

（2）油性厚漆

油性厚漆俗称铅油，由清油与颜料配制而成，属最低级油漆涂料。使用时需要用清油调和成适当的绸度。这种油漆的涂膜较软，和面漆的黏结性好，所以一般用作面漆涂层的打底。也可以单独作为面漆使用，光亮度、坚硬性差，干燥慢，耐久性差。

（3）油性调和漆

可直接使用，由清油、颜料和溶剂等配制而成。漆膜附着力好，有一定的耐久性，施工方便。

3. 树脂类油漆涂料

树脂类油漆涂料有清漆、磁漆、光漆、喷漆、调和漆。

（1）清漆（树脂漆）

由树脂加入汽油、酒精等挥发性溶剂制成。主要用来调制瓷漆与磁性调和漆。清漆分为醇质清漆（俗名泡立水）与油质清漆（俗名凡立水）两种。树脂清漆不含干性油，如虫胶清漆。油质清漆中含有干性油，如酯胶清漆、酚醛清漆、纯酸轻装、硝基清漆、丙烯酸木器清漆等。（图50）

（2）磁漆

由清漆中加入颜料制得。按树脂种类不同可分为酚醛树脂漆（较低价，具有良好的耐水、耐热、耐化学及绝缘性能）、醇酸树脂漆（耐水性差）与硝基漆。

（3）光漆（俗名腊克）

又名硝基木质清漆，由硝化棉、天然树脂、溶剂等组成。

（4）喷漆（硝基漆）

由硝化棉、合成树脂、颜料（或染料）、溶剂、柔韧剂等组成。漆膜坚硬、光亮、耐磨、耐久。

（5）调和漆

调和漆分为油脂类和天然树脂类两类。油脂类调和漆（俗称油性调和漆）是用干性油与颜料研磨后，加入催干剂及溶剂配制而成。这类调和漆附着力强，漆膜不易脱落，不起龟裂，经久耐用，但干燥比较慢，漆膜较软，适宜于室外装饰。天然树脂调和漆又称磁性调和漆，是用甘油松香油，干性油和颜料研磨后，加入催干剂及溶剂配制而成。这类油漆干燥性比油性调和漆好，漆膜较硬，光亮平滑，但抗气候变化的能力较油性调和漆差，易失去光泽、龟裂，故一般用于室内装饰。

[二] 建筑涂料

建筑涂料按主要成膜物质的性质可分为有机涂料、无机涂料和有机无机复合涂料三大类；按使用部位分为外墙涂料、内墙涂料和地面涂料等；按分散介质种类分为溶剂型和水溶型两类。常用涂料如下：过氯乙烯内墙涂料、聚醋酸乙烯乳胶内墙涂料、氯化橡胶外墙涂料、丙烯酸酯外墙涂料、聚氨酯

50. 清漆饰面的效果　　51. 乳胶漆饰面

系外墙涂料、苯丙乳液外墙涂料、丙烯酸系复合涂料。

1. 有机涂料

有机涂料是以高分子化合物为主要成膜物质所组成的涂料。将其涂于物体表面，能形成一层附着坚牢的涂膜。涂料旧称油漆，由于早期多半是采用植物油为原料而得名，随着合成材料工业的发展，大部分植物油已被合成树脂所取代，故改称涂料。

（1）溶剂型涂料

由高分子合成树脂加入有机溶剂、颜料、填料等制成的涂料。涂料细而坚韧，有较好的耐水性、耐气候性及气密性，但易燃，溶剂挥发后对人体有害，施工时要求基层干燥且价格较贵。常用的有过氯乙烯内墙（地面）涂料、氯化橡胶外墙涂料、聚氨酯系外墙涂料、丙烯酸酯外墙涂料、苯乙烯焦油外墙涂料和聚乙烯醇缩丁醛外墙涂料等。

（2）水溶性涂料

以溶于水的合成树脂、水、少量颜料及填料等配制而成。耐水性、耐气候性较差。常用的有聚乙烯醇水玻璃内墙涂料等。

（3）乳胶涂料

乳胶涂料又称乳胶漆。极微细的合成树脂粒子分散在有乳化剂的水中构成乳液，加入颜料、填料等制成。这类涂料无毒、不燃、价低，有一定的透气性，涂膜耐水、耐擦洗性好，可用于内外墙的粉刷装饰。常用的如聚醋酸乙烯乳胶内墙涂料、苯丙乳液外墙涂料及丙烯酸乳液外墙涂料（又名丙烯酸外墙乳胶漆）等。因为它易溶于水，成膜快，成膜厚度好，无刺激性气味、无公害，是环保型涂料，因此被广泛用于当代建筑的内外涂饰上。（图51）

2. 无机涂料

我国20世纪80年代末才开始研制、生产，主要有碱金属硅酸盐系和胶态二氧化硅系两种，用于内外墙装饰。无机涂料黏结力、遮盖力强，耐久性好，装饰效果好，不燃、无毒，成本较低。

3. 复合涂料

可使有机涂料、无机涂料两者取长补短，如以硅溶胶、丙烯酸系复合的外墙涂料在涂膜的柔韧性及耐候性方面更好。

十、气硬性胶凝材料

胶凝材料能将散粒材料或物体黏结成为整体，并具有所需要的强度。胶凝材料按成分分为有机胶凝材料和无机胶凝材料两大类，前者以天然或合成的有机高分子化合物为基本成分，如沥青、树脂等；后者则以无机化合物为主要的成分。无机胶凝材料按硬化条件不同，也可以分为气硬性胶凝材料与水硬性胶凝材料两类。气硬性胶凝材料只能在空气中硬化，也只能在空气中继续保持或发展其强度，如建筑石膏、石灰、水玻璃、菱苦土等。水硬性胶凝材料则不仅能在空气中，而且能更好地在水中硬化，保持并发展其强度，如各种水泥。气硬性胶凝材料只适用于地上干燥环境，而水硬性胶凝材料则可在地上、地下或水中使用。

[一] 水泥

水泥属于水硬胶凝材料，品种很多，按其用途和性能可分为通用水泥、专用水泥与特种水泥三大类。用于一般建筑工程的水泥为通用水泥，如硅酸盐水泥、矿渣硅酸盐水泥等；适应专门用途的水泥为专用水泥，如道路水泥、砌筑水泥、大坝水泥等；具有比较突出的某种性能的水泥称为特种水泥，如快硬硅酸盐水泥、膨胀水泥等。按主要水硬性物质名称，水泥又可以分为硅酸盐水泥、铝酸盐水泥、硫铝酸盐水泥等，建筑工程常用的主要是各种硅酸盐水泥。

[二] 混凝土

混凝土是由胶凝材料、粗细骨料和水按适当比例配制，再经硬化而成的人工石材。目前使用最多的是以水泥为胶凝材料的混凝土，称为水泥混凝土。按其表观密度，一般可分为重混凝土（干表观密度大于2800kg/m²）、普通混凝土（干表观密度为2000kg/m²~2800kg/m²）和轻混凝土（干表观密度小于1950kg/m²）三类。在建筑工程中应用最广泛、用量最大的是普通水泥混凝土，由水泥、砂、石和水组成，成型方便，与钢筋有牢固的黏结力（在钢筋混凝土结构中，钢筋承受拉力，混凝土承受压力，两者膨胀系数大致相同），硬化后抗压强度高、耐久性好，组成材料中砂、石及水占80%以上，成本较低且可就地取材。混凝土主要的缺点是抗拉强度低，受拉时变形能力小、易开裂，另外，自重较大。

一般对混凝土质量的基本要求是：具有符合设计要求的强度；具有与施工条件相适应的施工和易性；具有与工程环境相适应的耐久性。

[三] 建筑砂浆

建筑砂浆是由胶凝材料（水泥、石灰、石膏等）、细骨料（砂、炉渣等）和水（有时还掺入了某些外掺材料）按一定比例配制而成的，是建筑工程中，尤其是民用建筑中使用最广、用量最大的一种建筑材料，可用来砌筑各种砖、石块、砌块等，进行墙面、地面、梁柱面、天棚等的表面抹灰，可用来粘贴大理石、水磨石、瓷砖等装饰材料，可用于填充管道及大型墙板的接缝，也可以制成具有特殊性能的砂浆对结构进行特殊处理（保温、吸声、防水、防腐）。

1. 普通抹面砂浆

普通抹面砂浆通常分为两层或三层施工，底层抹平层的作用是使砂浆牢固地与底面黏结，并有很好的保水性，以防水分被底面材吸掉而影响黏着力。底面表层粗糙有利于砂浆与之结合，中层抹灰为找平，有时可省略，面层要达到平整美观的效果。

2. 防水砂浆

防水砂浆具有防水、抗渗的作用，砂浆防水层又叫刚性防水层。防水砂浆适用于不受震动和具有一定刚度的混凝土或砖石砌体工程。

3. 装饰砂浆

装饰砂浆用在建筑内、外墙装饰上，具有美观装饰的效果。其底层中层抹灰与普通抹面一致，面层则为装饰砂浆。一般选具有一定颜色的胶凝材料和骨料以及特殊的操作工艺，使墙表面形成具有一定色彩肌理和花纹的装饰效果。其要用的胶凝料可为普通水泥、矿渣水泥，以及石灰、石膏、腻子粉等，骨料可以是大理石、花岗石、碎玻璃、陶瓷片等。

（1）拉毛

先用水泥砂浆做底层，再用水泥石灰砂浆做面层，在砂浆局表凝固时，即用抹刀将表面拉成凹凸不平的肌理。

（2）水刷石

用颗粒很小（约5mm）的石渣所拌成的砂浆做面层，在水泥初始凝固时，即喷水冲刷，使石渣露而不落。此法多用于建筑外墙装饰，耐久实用。

（3）干粘石

在水泥砂浆面层上，黏结颗粒直径为5mm以下的彩色小石子、碎玻璃等。要求石渣黏结牢固，其效果与水刷石类似，且避免了湿作业，效率高、省材料。

（4）斩假石

制作过程同水刷石，不同的是水泥砂浆硬化后，用斧刀将表面剁毛成有粗面天然石材的效果，石渣露而不落。

（5）装饰混凝土

有彩色装饰混凝土、清水装饰混凝土（如利用模板在构件表面做出凹凸花纹等方法）和露骨料装饰混凝土（水冲法、缓凝法或酸洗法）。混凝土与钢筋混凝土，是当代建筑使用最多的材料，其外观灰暗、冷漠的色泽曾一度为世人所憎恨，但今天，已经有越来越多的优秀建筑师以这种材料本身作立面和构件的外露面，利用其毫无表情的冷峻给以简单的压印，形成单纯的装点，而达到一种傲岸、雄浑，强而有力和富于骨感的现代气氛。

十一、墙体材料

墙体材料是指用来砌筑墙体的材料。

新型墙体材料有加气混凝土砌块、陶粒砌块、小型混凝土空心砌块、纤维石膏板、新型隔墙板等。这些新型墙体材料以粉煤灰、煤矸石、石粉、炉渣等废料为主要原料。

[一] 烧结类墙体材料

烧结类墙体材料是通过烧烤而成的用来砌筑墙体的块状材料，有烧结普通砖、烧结多孔砖、空心砖和空心砌块。

1. 烧结普通砖

砖是以黏土、水泥、砂、骨料及其他材料依一定比例混合，由模具脱胚后，入窑烧制而成的，最常见的有红砖和青砖。因制作方法不同分为机制黏土砖、手工黏土砖两种。还有灰砂砖（硅酸盐砖）炉渣、矿渣砖、空心砖等。空心砖，有多孔承重砖、黏土空心砖、水泥炉渣空心砖及单孔、双孔、多孔等及各式花砖。空心砖用于减轻砖体重量和增强装饰效果，减轻重量后可使建筑物自重减轻，便于结构松件体积减小，扩大房间内部面积。砖材垒堆起的墙体，根据砖三维尺寸的不同，及排列组合方式的变幻，可形成各种富于肌理变化的图案，适当的运用会收到意想不到的效果。（图52）

2. 烧结多孔砖、空心砖和空心砌块

墙体材料的改良可以有效减少环境污染，节省大量的生产成本，增加房屋使用面积等一系列优点，其中一大部分品种属于绿色建材，具有质轻、隔热、隔音、保温等特点。有些材料甚至达到了防火的功能。因此出现了烧结多孔砖、空心砖和空心砌块。

[二] 非烧结类墙体材料

1. 蒸养（压）砖

蒸养（压）砖主要有灰砂砖、粉煤灰砖、炉渣砖。

2. 砌块

砌块主要有混凝土小型空心砌块、粉煤灰硅酸盐中型砌块（简称粉煤灰砌块）、蒸压加气混凝土砌块。

3. 墙板

墙板分为实心与空心两种。主要有石膏、纤维增强水泥平板（TK板）、炭化石灰板、GRC空心轻质墙板、混凝土空心墙板、钢丝网水泥夹心板。

（1）石膏板

石膏板有纸面石膏板、装饰石膏板、石膏空心条板等。其中纸面石膏板又有普通纸面石膏板、耐水和耐火石膏板。是以熟石膏为主要原料加入适量的纤维与添加剂制成，具有质轻、绝热、吸声、不燃和可锯可钉性等性能。石膏板与轻钢龙骨（由镀锌薄钢压制而成）的结构体系（QST体系）。已成为现代室内装修中内隔墙的主要材料。

纸面石膏板在熟石膏灰中，加入纤维、轻质填料、发泡剂、缓凝剂等，加水拌成浆，浇注在重磅纸上，成型后覆以上层面板，经过凝固、切断、烘干制成。上层面纸经特殊处理后制成防火或防水纸面石膏板。但纸面石膏板不适合放在高湿的部位。

装饰石膏板在熟石膏中加入占石膏重量0.5%~2%的纤维材料和适量的胶料，加水搅拌、成型、修边而成，通长为正方形，有平板、多孔板、花纹板等。

纤维石膏板将玻璃纤维、纸浆或矿棉等纤维在水中"松解"，在离心机中与石膏混合制成料浆，然后在长网成型机上经铺浆、脱水制得无纸面石膏板。抗弯强度和弹性都高于其他石膏板。

（2）纤维增强水泥平板（TK板）

原材料为纸碱水泥、中碱玻璃纤维和短石棉，加水经过成型、蒸养而成。质量轻、强度高、防水性能好、防潮性能好、不易变形、加工性能好。

（3）炭化石灰板

以磨细生石灰、纤维状填料或轻质骨料为主要原料，经人工碳化制成，多制成空心板，适用于非承重内隔墙、天花板。

（4）GRC空心轻质墙板

以低碱水泥、抗碱玻纤网格布、膨胀珍珠岩为主要原料，加入起泡剂和防水剂等，经成型、脱水、养护而成。GRC板质量轻、强度高，隔热、隔声性能好，不燃，加工方便。主要用于内隔墙。

（5）混凝土空心墙板

原料有钢绞线、525号早强水泥、砂石骨料等。使用时配以泡沫聚苯乙烯保温层、外饰面及防水层等。可用作承重及非承重墙板、楼板、屋面板、阳台板等。

（6）钢丝网水泥夹心板

以钢丝网制成不同的三维空间结构，内有发泡聚苯乙烯或岩棉等为保温芯材的轻质复合墙板。这类板材的名称很多，如泰柏板、钢丝网架夹芯板、GY板、舒乐合板、三维板、3D

52. 红砖砌筑出来的精美图案　　53. 小青瓦的使用

板、万力板等。

其他轻质复合墙板还有由外层与芯材组成的板材，外层为各种高强度轻质薄板，如彩色镀锌钢板、铝合金板、不锈钢板、高压水泥板、木质装饰板及塑料装饰板等，用轻质绝热材料作为芯材，如阻燃型发泡聚苯乙烯、发泡聚氨酯、岩棉及玻璃棉等。

十二、屋面材料

屋面材料分为黏土瓦、小青瓦、玻璃瓦、混凝土平瓦、石棉水泥瓦。（图53）

1. 黏土瓦

黏土瓦以黏土为原料，加水拌匀，经脱胚烧制而成，按颜色分有红瓦和青瓦两种，黏土瓦按用途分有平瓦和脊瓦两种，平瓦用于屋面，脊瓦用于屋脊。平瓦的规格尺寸有Ⅰ、Ⅱ、Ⅲ三个型号，分别为400mm×240mm、380mm×225mm和360mm×220mm。每15张平瓦铺1m²屋面。单片平瓦最小抗折荷载重不得小于680牛顿，覆盖1平方米屋面的瓦吸水后重量不超过55千克，抗冻性要求15次冻融循环合格，抗渗性要求不得出现水滴。脊瓦分为一等品和合格品两个产品等级，单片脊瓦最小抗折荷载不低于680牛顿。

2. 小青瓦

小青瓦以黏土瓦以黏土制胚烧制而成。习惯以其每块重量作

为规格和品质标准。共分为18两、20两、22两、24两（旧秤：每市斤16两）四种。

3. 琉璃瓦

琉璃瓦是在素烧的瓦坯表面涂以琉璃釉料后烧制而成，是一种高级的屋面材。这种材料质地坚密，色彩艳丽，耐久性好，品种繁多，但成本较高，是我国传统建筑常用的高级屋面材。琉璃瓦的型号，根据《清式营造则例》规定，共分为"二样""三样""四样""五样""六样""七样""八样""九样"八种，还有"套活"和"号活"两种，型号一般常用"五样""六样""七样"三种型号。品种有筒瓦、板瓦，还有"脊""吻"等配件。

4. 混凝土平瓦

混凝土平瓦单片瓦的抗折荷重不得低于600牛顿。耐久性好、成本低、生产时可加入耐碱颜料制成彩色瓦，自重大。标准尺寸有400mm×240mm和385mm×235mm两种。

5. 石棉水泥瓦

石棉水泥瓦以水泥和石棉为原料，经加水拌匀压制成型，养护干燥后而成。同样分为大波瓦、中波瓦、小波瓦和脊瓦四种。单张面积大、质量轻、具有防火、防腐、耐热、耐寒、绝缘等性能。但石棉对人体健康有害，用耐碱玻璃纤维和有机纤维较好。

其他屋面材料还有聚氯乙烯波纹瓦（亦称塑料瓦楞板）、钢丝网水泥大波瓦、玻璃钢波形瓦、铝合金波形瓦、沥青瓦和木质纤维波形瓦等。

04 材料的搭配与组合

造物主给了人类慷慨的馈赠——大地万物，又给予了人类开发利用大地宝藏的智慧，从而使我们今天的地球上，有如此美丽的建筑，如此美丽的环境，加上那份如此美丽的赠物——大地众生。为此，我们努力工作，努力开发，而同时我们也学会了努力珍惜。我们有极好的木材、石材、有极好的矿藏去生产出钢铁、混凝土及各种金属各种合成材料……我们用这所有的一切创造美好的家园。这家园的空间是由物质材料包围和限定而成的，因而到处流露着物质材料的材质之美，更传达着设计者独到的匠心和创意之美。

一、材料的组合

当我们坐下来去欣赏以往那些优秀的建筑和环境时，我们首先看到了它们美的形式和色调，随之又体会到它从整体到局部，从局部到局部，又从局部回到整体的统一关系，它们每个部分都彼此呼应，并具备了组成形式美的一切条件。随后我们又进入到建筑的内部，去体验建筑，体验用物质材料构成的界面和围划成的空间，我们将会发现它的美亦首先表现在形式上、色彩上，随之表现出材质和功能的内在之美。在这里要着重讨论的是材质及材料应用上的美，而这个美的原则，又被限定在减法原则上，即用尽量少的种类，去创造尽量多的美的形式和实用的空间，创作出彼此呼应、统一的协调关系。

物质材料体现着建筑上所有美的要求和规律，它是一切美的载体和媒介，那整体与局部，局部与局部，局部与整体的所有关系都落实在材质的表现上。从历史的角度看，材质的利用和表现是有节制的、珍惜的、减法的。一座文艺复兴的宅邸并没有比我们今天的某些建筑用的高档原料多，但丝毫不感到简陋；一座巴洛克式的宫殿虽有雕饰，但却是统一完整和彼此呼应的，而且未必比得上今天某些五星级酒店豪华大堂用的雕砌多。值得指出的是，我们不少人错误地认为美就是堆砌豪华高档材料，因而总有人嫌档次不够高，装饰不够豪华，殊不知美与材料的多少和档次并无多少关系。以帕提农神庙为例，其建筑从里到外都是一种材料，或粗犷如廊柱，或细腻如雕刻檐板，如同一首咏叹调，时而豪放高亢，时而婉转细腻。而质朴的材质在希腊明媚的阳光下闪烁着纯净完美的光辉，成排的廊柱在阳光照射下投下富于律动性的光影，使这个内外相通连的建筑有无限的延展性和亲切感，空间与材质的美表露无遗。再如中世纪的教堂巴黎圣母院终其大部分空间，也不过是一种石材的立面贯穿到底，配以橡木护壁板和薄如蝉翼的彩绘玫瑰窗，石头与木材的立面形成一种富于庇护感的空间，而薄如蝉翼的玫瑰窗则使空间延伸到无限遥远的天空。黑白相间的铺地与其中成排的弥撒椅是向人们伸开的手臂，崇高的气氛是空间的主体，这个主体是精神上的统领，是建筑所刻意营造的气氛。

造物主给了我们丰富的材料，更给了我们自由选择的权利。

二、材料的质感与肌理

构成室内的各种要素除了自身的形、色以外，它们所采用材料的质地即它的肌理（或称纹理）与线、形、色一样传递信息。人们与这些材料直接接触，因此使用材料的质地就显得格外重要。材料的质感在视觉和触觉上同时反映出来，因此质感给予人的美感中还包括了快感，比单纯的视觉现象略胜一筹。

54. 石条饰面的柱子与玻璃等光洁表面的材料形成鲜明的对比　　55. 柔软的地毯让人感到亲切温暖

[一] 质感

质感是由材料肌理及材料色彩等材料性质与人们日常经验相吻合，产生的材质感受。如材料的软与硬、光滑与粗糙、冷与热，以及两个对立面之间的中间状态等感觉。

1. 粗糙和光滑

表面粗糙的材料有许多，如石材、未加工的原木、粗砖、磨砂玻璃、长毛织物等。光滑的如玻璃、抛光金属、釉面陶瓷、丝绸、有机玻璃，同样是粗糙面，不同的材料有不同质感，如粗糙的石材壁炉和长毛地毯，质感完全不一样，一硬一软，一重一轻，后者比前者有更好的触感。光滑的金属镜面和光滑的丝绸，在质感上也有很大的区别，前者坚硬，后者柔软。（图54）

2. 软与硬

许多纤维织物，都有柔软的触感，如纯羊毛织物虽然可以织成光滑或粗糙质地，但摸上去都是很柔软的。（图55）棉麻为植物纤维，它们都耐用和柔软，为轻型的蒙面材料或窗帘，玻璃纤维织物从纯净的细亚麻布到重型织物有很多品种，它易于保养，能防火，价格低，但其触感有时是不舒服的。硬的材料如砖石、金属、玻璃，耐用耐磨，不变形，线条挺拔。硬材多数有很好的光洁度、光泽。（56）晶莹明亮的硬材，使室内很有生气，但从触感上说，一般喜欢光滑柔软，而不喜欢坚硬冰冷。

3. 冷与暖

质感的冷暖表现在身体的触觉上，譬如座面、扶手、躺卧之处，都要求柔软温暖，金属、玻璃、大理石都是很高级的室内材料，如果用多了可能产生冷漠的效果。但在视觉上由于色彩的不同，其冷暖感也不一样，如红色花岗石、大理石触感冷，视感还是暖的；而绿色羊毛触感是暖，视感却是冷

的。（图57）选用材料时应两方面同时考虑。木材在表现冷暖软硬上有独特的优点，比织物要冷，比金属、玻璃要暖，比织物要硬，比石材又较软，可用于许多地方，既可作为承重结构，又可作为装饰材料，更适宜做家具，同时又便于加工。（图58）

4. 光泽与透明度

许多经过加工的材料具有很好的光泽，如抛光金属、玻璃、磨光花岗石、大理石、搪瓷、釉面砖、瓷砖等，通过镜面般光滑表面的反射，使室内空间感扩大。同时映出光怪陆离的色彩，是丰富活跃室内气氛的好材料。光泽表面易于清洁，保持明亮，具有积极意义，用于厨房、卫生间是十分适宜的。（图59）

透明度也是材料的一大特色。透明、半透明材料，常见的有玻璃、有机玻璃、丝绸，利用透明材料可以增加空间的广度和深度。在空间感上，透明材料是开敞的，不透明材料是封闭的；在物理性质上，透明材料具有轻盈感，不透明材料具有厚重感和私密感，例如在家具布置中，利用玻璃面茶几，由于其透明，使较狭隘的空间感到宽敞一些。通过半透明材料隐约可见背后的模糊景象，在一定情况下，比透明材料的完全暴露和不透明材料的完全隔绝，可能具有更大的魅力。（图60）

5. 弹性

人们走在地毯上要比走在石材地面上舒适，坐在有弹性的沙发上比坐在硬面椅上要舒服。因其弹性的反作用，达到力的平衡，从而感到省力而得到休息的目的，这是软材料和硬材料都无法达到的。弹性材料有泡沫塑料、泡沫橡胶等，竹、篾、木材也有一定的弹性，特别是软木。弹性材料主要用于地面、床和座面，给人以特别的触感。（图61）

56. 光洁的地面　　57. 冷色的地毯让人觉得冷淡　　58. 洛杉矶迪斯尼音乐厅接待厅　　59. 酒店标准客房的卫生间

[二] 肌理

肌理是指材料表面因内部组织结构而形成的有序或无序的纹理，其中包含对材料本身经再加工后而形成的图案及纹理。（图62）

材料的肌理或纹理，有均匀无线条的、水平的、垂直的、斜纹的、交错的、曲折的等自然纹理。暴露天然的色泽肌理比刷油漆更好。某些大理石的纹理，是人工无法达到的天然图案，可以作为室内的欣赏装饰品，但是肌理组织十分明显的材料，必须在拼装时特别注意其相互关系，以及其线条在室内所起的作用，以便达到统一和谐的效果。在室内肌理纹样过多或过分突出时也会造成视觉上的混乱，这时应更替匀质材料。

有些材料可以通过人工加工进行编织，如竹、藤、织物，有些材料可以进行不同的组装拼合，形成新的构造质感，使材料的轻、硬、粗、细等得到转化。

三、材料的组合原则

材料的选择和搭配首先满足功能和安全上的需求，而后才能考虑美观上的问题。材料的搭配一般要遵循材质的协调、对比、对比与协调共用的原则。

60. 玻璃的透与不透之间更能吸引人的目光　　61. 地毯使地面富有弹性　　62. 石材的天然肌理　　63. 材料的协调　　64. 材料的对比

[一] 材质的协调

由质感与肌理相似或相近的材料组合在一起形成的环境，容易形成统一完整与安静的印象，大面积使用时，需以丰富的形式来调整，以弥补单调性，小空间可由陈设品调整。常用于公共的休息厅、报告厅、住宅的卧室等处。（图63）

[二] 材质的对比

由质感与肌理相差极大的材料组合运用创造的环境，容易形成活跃、清醒、利落、开朗的环境性格，大小空间皆宜，但要划分好对比的面积的大小关系、对比强度，是现代设计的常用手法。（图64）

[三] 材质的对比与协调共用

通常设计中，材料用法的对比与协调都是相对而言的。协调通常是一种弱的对比，即相似的东西也含有比较关系，而对比也不是绝对的冲突，它有可能是弱比中、中比强、强比弱、中比中、弱比弱的关系。因而材质的运用是通过设计者及观察者长期的经验和体会来实施和领悟的。

第 6 章

家具与陈设

陈从周《说园》里提道："家具俗称'屋肚肠'，其重要可知，园缺家具，即胸无点墨，水平高下自在其中。"陈先生虽然论述的是家具在造园中的重要性，但也可以用来说明家具在室内空间中的重要地位。家具是人们日常生活、工作中不可缺少的用具，它起到支撑人体，贮存物品、辅助工作和分隔空间等作用。几乎所有的室内空间都会需要家具，家具是室内空间的一个重要组成部分。（图01）统计数据显示，居室、办公空间的家具约占室内面积的35%~40%左右，至于像餐厅、教室、剧场、影院等这样类型的室内空间，家具覆盖面积所占的比率就更大。

家具在室内空间中与人的关系最为密切，它在室内空间与人之间起到一种过渡的作用。家具的介入，使室内空间变得更加的舒适和宜人。家具的选择及布置还会在很大程度上影响人的心理、行为和活动（如安全感、私密感、领域感等）。通过家具的布置，不但可以重新规划和充实空间、组织人流，还可改善空间视觉效果、丰富空间层次，以及用来重新建立空间的比例和尺度关系。（图02）

01

家具设计

家具在环境中，尤其是室内环境中，是体现具体功能的主体，没有家具的环境不会是一个完整的环境，而家具形式质量糟糕的环境，其整体效果也一定很糟。可以说，室内环境中的界面实际是环境的背景，而家具则是环境中的主角，它的进入与陈列，才构成室内环境的主调，再配以其他陈设才完成整个环境的艺术效果。家具在室内的配置，与室内环境的整体风格应该是一致、协调的，至少也应该是统一在一个主题之下的。因而针对不同环境，不同使用者，不同经济条件，不同审美水平，其家具的配置与摆放也是不同的，在具体情况下应予以具体的分析。

家具设计原来曾属建筑师的职责范围，很多著名的建筑设计师如安东尼·高迪、勒·柯布西耶、密斯、赖特、阿尔瓦·阿尔托等人都曾花费很多时间和精力来从事家具设计。（图03）后来，随着产业的细分，家具设计才逐渐成为独立行业。时下可供选择的家具多为批量生产，也有根据空间的具体使用要求、整体风格、尺寸特别设计家具。而对于室内设计师来说，更主要任务往往根据环境的功能要求，从审美的角度来布置、选择家具，有时也要对有特殊要求的家具进行设计。

一、家具的功能和作用

家具是室内环境中的重要组成部分，具有其他元素不可替代的作用，人们日常工作和生活所不可或缺的器物，具有坐卧、凭倚、储藏、间隔等功能。家具不仅具有实用功用，而且还具有精神功能，既是物质产品，又是精神产品。

[一] 使用功能（实用性）

家具与人们的工作、学习和生活息息相关，庞大而种类繁多的家具家族几乎可以满足我们所有的使用要求，人们利用家具承载身体、收藏和展示物品等日常问题，也可以用家具围合、划分出不同的功能区域，组织人们在室内的行动路线。因此，作为家具不但要有适宜的材料与结构，足够的强度和耐久性，还应基于人体工程学，从人体的动、静状态出发，设定相合的尺度，以满足使用时的舒适、方便及合理。另外，还应有效利用室内面积，兼顾利于摆放组合和便于日后的维护保养，以及良好的经济性等原则。（图04）

[二] 精神功能（装饰性）

家具不仅是一种实用的功能产品，同时还具有一定的审美价值，不同民族、国家、地区，不同时代的家具形态也有所不同，并随着生产力水平的提高和人们审美素质的提高而不断变化。

家具因为其直接来源于生活并且与之相适应，肯定会成为蕴含和传达鲜明的时代，地方特点和文化信息的载体。由于家具是人们在室内空间中的直接视觉感受物，在空间构图中由于界面的陪衬，地位突出，成为室内空间的主角，其风格、造型、材质、色彩、尺度、数量和配置关系等因素在很大程度上烘托或左右室内空间的气氛和格调。因此，在体现室内艺术效果中家具担当着重要的角色，作为空间组成部分的家具应与室内空间的总体风格相谐调，与整体环境相匹配。除了可以丰富空间、增加层次、调节色彩关系、满足审美的情

01．通常情况下家具是室内陈设的主角

02．家具的摆放丰富了空间层次

03．密斯设计的巴塞罗那椅

04．家中的陈列柜

05．香港W酒店大堂

趣外，还可以用来表达个性、品位，营造、烘托特定的氛围，以及体现特殊的内涵，如宫廷家具，往往通过加大它的体量和尺度，来传达皇权的威严、尊贵和至高无上，有些家具甚至演变为供专门观赏的陈设艺术品，只是为了烘托、营造氛围而存在，其实用功能已居于次要地位了。（图05）

二、家具的分类

家具种类繁多，很难用单一的方式进行分类，为了研究和应用的需要，我们经常按制作材料、使用功能、结构类型、使用场合以及组织形式等的不同来进行区分。随着人们生活质量的提高和需求的日益增加，新的家具类型不断出现，家具自身的内涵也不断扩大。

[一] 按使用功能分

家具按使用功能可以分为坐卧、凭倚、储藏、间隔等几大类。大致包括坐具、卧具、承具、庋具、架具、凭具和屏具等类型。

1. 坐卧类

坐卧类家具是以支承人体为主要目的的家具，与人体接触最多，受人体尺度制约较大，设计中主要应符合人的生理特征和需求，如床、椅、沙发、凳等。（图06）

06．香港四季酒店标准客房　　07．电视柜和两侧的橱柜　　08．商务客房中的工作区域

2．储藏类

储藏类家具是以承托、存放或展示物品为主要目的的家具。首先要充分考虑的是储存物品的大小、数量、类别、储藏方式，所处空间的尺寸，以及必要的防尘通风等问题；其次，还应兼顾人体尺度、生理特点、使用频率等因素，以方便存取，如衣柜、书柜、组合柜、电视柜、抽屉柜等。（图07）

3．凭倚类

凭倚类家具是人们工作和生活所必需的辅助性家具，为人体在坐、立状态下进行各种活动提供倚靠等相应的辅助条件，应同时兼顾人体静态、动态尺寸及支承物品的大小、数量等

因素，如工作台、工作椅、工作架、橱柜、餐桌、吧台等。（图08）

4．分隔空间类

在现代建筑空间中，为提高内部空间的灵活性、面积的使用效率，以及减轻建筑自重，常利用家具来完成对空间的二次划分。现代办公空间利用隔断提高了工作效率并能控制使用者之间的交流与私密程度。屏风是一种用于分隔空间的古典型家具，是中国家具的独特品种。屏风大约在周代后期出现，古文献称之为"依""扆""斧依""黼扆"。最初可能设于中堂后墙部位，具有屏挡风寒的实用功能，后来演变

09.国家博物馆贵宾接待室中的屏风　　10.组合柜　　11.角柜　　12.条几

成构成室内空间中一种构件，由于屏风易于搬移，也大大增添了室内空间组织的灵活性和可变性。屏风有多方面的作用：屏风设在入口或其他部位，有助于增强室内空间的私密度和层次感；在宫殿建筑中，正座屏风还常常与正座地坪、正座藻井相配合，组构出以宝座为中心的核心空间，对整体空间起到统辖、强调作用，并会对空间尺度的悬殊对比起到协调和中介转换作用。常用的分隔类家具有屏风、架格等。（图09）

5. 多功能家具

沙发床、组合柜、多功能组合架等。（图10）

6. 其他类型的家具

茶几、花架、镜框、壁炉竖屏、角几、角架、条几等。（图11、图12）

在家具的分类中，有些种类是交叉的，有些家具是身兼几种功能的，很难对其明确地加以划分。如贮藏类家具同时也可能会充当分隔类家具，有些家具既会支承人体同时又是工作台，如美容椅、美发椅、手术台等。

13 . 广州陈家祠书房中的家具　　14 . 弯曲胶合木椅子　　15 . 竹藤椅子

16 . 金属椅子　　17 . 瓦西里椅

[二] 按制作材料分

材料是构成家具的物质基础，家具的选材应符合具体的功能要求（如吧台、厨房操作台的台面，应同时满足耐水、耐热、耐油等要求），以及坚固和美观要求。

不同的材质及不同的加工手段会产生不同的结构形式及不同的造型特征或表现力，如华丽、朴实、厚重、轻盈等。按材料的功能或使用部位，家具材料可分为结构材料和饰面材料，有时候家具的结构材料与饰面材料的概念也会模糊不清，家具的外观效果主要取决于饰面材料，采用单一材质的家具，会显得整体而单纯，若采用多种材质的家具，则会富于对比和变化。

按用量大小，家具的用材可分为主材和辅材，家具用材是指一件家具的主要用材。主材除了木材、竹藤、金属、塑料等常用材料之外，还有玻璃、石材、陶瓷、皮革、织物以及合成纸类等。辅材包括涂料、胶料和各种五金件，其中很多五金件既有连接、紧固以及开启、关闭等实用功能，也具有装饰功能，很多中国传统家具的五金件多采用吉祥图案和纹样作为装饰，对家具整体造型可以起到点缀作用。常用家具五金件有铰链、拉手、锁，插销、滑轮、滑轨、搁板支架、碰珠、脚轮、牵筋及各种钉等。

按家具制作材料的不同可以分为木质家具、竹藤家具、金属家具、钢木家具、塑料家具、玻璃家具、大漆家具、橡胶空气家具等。

1. 木质家具

木质家具是指直接使用木材或木材的再加工制品（木夹板、纤维板、刨花板等）制成的家具。（图13）木材具有天然纹理及色泽，重量轻而且强度大，容易加工和涂饰，导热系数小，具有良好的弹性、手感、触感等优点。木材是家具用材中沿用最久，使用最广泛的材料。据统计，目前依然有60%的家具是用木材制成。针叶树种和软阔叶树种通常材质较软，大部分没有美丽花纹及材色，多数作为家具内部用材，外部用材多选用材质较硬、纹理色泽美观的阔叶树种，譬如山毛榉、胡桃木、枫木、橡木、樱桃木、柚木等。花梨、酸枝、紫檀、鸡翅木则是我国明式家具的主要用材，明式家具在我国家具历史上占重要地位，不但重视使用功能，而且造型优美、形式简洁、比例适度、构造科学合理，达到了功能与形式的高度统一。近年来，由于木材资源紧张，除少数部件必须使用实材，大部分采用木夹板、细木工板、刨花板、纤维板、空心板、密度板等人造板材作为主要家具用材，很多家具还采用三聚氰胺板、树脂浸渍木纹纸等作为贴面，这些家具由于具有木质家具的外观，因此也属木材家具范畴内。大约在1840年，奥地利人米歇尔·索耐特发明了一种新的木材加工方式，通过蒸汽熏蒸，并借助模型、卡具使木材

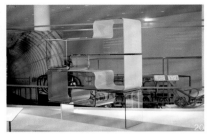

18 . 塑料椅　　19 . 带软垫子的靠椅　　20 . 玻璃组合柜　　21 . 石材家具　　22 . 布艺沙发　　23 . 皮革饰面的坐具

弯曲成各种曲线，再通过干燥定型制成家具构件，这些构件为木质家具带来了前所未有的流畅轻快的线条。曲木家具技术的开发成功，对家具制造技术产生了很大影响。（图14）

2 . 竹藤家具

竹藤不但材料的质地坚韧，硬度高，并富有弹性和韧性。竹竿、藤芯通过高温蒸汽弯曲成型，可作为家具骨架来使用；篾片、藤皮多会与竹竿、藤芯以及木材、金属编织、缠扎配合使用，并可编织成多种图案。竹藤家具的外观造型朴实稳重，优雅流畅，其表面一般不会做过多修饰，以保持其自然的色彩和质地，适于体现浓郁的自然和乡土气息。（图15）

3 . 金属家具

以金属为主要材料制造的家具，由于具有优良的力学性能而能够使其产生相对轻薄、细小的结构断面，结实耐用，因此多作为家具的框架及接合部位的结构，支承材料来使用，往往具有轻巧的造型和工业化味道，常用的金属材料为钢材、铁材、铝合金、铜等。金属家具的构件往往通过挤压、弯曲、铸锻成型，通过焊接、铆接、插接方式进行构件接合，通过电镀和表面涂饰等手段可持久地对其加以保护，并赋予其视觉上特别的质感外观效果。（图16）也许历史上最著名的金属家具是由马歇尔·布鲁耶尔于1925年设计的钢管椅子"瓦西里椅"。据说，他骑的"阿德勒"牌自行车采用的镀铬的钢管把手给了他很大的启发。（图17）

4 . 塑料家具

塑料家具是全塑或以塑料为主要原料的家具，20世纪40年代，塑料工业迅速发展并开始用于家具领域，塑料重量轻，强度高，耐腐、耐磨且价格低廉，呈透明，半透明外观并可

以具有丰富的色彩，容易加工成各种形状，因此，具有更多造型可能性。（图18）通过注模、挤压、发泡等工艺，可制造硬塑的整体家具，软垫家具（塑料通过控制密度能够使其具有足够的强度或弹性，可制造出坚硬的家具部件或松软的靠垫。（图19）将树脂加入发泡剂可制成泡沫塑料，具有质轻、绝热、隔音等特点），及薄膜的充气、充水家具等，或是作为家具配件来使用（合成皮革、编织材料、贴面材料、拉手、滑轮等）。

5 . 玻璃家具

玻璃家具包括全玻璃家具和大量采用玻璃为部件的家具。通常采用钢化、热弯等工艺加工成型，玻璃家具具有轻盈，晶莹剔透，光泽悦目的特点，利于保持视觉上的开敞性，也可以通过雕刻，喷砂等手段加强装饰处理。（图20）

6 . 石材家具

目前，石材多作为面板、基座等局部构件出现在家具中，全部为石材的家具已不多见。（图21）

7 . 织物、皮革家具

织物、皮革多会因为与软垫结合而大量使用，特点是柔软、温暖、亲切，并带来极大舒适感，多用于与人体直接接触的部位。由于具有丰富多彩的花纹图案、多样的肌理，可展现多样化的外观特点。出于实用考虑，织物宜选择耐脏耐磨的质料。（图22、图23）

[三] 按结构类型分

家具结构承受、传递外力及自重，合理的结构应坚固耐用，

24.框架式家具　　25.板式家具　　26.壳体结构椅子　　27.薄型软垫式家具　　28.厚薄型软垫式家具　　29.整体浇注式座椅

同时还要节省原材料，利于加工。此外，结构与外形紧密相连，不同的结构形式还会形成不同的家具形象。家具常用的接合方式包括榫卯方式以及胶接、钉接、铆焊连接等。实际上，出于多种考虑多数家具都是综合采用多种结构类型。

1. 框架式结构

由框架组成家具的结构受力系统，木框架和金属框架是现代家具常用的框架材料，再结合面板或软垫等制成家具。框架式家具由于对周围物体和界面遮挡较少，可形成虚实变化，保持室内相对开敞、通透、避免沉闷和堵塞。中国传统家具广泛运用框架结构，并以榫卯接合为主要结构特征。榫卯接合是木结构的最常用接合方式。中国早在7000年前就已有了相当完善的榫卯结构，至今仍广为采用。（图24）

2. 板式结构

板式结构主要是指由不同规格的板状构件通过各种专飚接件，紧固件相互组合成的家具，各板状构件既是围护、分隔构件，又是受力构件，也称装配式家具。多采用人造板作为部件，如刨花板、纤维板、细木工板、空心板，表面覆有木夹板、塑料以及木纹纸等材料，经喷漆、封边等工艺制成，由于其结构简单、外观简洁、适合机械化和自动化生产而被广泛应用，是当前家具发展的主要趋势。（图25）

3. 壳体式结构

用塑料、多层夹板、金属、玻璃等材料，按人体特定姿势或某种特定功能经热压、热塑制成的薄壳构件家具，既可以与框架结构结合使用，也可以采用一体化压铸成型，造型常常具有较大自由度、流畅而生动。（图26）

4. 软垫式结构

软垫式结构分为薄型和厚型两类。薄型是指由皮革、帆布、棕草、藤编的薄型坐垫家具（图27）；厚型是指全部或局部以弹簧、填充料（成型泡沫塑料、聚苯乙烯颗粒、棉花、木棉、棕丝、马鬃等）及充气（早在1926年，马歇尔·布鲁耶尔就提出关于充气家具的设想，充气家具像一个不漏气的胶囊，节省了弹簧、泡沫塑料等材料，并且简化了工艺过程，减轻了重量，便于人们携带、收藏，还会给人以透明、新颖的形象，有的还配有气泵。进一步研究的主要问题是如何防止针刺造成漏气和快速修补等问题）、充水等手段，结合皮革、塑料、织物等蒙面材料制成的厚型坐垫家具。这些柔性家具可以在很大程度增加与人体的接触面，柔软、舒适，减少单位面积压力集中带来的不适。（图28）

5. 整体浇铸式结构

多以塑料等为原料，在定型模具中浇铸成型的家具，各部件一体形成，也可设计成不同的组合部件块，进行多种组合，以适应不同的使用要求。（图29）

6. 折叠结构、拆装结构

能够折动调节、叠积摆放及分解重组的家具。折动家具主要部位有若干活动关节（多用金属、塑料制成），可根据需要转动或滑动、展开或合拢；叠积式家具多采用造型相同的框

30 . 折叠式座椅　　31 . 可移动家具　　32 . 不可移动家具

架结构来实现叠积摆放，以座椅居多，轻便，利于搬运，有的叠积式家具还配有运输小车；拆装结构家具各组成部分由于采用专门连接件而很容易分解为若干零部件，连接件可经受多次拆卸与安装。这些家具主要是为了转换功能实现多用途或达到人体最佳使用状态，适应不同人数，物品摆放需要，以及满足便于携带、存放和运输，节省存放和使用面积等要求，适用于需要经常变换功能和较小的空间使用，可间接扩大室内面积。如车辆、飞机等交通工具内部，剧院、体育场馆等处的家具，往往采用翻转形式，使平面布置简洁紧凑，可以同时满足舒适、出入方便等要求。（图30）

[四] 按使用场合分

（1）住宅用家具：客厅家具、卧室家具、厨房家具、儿童家具、餐厅家具、书房用家具。

（2）宾馆酒店家具：客房家具、大堂用家具、餐厅、酒吧用家具、舞厅家具。

（3）幼儿园、学校用家具：课桌椅、办公桌椅、收纳柜、衣架、玩具教具柜等。

（4）办公家具：办公桌椅、会议桌椅、文件柜、茶具柜、沙发、茶几、屏风、电脑家具、迎宾台等。

（5）医疗用家具：医疗床、药架、药柜、收纳柜、医疗用椅、等候椅等。

（6）车站、机场用家具：休息椅、休息沙发、电视柜、监视

器柜等。

（7）交通工具内用家具：汽车椅、火车座、床、桌、飞机用椅、轮船内各种家具等。

（8）商店用家具：货架、货柜、展台、贴货架、展卖台等。

（9）会堂、影剧院用家具：排椅、可视电话台等。

（10）展示用家具：展台、展柜、接待台、展架、灯箱等。

[五] 按与建筑的相对关系分类

家具与建筑的关系有两种：一种是一体的，一种是分体的。一体的不可移动，分体的可移动。一体的可以充分利用空间，分体的方便组合。

1. 移动式家具

移动式家具是可根据室内的不同使用要求灵活布置和移动的家具，可轻易改变空间的布局。为方便移动，有些家具还设有脚轮。多数室内家具都属于移动式家具。（图31）

2. 固定式家具

固定式家具也称建入式家具或嵌入式家具，是指与建筑结合为一体的固定或嵌入墙面，地面的家具，最大好处是可根据空间尺度、使用要求及格调量身定做，由于根据现场条件制作、组装，可使空间得到充分利用，能够有效使用剩余空间，减少了单体式家具容易造成的杂乱、拥挤，使空间免于凌乱和堵塞，但这些家具也有不能自由移动摆放以适应新的功能需要的局限。（图32）

33.单体家具　　34.组合式家具　　35.线形特征的家具　　36.板形特征的家具　　37.体块特征的家具

38.色彩艳丽的沙发　　39.编织座面的椅子　　40.椅子的腿和靠背与座垫和扶手形成虚实对比

[六] 按家具的构成分类

家具可以是单件的，也可以是组合的。常见的家具大多为独立家具，比如桌椅、床具等。而有些家具是用标准化的单元或部件组合而成的，这类家具适合工业化生产，可以根据需要改变组合方式。

1. 单体式家具

单体式家具指功能明确，形式单一的独立家具。绝大部分的桌、椅都为单体式家具。（图33）

在组合配套家具产生以前，不同类型的家具，都是作为一个独立的工艺品来生产的，它们之间很少有必然的联系，人们可以根据不同的需要和爱好选购。这种单独生产的家具不利于工业化大生产，而且各家具之间在形式和尺度上不易配套、统一，因此，后来为配套家具和组合家具所代替。但是个别著名的家具，如里特维尔德的红黄蓝椅，一直为有些人所喜爱。

2. 组合式家具

组合式家具又称部件式家具，包括单体组合式和部件组合式两种类型。单体组合式采用尺寸或模数相通的家具单体相互组合而成；进行组合的单元家具既可能使用功能相同，如组合柜，组合沙发等，也可将不同功能类型的家具组合成多功能家具。部件组合式家具采用通用程度较高的标准部件通过不同组装方式构成不同的家具形式，满足不同要求。组合家具产生于第一次世界大战后的德国，消费者可根据实际需要，采用具有模数关系的单元组件随时做互换组合，强调标准化，系列化，通用化，用尽可能少规格的基本部件，通过变换组装方式装配出尽可能多的样式及功能的家具品种，搬动方便，组织灵活，适应性强，同时利于大批量生产，降低成本。（图34）

三、家具的造型设计

当设计一件家具时，我们有四个主要的目标，这四个目标就是功能、舒适、耐久、美观。尽管这些对于家具制造行业来说是最基本的要求，然而他们却值得设计师不断地深入研究。家具的造型主要取决于使用功能及艺术的处理，此外还受材料、构造、加工工艺等多种因素的综合影响和制约。

[一] 家具的造型特征

由于家具在室内空间构图中所处的重要地位，其造型对室内空间影响很大，尤其家具占比重很大的空间，其室内面貌基本为家具的造型、色彩所左右。因此，对家具的形体、色彩、质感等造型要素的考虑应该结合室内环境的整体状况。家具的外观可表达其形式美，选用的材质也可表达其结构工艺的技术美。家具的形态可以表现出线、面或体量的特征，造型轻巧透空或坚固厚重，金属质感般的光洁或毛石质感般的粗糙，色彩活泼鲜艳或淡雅灰暗，从而让人产生轻巧、厚重、活跃、沉静、开放、内敛等不同的感受。

1. 形态

为适应新的生产工艺，以及与新的设计风格更加和谐现代家具多以抽象几何造型为主，但也有借助自然界中的具象形象进行概括和取舍，利用仿生模拟（仿生学设计是在理解基础上对其结构及形态抽象地概括、提炼和取舍；而模拟是较为直接地模仿、再现自然形象或具体事物）手段进行创作。包括整体造型的模拟，局部构件及图案的装饰模拟，如中国传统家具，在桌椅的腿脚、扶手等处常用石榴、桃子、卷云、蝙蝠等形象作为装饰。

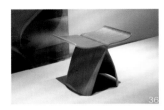

（1）线形特征家具

家具的框架支承结构、表面装饰线以及轮廓线都可以产生不同的线特征。线特征家具会呈现出空灵、轻盈的效果，其线的曲直、粗细，以及空间构成状态可表现出种种形态、情感、气势和力量。（图35）

（2）面特征家具

面是家具中的重要构成元素，家具中的面多以围合、结构等角色出现，如桌、几的面板，椅、凳的靠背和坐面，曲面优雅、柔软，直面硬朗，挺拔。另外，面的薄厚给人的视觉感受也不相同，相对较薄的面，会给人以轻巧、利落之感，厚的则会逐渐具有沉稳的特征，面通过不同围合手段还可形成多种虚实的变化。（图36）

（3）体块家具

体量大、封闭感强的实体家具，稳重、敦实。体量较小，以及透空面积较大的虚体家具，由于视线会透过空隙，如腿部、扶手等空隙，家具多会呈现出相对的轻盈、活泼和开朗特点。（图37）

2．色彩

家具色彩是来自外露材料的自然本色，如木材、金属、织物、塑料、玻璃等的色彩；或出于保护、装饰等目的，对其进行后天涂饰的油漆颜色。另外，室内的光线、环境的整体色调也会一定程度地影响到家具的色彩效果，应结合室内环境使用功能整体氛围综合加以考虑不可孤立地加以对待，如办公空间的家具就应中性和素雅，以突出安静、平和的气氛。因家具往往是室内的主题或重点，室内界面往往会后退

成为背景，家具在室内空间的色彩规划，应兼顾对比与统一的原则，大面积色块应注重统一性原则，小面积可强调对比原则。家具与背景间采用统一和谐的手法会产生含蓄、平和、幽雅而宁静的效果，采用对比原则的室内空间则活跃生动。同时，各色块间的穿插呼应关系也不容忽视，勿使一种色彩过于集中而失去整体的平衡感。另外，家具用色不仅应符合使用者的生理及心理的需求兼顾民族的习俗，还应顺应、符合时尚的趋势。（图38）

3．质感

家具与人体接触最多，不同材料的表面会传达出粗细、软硬、冷暖、轻重、反光、透明等多种不同信息，并会影响使用功能及使用者的生理及心理反应，从使用上来讲，与人体接触的部分应选用导热系数小、柔软的材料，利于增加接触时的舒适感。质感可从两方面获得：一是材料自身具有的天然质感，如织物、金属、竹、藤等显示出的质感；二是对材料施以不同的加工工艺及各种表面处理来获得的不同质感，譬如竹藤家具的不同编织法、木家具表面的不同处理方式。同一质感材料的家具和谐整体、浑然天成，不同质感的材料相互搭配能够强化彼此之间的差异、加大各自的特点和个性，有助于家具造型生动和丰富的表现力。（图39）

4．虚实

家具是由实体构件组合而成，实体构件之外围绕实体构件会形成虚的负形，如家具扶手、腿部和镂空之处，以及透明材料的使用。强调实的家具会形成厚重、敦实、端庄的特点同时也容易给人以闭塞、呆板的印象；强调虚的家具会产生开

朗、轻巧的效果，同时也容易脆弱无力。利用虚实对比，可使家具的造型形式变化多样。（图40）

[二] 比例与尺度

家具尺度的确定是以人体功效学的基本原理为依据，结合不同地区，不同民族的具体平均身高、生活习惯等条件，并根据科学的测试手段，进行分析整理，得出的科学经验精值，作为各地区、国家家具设计生产的标准的这个标准，称为家具标准。因而家具的功能尺度应以家具标准为依据。另外，家具的尺度，还应与空间的尺度相呼应、在满足功能尺度的前提下，大空间家具的外形尺寸应适当加大，小空间则缩小，从而使家具与空间的比例关系协调一致，不至于产生比例过分悬殊而造成比例失调的感觉。

家具尺寸的设定是以人体静态、动态尺寸及活动范围，承载、储藏物品尺寸以及使用环境、材料、运输等因素为依据的。家具的舒适度主要取决于尺寸处理是否恰当，虽然目前还没有为个人量身定做出家具，但通过人体工程学等方面的知识，客观掌握人体尺寸，四肢活动范围，了解生理及心理变化规律，我们可以设计出对大多数人适用，即实用、舒适、操作方便、减少疲劳及增加效率的家具。早在公元前1500年前的古埃及，人们就已经懂得让人坐在软泥上取样，得到椅子的尺度模的伟大示范。20世纪40年代，由于人体工程学的发展，对人体尺度，体压分布状态，骨骼肌肉结构及其活动姿态进行的测试研究结果，使家具设计有了科学的数据基础，生产出的家具更能符合人体的功能要求。此外，还应从环境及其他陈设角度出发，调整家具在特定环境中的相对已有关系，获得适合的比例关系，这不仅包括家具自身的长、宽、高三种向度的变化，还包括各家具之间，以及家具与整体环境之间的比例关系，根据家具的不同体量、大小、高低，对空间进行再创造，使空间在视觉上达到良好的效果。

[三] 家具设计中的美学规律

家具设计中的美学规律同环境设计中的其他规律是相通的，其中黄金分割比1：1.618及其相近的比值如1：1.5、1：1.6、1：1.7等均在美好的范畴之内；而等比积数比、等差积数比等比例方式也都是常用比值。而在功能尺度确定之后，辅以美学比例，进行适当的调整、推敲，尤其是细部比例、尺度的关系，另外就是整体形状的比例关系调整，一般经验值，即国标中的尺度，也是在美学法则的规律之内进行综合，才得以确定的。而在此基础之上的一些常用手法，调整着整个家具的外形特征：比例与尺度、对称与均衡、体量

与轻巧、装饰与点缀、节奏与韵律、材质与肌理、错觉与错视等，这些手法，丰富了家具的立面表情，调整了家具的体量关系，成为家具造型设计里不可缺少的形式美创造依据。

四、家具发展历程

随着人类文明的发展和进步，家具的类型、功能、形式和材质也都随之不断发展，从简单的石凳、木桌到复杂雕琢的硬木家具；从手工单件制作到机械化成批生产；从古典精美的家具到简洁舒适的现代家具……古今中外、各种风格的家具令人眼花缭乱。

[一] 中国传统家具的演变历程

我们将中国传统家具的演变历程按时间顺序简单地划分成几个阶段，对每个阶段的家具发展做一个简单分析，以从中得见一些规律性的东西。即：商、周战国家具，秦汉、魏晋家具，隋唐、五代家具，宋辽金夏、至元代、明代家具、清代家具六个时期。

1. 商、周、战国家具

早在新石器时代晚期龙山变化时期，我国家具已在萌芽阶段。商、周时期，我国的低型家具雏形已经毕备，到战国时期，已经形成了较完整的低型家具形制。其特点为：外形拙朴、粗壮，有大漆彩绘的装饰，其纹样较单纯，但纹样连贯，已经有意识地采用了连续纹样，肌理对比，装饰雕刻等多种装饰手法。榫卯结构有了一定的发展。材料使用木材、青铜，涂料使用大漆、朱砂等。

2. 秦汉、魏晋、南北朝

在进一步发展低型家具的基础之上，秦汉之时，已形成了完备的家具形制，床、榻、席、几、案、箱等，柜橱和屏风类家具形式均有出现，并带有精美的彩条、雕刻甚至圆雕形式出现。而经过汉代大规模的东西文化交流和民族融合，以及晋代、南北朝佛教的传入和流行，对我国家具的形制有了一定影响，出现了垂足而坐的高型家具，如凳、胡床、荃蹄，同时矮几类，家具也有了拔高的趋势。矮型家具的发展也日趋完善，比如坐卧时使用的凭几，隐囊，并有不同档次的凭几使用之说，有士大夫用的木几，王侯用的锦缎包衬的软几，以及君主用的玉几之分。（图41）

3. 隋唐五代家具

隋、唐是我国高型家具的形成时期，此阶段家具已出现了扶手椅、板凳、方凳、长凳、圈椅、方桌、壶门榻、壶门案、长条桌、各种箱、柜、橱也得到使用。但此阶段对家具虽也

41．长沙马王堆1号汉墓食案陈设　　42．韩熙载夜宴图

43．秋庭婴戏图　　44．倪瓒像　　45．明式黄花梨罗汉床

有雕刻、彩绘，但并不十分考究，属于发展的初级阶段。到了五代时期高型家具的形制已基本建立起来，形式较细致的条桌、靠背椅、扶手椅已经出现，并形制完备，高型的卧榻、屏风、书案等都已经相当完备，这些形式在五代画家顾闳中的《韩熙载夜宴图》中均有描绘。（图42）

4．宋、辽、金、夏至元代
宋、辽、金、夏至元代是我国高型家具发展完备的时期，此期间，桌椅、形制已定，并走向市井百姓，条案交椅、桌、凉床已相当完备，为明代家具的大发展打下伏笔。辽、金、夏等地区也紧随宋制，进而向高型化发展。元代，迎来了中国各民族的又一次大融合，更多的西方思想进一步融入，家具的形制进一步完善。（图43、图44）

5．明代家具
明代是我国传统家具发展的顶峰和代表阶段，在世界家具史上占有重要地位。此期间形成了具有：形制完善、品种丰富、造型优美、形式简练、比例恰当、结构合理、榫卯精绝、坚固耐用、选材精细、用料考究、纹理色泽美丽、品味脱俗、金属构件精致考究、雕刻、装饰线角处理得当、结构部位有重点加固，达到精巧绝伦的艺术境界，因而在国内国际上都赢得家具上品的美誉。（图45）

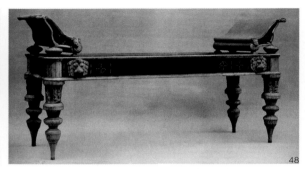

46．清代的楠木宝座　　47．古埃及家具　　48．古希腊家具

6．清代家具

清代前期继承了明代家具的传统，并继续发扬光大，形成了明代后期至清前期的明式家具完整的形式和结构体系。乾隆时期，吸收了西洋家具的纹样及装饰特点，并形成了清代所特有的满雕部件，并且大量用于高档家具的表面装饰上，形成了清代家具厚重、饱满、追求繁琐、华丽的贵气与奢华之气，与明式家具的清丽、脱俗之气大相径庭。清晚期，随国力的衰微，家具的形式和格调也日渐衰落了，但民间家具依然有其勃勃兴旺的生机，并且沿袭世代的传统不变，同时也不乏仿秀之作。（图46）

[二] 西方古典家具的演变历程

我们按西方家具发展和演变过程中，不同风格流派将西方古典家具作一个总结，以从中得到其发展的历程。即：古代埃及家具、古亚述、巴比伦家具、古希腊、罗马家具、拜占庭式家具、仿罗马式家具、哥特式家具、文艺复兴时期家具、巴洛克式家具、洛可可式家具、新古典式家具及帝政式、维多利亚式等。

1．古埃及家具

古埃及是有记载以来人类最早使用家具的国家，至今为止人类最早的家具出土在埃及，人类早期形制最完善结构最合理的家具也在埃及。古埃及的家具及其加工过程，被细致地描绘在古埃及法老坟墓的壁画上。它那些结构合理、形式优美、加工精巧的椅子、床铺、箱柜乃至小巧精致的叠凳，都为后世人类长久地借鉴享用着，至今，在人类木制家具加工中，所有的结构变化，也未能超出古埃及人的创造。（图47）

2．古代亚述、巴比伦家具

位处两河流域的亚述和巴比伦，处在肥沃的新月地带，有着丰富的木材资源，其家具的形式和结构也都独具特色。我们没有任何该时代家具的实物出土，但有一些该时期遗留下来

的石雕，从石雕的画面上，我们看到了以木旋结构件为主的卧榻、靠背椅、足凳、餐桌、供桌等，形式精美，并分布有带着沉甸甸穗子和流苏的织物，可以想象当时家具的华美的奢侈。

3．古希腊、古罗马家具

古希腊是西方文明的发祥地之一，有着灿烂光辉的文明史，对古希腊家具的研究，由于没有出土实物，我们只能从古希腊的瓶画和石雕中略见一斑。其中克黑斯墨斯椅、折叠凳，形式类似波斯时期的卧榻，榻前的小桌、脚凳等，形式都非常精美，至今仍不断为人们所仿制使用。（图48、图49）

古罗马家具，在古希腊家具的基础之上，又有更加优美、更加丰富的发展。尤其是对被维苏威火山埋没的庞贝城的发现和挖掘，使我们得以见到古代罗马家具辉煌的成就，其中婚礼床、各种青铜制造的灯架、椅架、桌架，以及湿壁画上所描绘的座椅、衣柜等，其加工之精美，装饰之细致，都为今人叹为观止。

4．拜占庭家具

拜占庭家具，较之古罗马家具其形式上与结构上都已经走向衰微了，由于传世的实物基本没有，我们仅从该时代的手抄本书籍上得以见到一些图形。一般其造型都比较厚重，以整板木雕构件居多，常用十字形、鸽鸟形、大象、连珠纹等做装饰纹样，当然这些都是以资深级主教用椅等形式出现的，因对民间东西知之甚少，可以不便更多加以分析。

5．仿罗马式家具

罗马灭亡之后，欧洲处于诸侯纷争的局面，长年征战不断，即欧洲的中世纪时代。这时，没有了罗马的辉煌，罗马教廷也形同虚设，在这种情景之下，一些地区的人们开始怀念古罗马的辉煌，及古代建筑家具和艺术的成就，开始追溯古罗马建筑及家具的形式和风格，这些地区以位于高山地区，古罗马艺术保存完整的地区为主，开始重新制造一些具有罗马风格的家具，称仿罗马式或罗马风家具。这一时期的家具，

49.古罗马家具　　50.哥特式家具　　51.文艺复兴时期的家具

以模仿建筑形式为主要式样，以建筑中的山墙、连拱形式，表现出同建筑思想相呼应的格律感和空间感。

6. 哥特式家具

随着基督教的兴旺和发展，到了哥特式时期，宗教的力量已相当的强大，建筑上从哥特教堂的发展中，我们看到了其中复杂而成熟的表现方法和表达意图成群的簇柱与尖券减少了横向的推力，尖券与扶壁像强壮的手臂与那些推力相抗衡。整个建筑都达到了紧张状态的顶点，形成完满、狂热与颓废的向度表现力。而这紧张的向上的张力，与高高的像皮肤一样透明的彩绘玻璃窗，共同形成了一种崇高向上的气氛，让人们在教堂内久久盘桓，用心灵去感受主的仁慈宽容与无所不在，让人的灵魂为其空间强烈的纵深感而激动，感受精神上的痛苦，从而随从主的指引走入天堂。在这种思想的寻引下，家具的设计是与之相呼应的，因而在家具的造型上，表现出了对哥特式建筑结构的模仿，尖券、玫瑰窗纹样、簇柱的形式等，都成为家具形式及结构处理的要素，因而形成了哥特式家具，注重结构组合、装饰情节繁多的趋向性和富于张力的力学表现性。（图50）

7. 文艺复兴时期的家具

文艺复兴时期建筑及家具上的伟大成就，将古希腊时期生机勃勃的人类感情移入空间和家具等用品上。正像文艺复兴这个词所表达的那样，恢复古希腊时期的人性化状态，致力于人对环境的控制，使人成为环境的主体。并且使个人创作与社会反响紧密地联系起来，而从不压制个性的表现方法的发挥和发展。并在这种理性思想的指导下，将空间变成简单的数学关系。在这样一个整体环境下，家具的发展是在理性化、人性化的状态下发展起来的，因而，对称的造型、合理的结构，形式上的数学关系，装饰上的理性化、对称性等都

成为文艺复兴家具的特色。并且在人性化的表现上，充分体现了为人所用的特点，家具的装饰形式上，采用了浮雕、画雕、镶嵌理石等手法，并使用了精美纺织品做家具的包衬料，文艺复兴时期的家具是凝重、端庄、华丽而典雅的，其种类也非常丰富，有长箱、长椅、但丁椅、扶手椅、带顶盖四柱体、雕花衣柜、边柜、角柜、餐桌等。（图51）

8. 巴洛克时期家具

16世纪后期到17世纪后期，在建筑上和家具上出现了一种对规则、传统、基本几何关系和稳定感的反叛，甚至还有一种心理上的解放精神，因而"巴洛克"一词还常用来指一种超脱理智和正统定义，有创造性的精神状态。如有人用现代巴洛克，来形容有机建筑运动宣称要摆脱功能主义的行动。理解巴洛克时代的建筑不仅仅意味着精神状态必须从古典主义者的俯首听命中解脱出来，去进行大胆的幻想和变化，排斥形式方面的条条框框，用舞台效果的变幻，接受不对称性和混乱性，接受建筑艺术、雕刻艺术、绘画艺术、家具艺术、园林艺术及水景等的交织配合，从而创造出高度融合、情景交融的空间，并且进一步追求特有的动感和空间渗透感，因而它在整体环境艺术的配合和处理上是极为成功的。在这个整体的环境中，家具没有被忽视，同样也是成功的。富于动感的三维曲线造型使它已不再是两维的装饰，而是以立体的雕刻及弯曲工件见常，同巴洛克对空间感的追求思想是一致的。在椅类设计上，部分遵守了对称原则，却用雕刻与弯曲扭转的靠背及椅腿等工件，打破了严整的对称。在柜类家具上，对称的格局未变，但复杂、精细的镶嵌工艺及青铜饰件的点缀，使得立面更加丰富，而在桌类家具上，则放弃对完全对称的追求，转而向灵活、自由的不对称，不均衡方向发展，从而更加丰富了家具的形式，使得家具形式丰富生动，

52．巴洛克家具　　53．巴洛克家具　　54．洛可可家具

别有创意。另外，有些家具还采用了完全不对称的雕刻形式，其气势宏大，充分体现了华丽、高贵且与众不同的特点。总之，巴洛克家具，表现的是一种热烈的、自由的、强壮有力的男性化特征，但同时也注重细节、注重装饰、注重选材，是西方家具发展走向成熟的标志。（图52、图53）

9．洛可可式家具

继巴洛克家具之后的一种浪漫的富于宫廷味的家具形式。由于17世纪末，受中国的影响，中式的园林、中式建筑思想中的一些自然因素，尤其是中式园林中的不规则构图形式即使为人工，宛若天成的造园思想，以及中国的大漆彩绘家具中自然的人物、花鸟、山石、楼阁、亭台等形式的影响，首先在法国和英国宫廷形成了一种用不规则、不对称、弯曲蜿蜒的曲线为装饰特征的室内及家具装饰形式，这一形式的表现是婉转流畅富于动感的却又是轻快灵动的，一反巴洛克的庄重与壮丽，拥有了轻柔婉转典雅的女性化特征，并且以其彻底的反传统反古典的倾向独树一帜。常用贝壳、花卉、藤蔓枝叶、天使形象做装饰纹样，颜色也转向轻快淡雅的浅色调，在法国以路易十五式为代表。英国则以齐彭代尔式（第一位以家具师的名字来命名家具风格的人）和安妮女王式为代表。齐彭代尔式家具以具有中国风格的椅子和床类以及柜类见长，而安妮女王式家具则以小巧的宫廷式椅类的柜类见长，猫爪腿、扇贝、玫瑰花、天使都是常用的一些装饰元素。（图54）

10．新古典式

在法国，这时期家具分为路易十六式和摄政式等，而在英国则有亚当兄弟式、谢拉顿式、赫巴怀特式和后期齐彭代尔式（注：同时期欧洲其他国家也随之有各种形式和风格，也被统一归为新古典风格内，这里不一一赘述）。路易十六式家具的发展是由于受到罗马古城庞贝的挖掘的影响，在欧洲为之震动，惊叹的情形之下，那种动荡、变幻的巴洛克与洛可可之气被一扫而空。代之以古罗马时代古典理性定义思想下严整的对称：和有节制的装饰。这期间的家具，多为严格对称形式，装饰以古罗马的凹槽柱式，天使、海豚、天鹅、盾牌、扇贝等形式，其造型优雅、高贵，材料考究，做工细致。在法国，这一风格以路易十六及王后安特玛内特走向断头台而告终，又以拿破仑称帝开始帝政式的流行。帝政式家具中，拿破仑的拥护者们使用天鹅、竖琴、橄榄叶，以及围绕着花环的母题"N"，象征勤奋的蜜蜂，象征成功的号角，以及天使等为装饰纹样，家具的形式则以对称形式、直线条为主，相较路易十六式的家具形式，则显得僵直、呆板甚至做作。英国此阶段中，以齐彭代尔一马当先，先行设计了新古典风格的家具，但随之被后来居上的亚当兄弟所超过，成为英国新古典式的代表，随后，赫巴怀特，谢拉顿也纷纷以形式优美、结构合理、做工精细的新古典风格的家具也纷至沓来，不甘落后，形成了英国家具史上的又一高峰。（图55）

55.古典复兴家具   56.新艺术运动时期的家具   57.索耐特设计的椅子

[三] 现代家具的萌芽及发展

我们把19世纪中期开始到20世纪初以色美斯为代表的现代家具产生之间的这段时期称为家具萌芽期。其后称为发展期。

1. 萌芽期

19世纪中期，奥地利家具制造商，索耐特，开始批量设计生产弯曲木椅，并成为至今仍畅销不衰的经典产品（索耐特公司在全世界有20多家公司）。首开了工业化批量生产家具的先河，而在十九世纪中期，法国的铁制家具也已经开始大规模地生产并走向巴黎的大街小巷，这些现象都表明，家具的制造，已经开始由为统治阶级和富有阶级制作的专有用品，逐渐转向大众产品。1851年，在英国的伦敦举行了世界博览会，博览会的会场水晶宫是座由钢材和玻璃建成的大厦，水晶宫的出现引起了舆论界和建筑界的重视，有人认为这是个可怕的怪物，有人则认为这是个十分美丽的工业化产物，是现代的象征是工业化时代来临的象征。英国的评论家拉斯金对此大加赞赏，提出了应由艺术家进行产品设计的论点，并肯定机械比生产的作用。在拉斯金的倡导下，英国的一些艺术家投入了产品的设计和制造工作，并展开了一场工艺美术活动。以英国画家、建筑师、家具设计师威廉·莫里斯为代表的一批设计师，开始了他们的设计家庭用品及家具的计划，以莫里斯为例，他在准备结婚的时候，发现商店里出售的产品都不能令他满意，就决心开始自己设计自己的家用品，在他自己设计的住宅"红屋"里，他和几个朋友，开始了设计制作自家用品的工作，产品一旦完成，就得到了大家的赞赏，在朋友的鼓励下，莫里斯创办了自己的公司——莫里斯商行，开始生产由他设计的产品。由于他对机械加工的否定，莫里斯商行的产品全部由手工制作，以保证每套产品都不会重样，避免由于机械生产而产生的千篇一律的面孔，产品质量非常优秀，并得到普遍称赞，但莫里斯商行没有多

久就关门了，因为他的产品以手工加工的成分为主，因而价格昂贵固销路不畅。与此同时，在英国还有其他设计小组，比如沃伊奇小组、麦金托什小组等，也设计制造了一批优秀产品，这些产品一反维多利亚时代混乱的古典复兴风格，代之以一种简洁，富有现代感的作品。这一运动的同时，法国也兴起了新艺术运动，以比利时艺术家凡·德·威尔德设计的法国地铁入口为代表，标志着以巴黎为中心的新艺术运动的开始。同时法国的南希派、维也纳的分离派、俄国的构成主义、德国的青年风格派、美国的芝加哥学派等，一些具有现代设计思想的流派、风格纷纷涌现，并形成了以欧美为中心的艺术设计高潮。（图56、图57）

2. 现代主义运动与现代主义

1912年，应德国威玛大公的邀请，比利时艺术家凡·德·威尔德来到德国的威玛，出任威玛国立工艺美术学校的校长。威尔德以自己在艺术界的声望，邀请了一批有识之士来威玛，并开始组建新的教学体系。工作伊始，便在德国内部出现了排犹太人的情绪。身为犹太人的威尔德被迫离开德国。在他的力荐下，由当时已相当有名气的德国建筑师格罗皮乌斯任学校校长，格罗皮乌斯来到学校后，又邀请了包括蒙德里安、约翰·伊顿等在内的一些有才华之士，并为学校起了全新的名字包豪斯，撰写了知名的包豪斯宣言。在这样一批具有乌托邦思想的知识分子的引导下，包豪斯开始了它全面的教学工作，并培养出了一批包括后来知名的家具设计师马歇尔·布鲁耶尔在内的一批年轻学子。然而好景不长，包豪斯所倡导的思想与德国纳粹政府思想不相容，格罗皮乌斯被迫辞职，并推荐密斯·凡·德罗任校长。包豪斯在成立14年之中，饱受了换校长、搬家、关门的折磨，终于于1933年彻底关闭，密斯在辞去校长之职后去了美国，而格罗皮乌斯也带着布鲁耶尔等人先行到了美国，这样使得包豪斯的思想得以在大洋彼岸的美国开花、结果。包豪斯思想，是一个带有

58.密斯设计的现代风格的椅子　59.阿尔托设计的椅子　60.高情感的现代家具

乌托邦色彩的美好理想，是要设计师设计为大多数人使用的产品，并以此为理想，这样他们尝试着开始批量生产这些产品，这期间设计了像瓦西里椅那样的表现现代化工业化的钢管椅，以及一大批为普通人使用的产品。这些产品大多造型简洁，线条流畅，考虑了人的因素又适合批量生产，从而形成了现代家具的新局面。（图58）

包豪斯之后，世界家具的发展，逐步走向了机械化，批量化的工业生产的轨道，以法国建筑大师勒·柯布西耶、丹麦家具大师汉斯·瓦格纳、雅各布森，芬兰的大师阿尔瓦·阿尔托，瑞典家具大师汉斯·莫根森为代表的欧洲大师们设计生产出了一大批精美无比的现代家具，并在战争的间隙和战后的废墟上，为重建欧洲又设计了大批优秀的作品。与此同时，在美国格罗皮乌斯、布鲁耶尔等领导的国际式家具，以及在他们的培育下的新一代美国设计师，小沙里宁、埃玛斯、贝尔托亚等设计出了令汉森和诺尔家具公司驰名世界的优秀作品。

20世纪60年代被称为家具业的塑料时代，塑料家具，塑料金属结合家具，一次模压成型家具，在全世界范围内兴起，由于价格低廉，被广泛使用。20世纪70年代后期至20世纪80年代初，受波普艺术影响，以及对现代主义国际式家具的厌倦情绪，产生了一种带有逆反的心理的家具，一反现代主义对人体功效学的考究，一反严谨的外形推敲，被称作后现代主义，其家具色彩艳丽，造型以简洁的几何形体为构成语言，对材质本身进行设计，比如带有波普图案，及简单几何图案颜色漂亮的胶板、织物等，这种风格在80年代末达到高峰，其代表有美国建筑师文丘里、格雷夫斯、意大利设计师索塔西斯领导的孟菲斯集团等，80年代后期，人们对胶合弯曲家具的兴致再一次被激起，这是由于美国设计师弗兰克·格林和他设计的那些活泼可爱的篮筐一般的弯曲编结椅所引起的，在人们对阿尔瓦·阿尔托的胶合弯曲椅有些淡忘的时候，这些可爱的精灵，再一次唤醒了人们对弯曲椅的兴趣，随之也有了更多的胶合弯曲家具的设计和生产。（图59）同样在80年代，带有高情感与高技术情结的设计产品

也不断涌现，并以其意想不到的形式化的特征，左右着人们的视线，这一点以生产高级现代家具的意大利卡西纳公司和美国铁箱公司最为引人注目。另外，从20世纪50年代起北欧现代家具就形成了其独特的特点，它以精湛的加工工艺，优质的设计和对木材发自内心的爱惜和珍视，形成了一种以表现木材材质美为特点的家具风格，并受到了全世界的喜爱，这一点直到今天仍然不衰。而这里还要提的就是瑞典的IKEA家具公司，它以集中设计，分散组货的形式，大批量的生产价廉物美的家具及家居用品，并成为全世界最大的家具零售商，可以说是一个奇迹，也是一个创举。进入90年代，家具的生产、销售和人们对家具的选择和使用都走入了多元比发展的轨道，家具的品种、形式都异常的丰富，选择的余地也非常之大。而到了新千年的今天，家具市场更是百花齐放，有经典古典家具、有田园风格的休闲家具（以此种最为流行，因为人们厌倦了纯古典也厌倦了纯现代，在这之间的一种不温不火的东西，既不让人感到累又不让人感到压力的形式恰恰迎合了这种心理）、有经典现代式的即国际式，后现代式的和高技派式高情感派的家具等。（图60）

五、家具的选用和布置原则

在室内环境中选择和布置家具，首先要满足人们的使用要求；其次家具要与室内的风格相协调，按照美观和形式的需要来选择家具；再次要了解家具的制作和安装工艺，在使用的过程中便于摆放和调整。

[一] 家具布置的格局

家具布置的格局就是家具布置与空间的关系，是指家具在室内空间配置时的构图问题，家具的格局在满足使用的前提下要注重美观方面的要求，做到有主有次，有聚有散，达到分聚得当、主次分明的效果。空间较小时，宜聚不宜散；空间

较大时，宜散不宜聚。在设计实践中，我们通常依据下面的几项原则：

1. 位置合理、主次分明

室内空间的位置环境各不相同，在位置上有靠近出入口的地带、室内中心地带、沿墙地带或靠窗地带，以及室内后部地带等区别，各个位置的环境如采光效率、交通影响、室外景观各不相同。应结合使用要求，使不同家具的位置在室内各得其所，例如宾馆客房，床位一般布置在暗处，休息座位靠窗布置，在餐厅中常选择室外景观好的靠窗位置，客房套间把谈话、休息处布置在入口的部位，卧室在室内的后部等。

2. 方便使用、提高效率

同一室内的家具在使用上都是相互联系的，如餐厅中餐桌、餐具和食品柜，书房中书桌和书架，厨房中洗、切等设备与橱柜、冰箱、蒸煮等的关系，它们的相互关系是根据人在使用过程中达到方便、舒适、省时、省力的活动规律来确定的。

3. 丰富空间、改善空间

空间是否完善，只有当家具布置以后才能真实地体现出来，如果在未布置家具前，原来的空间有过大、过小、过长、过狭等都可能成为某种缺陷的感觉。但经过家具布置后，可能会改变原来的面貌而恰到好处。因此，家具不但丰富了空间内涵，而且常是借以改善空间、弥补空间不足的一个重要因素，应根据家具的不同体量大小、高低，结合空间给予合理的、相适应的位置，对空间进行再创造，使空间在视觉上达到良好的效果。

4. 充分利用空间、重视经济效益

建筑设计中的一个重要的问题就是经济问题，这在市场经济中更显重要，因为地价、建筑造价是持续上升的，投资是巨大的，作为商品建筑，就要重视它的使用价值。一个电影院能容纳多少观众，一个餐厅能安排多少餐桌，一个商店能布置多少营业柜台，这对经营者来说不是一个小问题。合理压缩非生产性面积，充分利用使用面积，减少或消灭不必要的浪费面积，对家具布置提出了相当严峻甚至苛刻的要求，应该把它看作是杜绝浪费、提倡节约的一件好事。当然也不能走向极端，成为唯经济论的错误方向。在重视社会效益、环境效益的基础上，精打细算，充分发挥单位面积的使用价值，无疑是十分重要的。特别对大量建筑来说，如居住建筑，充分利用空间应该作为评判设计质量优劣的一个重要指标。

[二] 家具形式与数量的确定

现代家具的比例尺度应和室内净高、门窗、窗台线、墙裙取得密切配合，使家具和室内装修形成统一的有机整体。

家具的形式往往涉及室内风格的表现，而室内风格的表现，除界面装饰装修外，家具起着重要作用。室内的风格往往取决于室内功能需要和个人的爱好和情趣。历史上比较成熟有名的家具，往往代表着那一时代的一种风格而流传至今。同时由于旅游业的发展，各国交往频繁，为满足不同需要，反映各国乃至各民族的特点，以表现旅游业的发展和不同民族及地方的特色，而采取相应的风格表现。因此，除现代风格以外，常采用各国各民族的传统风格和不同历史时期的古典或古代风格。

家具的数量决定于不同性质的空间的使用要求和空间的面积大小。除了影剧院、体育馆等群众集合场所家具相对密集外，一般家具面积占室内总面积不宜过大，要考虑容纳人数和活动要求以及舒适的空间感，特别是活动量大的房间，如客厅、起居室、餐厅等，更宜留出较多的空间。小面积的空间，应满足最基本的使用要求，或采取多功能家具、悬挂式家具以留出足够的活动空间。

[三] 家具布置的基本方法

应结合空间的性质和特点，确立合理的家具类型和数量，根据家具的单一性或多样性，明确家具布置范围，达到功能分区合理。组织好空间活动和交通路线，使动静分区分明，分清主体家具和从属家具，使相互配合，主次分明。安排组织好空间的形式、形状和家具的组、团、排的方式，达到整体和谐的效果，在此基础上进一步，应该从布置格局、风格等方面考虑。从空间形象和空间景观方面，使家具布置具有规律性、秩序性、韵律性和表现性，获得良好的视觉效果和心理反应。因为一旦家具设计和布置好后，人们就要去适应这个现实存在了。

不论在家庭或公共场所，除了个人独处的情况外，大部分家具使用都处于人际交往和人际关系的活动之中，如家庭会客、办公交往、宴会欢聚、会议讨论、车船等候、逛商场或公共休息场所等。家具设计和布置，如座位布置的方位、间隔、距离、环境、光照，实际上往往是在规范着人与人之间各式各样的相互关系、等次关系、亲疏关系（如面对面、背靠背、面对背、面对侧），影响到安全感、私密感、领域感。形式问题影响心理问题，每个人既是观者又是被观者，人们都处于通常说的"人看人"的局面之中。

因此，当人们选择位置时必然对自己所处的地位、位置做出考虑和选择，英国阿普·勒登的"瞭望-庇护"理论认为，自古以来，人在自然中总是以猎人-猎物的双重身份出现，他（她）们既要寻找捕捉的猎物，又要防范别人的袭击。人类发展到现在，虽然不再是原始的猎人猎物了，但是，保持安全的自我防范本能、警惕性还是延续了下来，在不安全的社

61.中国国家博物馆贵宾接待室　　62.岛式布置家具　　63.靠边布置家具　　64.三亚喜来登酒店大堂

会中更是如此，即使到了十分理想的文明社会，安全有了保障时，还有保护个人的私密性意识存在。因此，我们在设计布置家具的时候，特别在公共场所，应适合不同人们的心理需要，充分认识不同的家具设计和布置形式代表了不同的含义，比如，一般有对向式、背向式、离散式、内聚式、主从式等等布置，它们所产生的心理作用是各不相同的。

从家具在空间中的位置可分为：

（1）周边式。家具沿四周墙布置，留出中间空间位置，空间相对集中，易于组织交通，为举行其他活动提供较大的面积，便于布置中心陈设。（图61）

（2）岛式。将家具布置在室内中心部位，留出周边空间，强调家具的中心地位，显示其重要性和独立性，周边的交通活动，保证了中心区不受干扰和影响。（图62）

（3）单边式。将家具集中在一侧，留出另一侧空间（常成为走道）。工作区和交通区截然分开，功能分区明确，干扰小，交通成为线形，当交通线布置在房间的短边时，交通面积最为节约。（图63）

（4）走道式。将家具布置在室内两侧，中间留出走道。节约交通面积，交通对两边都有干扰，一般客房活动人数少，都这样布置。

从家具布置与墙面的关系可分为：

（5）靠墙布置。充分利用墙面，使室内留出更多的空间。

（6）垂直于墙面布置。考虑采光方向与工作面的关系，起到分隔空间的作用。

（7）临空布置。用于较大的空间，形成空间中的空间。

从家具布置格局可分为：

（8）对称式。显得庄重、严肃、稳定而静穆，适合于隆重、正规的场合。

（9）非对称式。显得活泼、自由、流动而活跃。适合于轻松、非正规的场合。

（10）集中式。常适合于功能比较单一、家具品类不多，且房间面积较小的场所，组成单一的家具组。

（11）分散式。常适合于功能多样、家具品类较多，且房间面积较大的场所，组成若干个家具组或团。

不论采取何种形式，均应有主有次，层次分明，聚散相宜。（图64）

02 陈设艺术设计

概括地讲，一个室内空间，除了它的地面、墙面、顶棚、柱子等构件，其余内容，甚至包括我们自己本身，我们的不同服装、行为方式也会为空间充满生气和色彩，都可认为是室内陈设品。陈设品的范围非常广泛，内容极其丰富，形式也多种多样。无论如何，陈设品都应服从整体的室内环境要求，其选择与布置都应在室内环境整体约束下进行，不同风格、不同功能的空间对陈设品要求也各不相同。

礼品、民间玩具、古玩等，林林总总，数之不尽，而且陈设品的概念是一个没有框框的概念，人们可以不拘一格随心所欲地将一件东西作为陈设品来摆放陈列。但是从严肃意义上讲，精到的陈设品选择和别有匠心的陈设布置，是室内环境设计成功的关键一环，是体现室内品味和格调的根本所在，因而室内设计中陈设品的选择和配置是营造室内环境分为不容忽视的步骤和手段。（图66）

一、陈设的分类

陈设品是完成空间装点的主要角色，并且从某种意义上讲，它可以说是室内空间的主体内容之一。按不同材质、用途、作用我们可以把陈设品，作一个汇总，并按功能不同作一下分类：即实用性陈设品和装饰用陈设品。

[一] 实用性陈设

实用性陈设品包括家具、织物、地毯、窗帘、床上用品、家具包衬织物、靠垫，以及一些日用品。包括瓷器、玻璃器皿、塑料制品、家用电器等；灯具、各种照明器及烛台等。实用性陈设品种类多、作用大，既是陈设又有具体的使用功能。（图65）

[二] 装饰性陈设

非实用性的装饰用陈设品，包括装饰织物、挂毯、台布等；以及雕塑、艺术陶瓷、国画、书法、油画、水彩画、民间绘画等，以及配合各种字画装裱的画框、烛台、工艺美术品、

二、陈设的作用

陈设品在室内环境的使用具很大灵活性，在室内空间中不仅具有特定的使用功能，包括组织空间、分隔空间，填补和充实空间等空间形象塑造功能，还应具有烘托环境的气氛、营造和增加室内环境的感染力、强化环境风格等锦上添花、画龙点睛的作用，以及体现历史、文化传统、地方特色、民族气质、个人品位等精神内涵。

三、陈设的种类

室内陈设的种类很多，主要包括：装饰织物、日用品、字画、雕塑、摄影作品、古玩、民间玩具、民间工艺品、现代工艺品、盆景、个人收藏品、旅游纪念品、花卉和植物等。

[一] 室内装饰织物

当代室内设计中，织物已渗透到室内的各个方面，由于它在室内空间中覆盖的面积较大，其花纹、质地、色彩都影响着

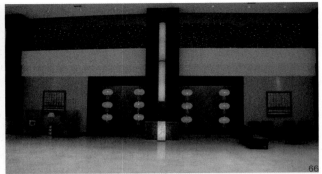

65.酒店客房的陈设多为功能性的　　66.装饰性陈设　　67.广州长隆酒店大堂休息区　　68.古典风格的窗帘　　69.装饰感很强的床上用品

整个环境的气氛。因而恰当的织物配置，是室内环境氛围创造中非常关键的环节。因为织物具有质地柔软、色泽美观、触感舒适的特殊性质，尤其是与建筑墙体的坚硬与挺直的特性互补，因而可以起到柔化、点缀空间的作用。在公共场合，织物以点缀形式出现，而在私密空间里，织物则成为制造情调的高手，控制着整个环境的气氛。下面是各种织物的种类及工艺特征。

1. 地毯

地毯给室内空间提供了一个吸声良好富有弹性的地面，它可以满铺也可以局部铺设，甚至还可以铺毯上毯，以强调局部气氛，形成局部空间的重点部位。一般旅馆、饭店的庄重场合，如会议厅、多功能厅、甚至宴会厅却不太适宜花哨的花色，而要采用图案简洁、方正、色彩适中的地毯；在餐厅、咖啡厅、娱乐场所则可以用图案大胆，色彩鲜艳的大花地毯，以增加商业气氛。大厅堂内适合用宽边式构图，以增强地域感。小空间，像卧室，标准客房等则可用素色四方连续、暗花纹等地毯，使空间整洁、安静，在门厅、走廊部分则常采用带边的简洁几何图案或小图案色彩较暖的地毯。常用地毯有纯毛、化纤和混纺地毯之分，还按制作工艺不同分为机织与手工，按表面纤维形状不同分为圈绒、簇、绒和圈簇绒混织毯和提花毯等。（图67）

2. 窗帘

窗帘用来调节室内光线、温度、声音和阻隔视线，同时具有

装饰点缀作用。一般分为纱帘、遮光帘（常与内帘结合）和内帘，以及还有起装饰作用的幔帘。按窗帘的悬挂方式不同，我们又有以下几种区分，挂钩式、护幔式、卷帘式、直拉式、吊拉式（又称罗马帘）、直拉式、石叶式和抽褶式等。（图68）

3. 床上用品及桌布、餐巾

床上用品及桌布、餐巾被统称为覆盖织物。主要为覆盖在家具上，起一定实用性又衬托家具增添美的效果。一般这类织物的花色宜统一，切忌纷乱无章，但却可以加局部的亮色作点缀的活跃气氛。由于工业化和产业化进程的加快批量生产的产品已大量走向市场，成套的床上用品、窗帘、餐桌布、巾、靠垫已到处可见，为室内织物的配套使用提供了极大的方便。（图69）

4. 壁挂织物

壁挂织物作为纯装饰性质的无实用价值织物，却是调节室内艺术气氛，提高整个环境品味和格调的首选，可见此种织物艺术价值之高。因其采用的材料多为软质的纯毛，纯丝纯麻等天然材料，（也有化纤，但其品质档次都有所下降）在与人接触的部位，有柔软与舒适的质感，即使为人所不及，也有着温馨、高贵之感的流露。由于它更具有艺术性，因而其编织手法与使用材料都会有一些让人意想不到的独到性，比如在毛织中加入木材、金属，成为一种混合材料的艺术作品，都是有可能的，并且还可以由平面艺术转向平面驻阵结合，这些都是壁毯作品创作的灵活性和艺术性所在。包括壁

70．教堂墙面上悬挂的是以圣经内容为题材的挂毯　71．日常生活用品都成为很好的陈设品　72．中国传统绘画

布、天花织物、织物屏风、织物灯罩、布玩具、毛绒玩具、布信袋、编结织物、编结挂件、手工自行制作的纸巾盒套、座套、水瓶套等，都是改善室内环境、增添情趣、使居住者与环境相互交融并"增进感情"（因为许多自行制作的东西能更好地体现居住者的审美意趣和个人爱好）。又能给外人以一种亲切、温馨、富于人情味的直接感受。这类织物一般在家庭使用较多也较普遍。（图70）

另外，室内织物的组合，应该体现一个统一整体的设计思想，不能想一个就换一个，不仅浪费钱财，又把不合适的东西加进环境，破坏整体效果，又等于浪费物品。因而统一整体设计不仅能使室内风格统一、格调高雅，又是节省财力物力的最佳手段。

[二] 日用品

日用品即是日常生活必备的工具，又兼作陈设，是日常生活离不开的用品。主要包括陶瓷器具、玻璃器具、金属器具、文体用品、书籍杂志、家用电器等。

家电产品，如电视、音箱、影碟机、组合音响、甚至冰箱、洗衣机、厨房设备，是一些空间里的陈设。家用电器造型简洁、工艺精美、色彩明快，具有现代感。而日用的陶瓷、钟表、灯具等更是带有功能又极有装饰性的陈设，其质地、花色、造型和做工，都体现着档次、品味和格调。（图71）

[三] 字画

我国传统的字画陈设表现形式，有楹联、条幅、中堂、匾额以及起分隔作用的屏风、纳凉用的扇面、祭祀用的祖宗画像等（可代替祠堂中的牌位）。所用的材料丰富多彩，有纸、锦帛、木刻、竹刻、石刻、贝雕、刺绣等。字画篆刻还有阴阳之分、漆色之别，十分讲究。书法中又有篆隶正草之别。画有泼墨工笔、黑白丹青之分，以及不同流派风格，可谓应有尽有。我国传统字画至今在各类厅堂、居室中广泛应用，并作为表达民族形式的重要手段。（图72）

73．广州长隆酒店总服务台　　74．荷兰的木鞋

西洋画的传入以及其他种类的绘画形式，丰富了绘画的品类和室内风格的表现。油画、水彩画、版画，甚至装饰画，还有漆画、贝壳画、羽毛画、麦秸画等工艺品画种也逐渐成为人们越来越喜爱的陈设品。

字画是一种高雅艺术，也是广为普及和为群众喜爱的陈设品，可谓装饰墙面的最佳选择。我国传统的书法艺术和绘画作品，是国内室内陈设中的首选艺术品。字画的选择要使内容、品类、风格以及幅面大小等因素符合室内空间的整体氛围，能够起到画龙点睛的作用，例如现代派的抽象画和室内装饰的抽象风格十分协调。

[四] 雕塑

瓷塑、铜塑、泥塑、竹雕、石雕、晶雕、木雕、玉雕、根雕等是我国传统工艺品之一，题材广泛，内容丰富，巨细不等，流传于民间和宫廷，是常见的室内摆设，有些已是历史珍品。现代雕塑的形式和种类更是多种多样，抽象的、具象的，静态的、动态的，石膏的、石材的、金属的、实木的。（图73）

雕塑有玩赏性和偶像性（如人、神塑像）之分，它反映了个人情趣、爱好、审美观念、宗教意识和崇拜偶像等，它属于

三度空间的艺术，品味高的雕塑栩栩如生，在空间氛围的塑造中其感染力常胜于一般意义上绘画的力量。雕塑的表现效果还取决于空间、位置、光照、背景以及视觉方向等。

[五] 摄影作品

摄影作品是一种纯艺术品。摄影和绘画不同之处在于摄影只能是写实的和逼真的。少数摄影作品经过特技拍摄和艺术加工，也有绘画效果，因此摄影作品的一般陈设和绘画基本相同，而巨幅摄影作品常作为室内扩大空间感的界面装饰，意义已有不同。摄影作品还可以制成灯箱广告，这是不同于其他绘画的特点。

由于摄影能真实地反映当地当时所发生的情景，因此某些重要的历史性事件和人物写照，常常成为值得纪念的珍贵文物，因此，它既是摄影艺术品又是纪念品。

[六] 民间绘画

许多来自民间的绘画作品，其内容丰富，常有出乎我们意料的效果。有的作品手法朴实，像农民画、年画；有的作品手法古拙，像版画、木刻；有的作品手法细腻，像剪纸、撕纸

75. 玻璃艺术品　　76. 具有文物价值的陈设品　　77. 主人收藏的各种瓷盘

等。林林总总的民间绘画具有强烈的感染力和表现力，是现代室内空间环境中别具一格、具有乡土气息的艺术陈设品。

[七] 民间玩具

同民间绘画一样，有着无穷的魅力和不尽的意趣，"民族的才是世界的"，正像这句话说的那样，具有地方特色的民间玩具往往是那些喜欢异域特色人们所喜爱的对象，是代表世界各国民间文化的真正艺术品。如中国的泥娃娃、布玩具、风筝、皮影，荷兰的木鞋，俄罗斯的套娃等。（图74）

[八] 现代工艺品

各种漆艺、陶艺、布艺、现代玩具、塑料品、玻璃制品、木制品、金属制品等，以简练抽象的造型、恰到好处的点缀，与现代环境相呼应匹配，是现代室内必不可少的装饰用品。（图75）

[九] 古玩

古玩是古代遗留下来的，富于收藏、观赏价值的珍贵文物，

古玩，是因为其兼有品玩、欣赏与升值的作用。常见有陶器、瓷器、青铜器、漆器、木器、珠宝、首饰、书画、善本图书、石玩、乡绣片等，包罗万象，凡是古代遗留下来的，罕见的有收藏作用的都被人们来把玩、收藏，有些古玩配上绝好的装饰及保护罩、盖等，作为陈设品，供之于案头、架几之上，或悬挂于墙面。既可时时品玩，又可以提高环境的档次和品味。（图76）

[十] 个人收藏品和纪念品

个人的爱好既有共性，也有特殊性，家庭陈设的选择，往往以个人的爱好为转移，不少人有收藏各种物品的癖好，如邮票、钱币、字画、金石、钟表、古玩、书籍、乐器、兵器，以及各式各样的纪念品、传世之宝，这里既有艺术品也有实用品。其收集领域之广阔，几乎无法予以规范。但正是这些反映不同爱好和个性的陈设，使不同家庭各具特色，极大地丰富了社会交往内容和生活情趣。（图77）

此外，不同民族、国家、地区之间，在文化经济等方面反差是很大的，彼此都以奇异的眼光对待异国他乡的物品。我们常可以看到，西方现代家庭的厅室中，常挂有东方的画作、古装等，甚至蓑衣、草鞋、草帽等也登上了大雅之堂。（图78）

78.具有非洲特色的台灯　　79.树桩盆景　　80.山水盆景

[十一] 盆景

盆景，是我国传统园林艺术的瑰宝，以它那富于诗情画意神奇作用，装点于庭园、厅堂、住宅，使我们可以不出门领略林泉高致，幽谷翠屏的美好境界。在传统绿化中，有着悠久的历史和重要作用。它用植物，山石，瓷雕等素材，经过艺术处理和加工，仿效大自然美的山川，塑造出活灵活现的活的艺术。其艺术手法被称为"缩龙成寸，小中见大"，并给人的"一峰则太华千寻，一勺则江湖万里"的艺术感染力，因而被誉为无声的涛，立体的画，它源于自然，又高于自然，是自然美景的高度浓缩。

盆景按其主要取材的区别，分为树桩盆景和山水盆景。

1. 树桩盆景

树桩盆景又称桩景，一般选用株矮、叶子、寿命长，适合性强的植物做原型，经修剪、整枝，吊扎和嫁接等加工，并精心的加以培育，长期控制其生长，从而形成人们所希望的造型。即有的苍劲古朴、有的疏影横斜，有的屈曲盘旋，有的枝叶扶疏亭亭玉立。桩景的种类非常丰富，主要有：直干式、蟠曲式、斜干式、横板式、悬崖式、垂板式、提根式、丛林式、寄生式等；此外还有云片、劈干、顺风、疏板等。（图79）

2. 山水盆景

山水盆景是将山石经过雕琢，拼接、腐蚀等处理，放置于形状各异的浅盆中，点缀以亭榭、舟桥、人物，并配植小树、苔藓，构成山水景观。山石因其软硬不同可分为，硬石与软石。硬石，如石英石、太湖石、钟乳石、斧劈石、木化石等，不吸水，难长苔藓。软石，如鸡骨石，芦管石、浮石、砂积石等，易吸收水分，易长苔藓。

山水盆景的造型有孤峰式、重叠式、疏密式等。各地的盆景又与石料的艺术加工手法的不同，各有所长。四川砂积石盆景着重表现"峨眉天下秀""青城天下幽""三峡天下险""剑门天下雄"等状的景色。而广西的盆景则着重展现桂林山水的秀美奇特，"几程漓水曲，万英桂山尖"，"玉簪斜插渔歌欣"描写的就是这样的盆景。此外，还有一种旱盆景，以砂石作表现素材，表现崇山峻岭、沙漠驼队等，风格上讲究清、通、险、阔和山石的嶙刚和雄奇。此外，还有树桩，山水兼而有之的水旱盆景及只有石料的石玩盆景。其中尤其以石玩盆景最受传统文人的喜爱，它的形状奇特、姿态优美，色质俱佳的天然石料为素石，称作修理，配以盆、座、盘、架而成为案头清供的佳品美石，此类石玩盆景尤以广西石玩为最。（图80）

另外还有微型盆景和挂式盆景，皆以小巧玲珑，精致秀美见常，小者可一手托几个，置于架格悬挂于墙上，是书房最适宜不过的陈设。

盆景的盆和几架，是品评盆景好坏不可缺少的部分并有"一

81. 简洁大方的现代插花　　82. 现代插花艺术

景二盆三几架"之说。盆一般有紫砂、瓷盆、理石盘、钟乳石云盘，还有以树蔸作盆的做法。几架要非常考究，红木、斑竹、树根等均有，或古典古色，或轻巧自然。

[十二] 插花

插花，又叫切花，是切取植物的花、叶、果实及根须作为材料，插入各种容器，并经一定的艺术处理，形成的自然、精美的花卉饰品。作为一种艺术，插花不仅可以带给人美的享受和喜悦，还能使人在插花过程中体验到美的创造，陶冶美的情操和美的修养。由于不同国家、民族和地区，对于花的喜好不同，插花也有着各自不同的特色。（图81）

依花材的不同可以把插花分为鲜插、干插、干鲜混合和人造花插花。依据地域之不同又可以分为东方式即线条式和西方式即立体式插花。依据用途分类，又可以分为礼仪插花和艺术插花。其中东方插花以中国和日本为代表，选用的花材简体，清雅的内在之美，以姿态取胜，求抽象的意境。日式插花因作为一种成熟的民间艺术较程式化，比较讲究章法。而中式插花虽也有讲究，但只在构思和主题上较重视，在风格上和形式上无定势，因而较自由、不拘泥。西方式插花注重的是花材的花形，色彩等外在美，追求块面效果和整体关系，构图较对称，色彩浓艳，厚重，端庄大方，雍荣华丽，热情奔放。（图82）

1. 插花的立意与构图

立意与构图是进行操作之前的必要准备。立意，是根据花材的形状特征和象征性含义进行构思，这是传统中式插花的开端，也是最常用手法。比如松、竹、梅、菊的象征性，就常用来做中式插花的主题，其中松之智慧长寿，高洁不屈，梅之傲雪凌寒、坚韧不拔，竹之高风亮节、坚贞不屈，菊之有

诗有酒有古今酬和的君子之物等，以此为立意的插花作品也必定表达了美好纯洁的内心思想和美好愿望。构图，是根据花材的形状，进行巧妙构思，以力图达到一种统一、协调、均衡和富于韵律感的构图形式。一般按外轮廓形状构图分为：对称式、不对称式、盆景式和自由构图式。依主要花材在容器中的位置和形态分为直立式、下垂式、倾斜式和水平式。

2. 插花的工具与步骤

插花的工具，必备的有刀、剪、花插、花泥、金属丝、水桶、喷壶、小手锯、小钳子，另外有时还需有一些小木条或小树枝，以作备用。插花专器，各种花瓶、盆，各种碗、碟、杯、筒以及能盛水的各种工艺品。

步骤由选材开始，被选择的花材应具备以下条件：生长旺盛、强健、无病虫害、无伤、花期长，水分充足，花色明丽亮泽，花梗粗壮，无刺激气味，不污染衣物。花材选择完之后，要对花材的切口进行处理，一般花材应清晨剪取，以便有良好的保水性，需切口时应在水中切取，并用沸水或火焰灼烧切口，切口为斜者，以扩大吸水面积。然后是具体插配操作，插配前，应先根据花器花枝的长度确定作品大小，然后才进行剪切花板，具体插配。一般大型作品高度可达100cm~200cm，中型40cm~80cm，小型15cm~30cm，微型不足10cm。而花束与容器的比例关系则为，最长的花枝一般为容器高度加上容器口宽的1~2倍。

[十三] 花卉、植物

花卉、植物是室内陈设不可缺少的点睛之笔，设有绿色的室内会显得单调、乏味，甚至没有生机，因为绿化一节有详细介绍，此处不再赘述。

83.陈设与环境在风格上统一　　84.现代插花艺术　　85.构图均衡的陈设　　86.空间中的位置和日光强调了墙面上的壁画

四、陈设的选择和布置原则

室内陈设的选择与布置应该从室内环境的整体性出发，在统一中求变化。在具体的设计布置中，首先要与室内整体风格协调，其次要考虑陈设的美感和安全性，陈设要有主次，使空间层次更丰富。

1. 陈设的风格

"服从整体，统中求变"，选择与室内整体风格相谐调的陈设，容易取得整体，性的统一，强化空间特点；选择与室内整体风格对比的陈设，可获得生动活泼的趣味，但不宜过多，应少而精，多则易乱。（图83）

2. 陈设的造型

小面积陈设的造型，包括色彩、图案、质感等因素，往往强调与整体环境的对比以产生生动活泼的气氛，可丰富室内视觉效果，打破单调、统一的僵局，但数量不宜过多，否则易琐碎；面积较大的陈设品，如地毯、床单、窗帘等对于整体环境的影响极大，造型变化应有所节制，以防造成室内的杂乱，失去整体感。因此，一般情况下小面积陈设宜与背景形成对比效果，大面积陈设宜强调统一。另外，各陈设品之间也应有主次尊卑，形成秩序。（图84）

3. 构图均衡、尺度适当

不同的室内陈设品，由于面积、数量、位置及疏密关系的不同，必然会与邻近摆放的其他物品发生不同关系。采用对称式构图关系很容易获得平衡感，严肃，端正，类似杠杆原理的不对称式构图则自然，随意。还应兼顾摆放空间的尺度关系，陈设数量过多，尺度过大，则室内空间容易拥挤堵塞；陈设过少、过小，则室内空间容易空旷、琐碎。此外，还应注意欣赏者的视觉条件、视觉范围，高大物品应留可供后退以留出观赏的距离，小的物品应允许人近前仔细品味、研究。（图85）

4. 强调与削弱

利用摆放的位置（如利用空间轴线、人流交汇处、轴线尽端等地带），投射灯光等手段，可以强调中心和主题，突出主体，削弱次要，适宜的高度和灯光效果还会宜于物品的观瞻。（图86）

五、陈设的方式

陈设的方式是指陈设品在空间中所放置的位置，主要有墙面陈设、台（桌）面陈列、落地陈设（地面陈设）、橱架陈设、悬挂陈设。可以简单地归纳为三面（墙面、台面、地面）一藏（橱架）一垂（悬挂）。

[一] 墙面陈设

墙面陈设一般以平面陈设品为主，譬如书画、油画、摄影作品、浅浮雕等（图87），以及小型的立体饰物，如动物头骨、壁灯、木隔扇、刀、枪、弓箭等。凡是可悬挂在墙上的物品都可采用，陈设品可采用钉挂，张贴方式与墙面进行连接。也可将立体陈设品放在壁龛中，如瓷器、雕塑、花卉等（图88），并配以灯光照明，也可在墙面设置悬挑轻型搁架以存放陈设品。墙面上布置的陈设常和家具发生上下对应关系，可以是正规的，也可以是较为自由活泼的形式，可采取垂直或水平伸展的构图，组成完整的视觉效果。墙面和陈设

87．墙面陈设　　　88．壁龛陈设　　　89．台面陈设　　　90．王府井希尔顿酒店大堂吧　　　91．镶嵌臣工字画的落地槅扇　　　92．广州长隆酒店大堂中悬挂的图腾柱

品之间的大小和比例关系是十分重要的，留出相当的空白墙面，使视觉获得休息的机会。如果是占有整个墙面的壁画，则可视为起到背景装修艺术的作用了。

此外，某些特殊的陈设品，可利用玻璃窗面进行布置，如剪纸窗花以及小型绿化，以便植物能争取自然阳光的照射，也别具一格，为窗口布置绿色植物，叶子透过阳光，产生半透明的黄绿色及不同深浅的效果。为布置在窗口的一丛白色樱草花及一对木雕鸟，半透明的发亮的花和鸟的剪影形成对比。

[二] 台（桌）面陈设

将陈设品陈列于水平台（桌）面上，是室内空间中最常见的陈列方式。桌面摆设包括有不同类型和情况，如办公桌、餐桌、茶几、会议桌以及略低于桌面靠墙或沿窗布置的储藏柜和组合柜等。桌面摆设一般均选择小巧精致、宜于微观欣赏的材质制品，并可按时即兴灵活更换。桌面上的日用品常与家具配套购置，选用和桌面协调的形状、色彩和质地，常起到画龙点睛的作用，如会议室中的沙发、茶几、茶具、花盆等，须统一选购，注意与陈列家具的主次，对比关系。（图89）

[三] 橱架陈设

这是一种兼具贮存作用的展示形式。由于橱架的介入，容易取得整齐有序感，对陈列物品还起一定保护作用。还能提高

空间的利用率。（图90）

数量大、品种多、形色多样的小陈设品，最宜采用分格分层的搁板、博古架，或特制的装饰柜架陈列展示，这样可以达到多而不繁、杂而不乱的效果。布置整齐的书橱书架，可以组成色彩丰富的抽象图案效果，起到很好的装饰作用。壁式博古架，应根据展品的特点，在色彩、质地上起到良好的衬托作用。

[四] 落地陈设

适用于大型的装饰品，如雕塑、瓷瓶、绿化等，布置在大厅中央的常成为视觉的中心，最为引人注目，也可放置在厅室的角隅、墙边或出入口旁、走道尽端等位置，作为重点装饰，或起到视觉上的引导作用和对景作用。同时还会具有分隔空间，引导人流的作用，但会占用一定的地面面积，大型落地陈设不应妨碍工作和交通流线的通畅，一般情况下不宜过多。（图91）

[五] 悬挂陈设

多用于较为高大的空间，可充分利用空间，以不影响、妨碍人的活动为原则，并可丰富空间层次，创造宜人尺度。常用的悬挂陈设有灯具、织物、抽象金属雕塑、绿化等。弥补空间空旷的不足，并有一定的吸声或扩散的效果，居室也常利用角隅悬挂灯具、绿化或其他装饰品，既不占面积又装饰了枯燥的墙边角隅。（图92）

第7章

室内绿化与庭园

随着人类社会的进步和工业文明的发展，城市规模的扩大，绿地农田在不断减少，工厂、住宅吞蚀了大量的土地。越来越多的人走进钢筋混凝土的大厦，并长期工作，生活在那里；越来越多的街道两旁不是树木花草，而成为建筑的丛林，人们抬头望见的是铅灰的天空和钢筋混凝土的森林。人们在为自身创造更加舒适的环境同时，也让自己疏离了自然，这时候，对自然的渴望，对绿色田园的向往，比以往任何时候都要强烈。而且，人们也越来越认识到，将自然要素引入到室内环境中，绿色植物、水体、山石等引入视线，已不仅是美化环境的问题，而且还是提高环境质量和生活质量的关键所在。

绿化与庭园设计已经成为现代环境艺术设计一个密不可分的组成部分。在室外，绿色植物是衬托建筑环境的最佳背景，与其他自然要素一起形成良好的局部环境；在室内，绿色植物等自然要素通过造园手段，参与空间组织，营造室内环境的氛围，能使空间更加完善美好，同时能够协调人与环境的关系，使人不会对建筑产生厌倦，更有室外所没有的安全和庇护感。绿色植物等自然要素已成为人与环境之间关系融洽的纽带和桥梁。（图01）

20世纪60到70年代，生态学的发展促进了室内植物的生产和应用，植物品种也大为增加。在现代的建筑室内环境中，由于科技水平和技术手段的进步和提高，使人们能在室内环境中与自然进行最大程度上的沟通。譬如，大面积玻璃的使用，为室内空间的绿色植物提供了良好的日照和采光，改善了绿色植物的生长环境。

室内空间中自然环境氛围主要通过绿色植物、水体、山石三大要素来创造。（图02）它们不仅具有美学意义上的欣赏功能，还有生理和心理意义上的生态功能。

01
室内绿化

一、室内绿化的功能

在室内自然环境的创造中，绿色植物比其他的自然要素起到更为重要的作用。绿色植物不仅具有审美方面的功能，而且还具有生态学方面的功能。绿色植物的特殊功能，使它在室内环境的设计中成为不可缺少的要素。

[一] 绿色植物的生态功能

绿色植物在生态学方面的功能是多方面的，在室内空间环境中榜样重要的角色，能够改善室内环境的小气候。植物在光合作用下可以制造更多的氧气，又可以使灰尘吸附于叶子上，并能吸收有毒气体，净化空气，调节湿度，含养水分，而且据研究，绿色植物的颜色可以刺激大脑皮层，使之产生良好反应，从而得使大脑得到休息。（图01）
（1）净化空气；
（2）调节室内的温度和湿度；
（3）在声学方面能降低噪音；
（4）能够吸收日光的热辐射，阻隔紫外线，过滤日光。

[二] 绿色植物的审美功能

人得益于绿色植物的不仅仅是生态学方面的功用，其特有的充满生机的形象唤起人们对美的体验、感受和追求。室内绿化的选用得当，不仅能使室内环境增加生气、丰富多彩、赏心悦目，而且能够陶冶、影响人们的心理状态、行为态度、性格等。每当人们见到绿色，心中便会泛起清新、舒畅的感受和无限的遐想，在室内环境中，绿色有机体的存在，使环境有了生命。绿色植物形态各异的形象、丰富多变的色彩、千变万化的质地与环境空间的实体、家具、设备等形成对比，相映成趣，以富有生命的自然美增强了室内环境的感染力，绿色植物发自于机体的生命力和自然形态，显示了自己生长、变化的形态特性，恰好与室内这个人工环境形态形成了对比。室内空间实体的装修、家具、陈设等多以简洁、细腻的形式出现，而绿色植物富于变化，在颜色和质地上形成对比。（图02）

此外，利用绿化手段，可以缓解和调整大空间的空旷感，重新塑造宜人的尺度。同时，可以使室内外空间形成自然的过渡与融合，减弱由室外进入到室内空间的生硬感。

二、绿色植物与空间

绿色植物不仅起到美化和点缀空间的作用，而且在空间的过渡、围合和限定等方面也起到了重要的作用。植物与建筑构件不同，是一种有生命的要素，因此在空间的塑造中往往会取得其他元素不可替代的效果。

[一] 室内外空间的过渡与延

可以将室外空间的植物延伸至室内，使内外植物相互呼应，形成自然过渡，使人的视线有自然的连贯性，达到内外相融的效果；将门廊的顶棚及墙面，悬吊绿色植物，也可以达到内外相通的效果；借助玻璃的通透效果，将室外园林及绿化通过借景的手法引进室内，更有甚者，还可以将室外景观部分延续进室内，形成内外景物相互渗透、参与的形式，达到彼此融合，从而使室内空间对外界形成无限的延展性。（图03）

01 . 北京饭店的庭园绿化   02 . 首都博物馆室内环境   03 . 室内外相互渗透，融为一体
04 . 新加坡金沙酒店大堂吧   05 . 绿色植物起到围合空间的作用
06 . 绿色植物起到柔化空间的作用

[二] 植物在空间中的提示性与导向性

利用绿化与景观相结合的手法，使局部环境成为视线集中点来吸引人的注意力，并能达到含蓄而巧妙的提示与指向作用。如绿树掩映的大堂酒吧台，提示大家那里是上好的休息区等。（图04）

[三] 参与空间的限定与围合

利用绿色植物来分隔调整空间，自然得体，又不破坏空间的完整性和开敞性。（图05）植物与家具等结合形成隔断性的陈设品，如我国传统的百宝格，内部陈放形态各异的兰花做陈设，既分隔了空间，绿化了环境，又充分体现了环境的高洁与清雅，文人气息一览无余。

[四] 柔化空间环境

现代建筑不仅大多由直线形和板块形构件围合而成，还有容量、巨大的空间，使人感到既生硬又陌生，并产生一种极强的距离感——"这里不是我的世界"这种念头会油然升起，这就是冷漠建筑令人产生的茫然与恐惧。因而，这时绿色植物的引入会因那些柔美妖娆的曲线和生动的绿色影子，使人对建筑物产生亲切感，空间的尺度也会因此而趋于宜人和亲切。因为植物的高度与人的高度对比不大，使人的视觉在尺度感上不至于失衡。此外，用植物作背景来突出商品或展品及家具，更能突出主题，引人入胜。还可以用植物作点缀来填充剩余空间，使空间更加充实，丰富，充满生机，情趣宜人。（图06）

07.绿色植物的形态美　　08.北京饭店大堂

三、室内植物的观赏特征

植物的观赏性通常是指植物的某一器官或器官的某一部位特有的能让人们欣赏或品玩的特性。大多数植物既具有点缀环境、调节生活的性质，又有令人赏心悦目、陶冶性情的作用。植物的欣赏价值会有不同，可以分为株形、叶形、花、果的观赏价值和香味欣赏价值。

[一] 形态

植物的整体形态取决于外轮廓，主要受主干和枝、叶、花、果的生长形态影响，常见的形状有圆形、塔形、柱形、棕榈形、垂枝形等，多株植物的形态则取决于不同的组合方式。虽然有时为创造某些特殊视觉效果而将其剪成几何形，但多数空间还是重视植物参差的自然形态的应用，其多变的轮廓，容易与周围的环境的直线、几何性要素形成对比效果。（图07）

[二] 色彩

植物的色彩主要来自叶、花、果。叶的色彩多呈不同倾向的绿色，有些落叶植物为适应气候的变化，叶子还会顺序地呈现草绿、深绿、黄绿及黄、红等色彩，为室内带来季相变化。除此之外，人类为提高叶的观赏性，弥补花期的不足，

还培育出色彩斑斓的彩叶植物，给室内景观色彩带来变化。花、果也可为室内的绿化带来更加丰富的色彩，但持续时间不长。（图08）

[三] 质感

植物的质感容易与室内材料形成对比，可用来改善并丰富室内环境的形象。（图09）影响植物的质感因素有叶、茎、枝（也包括某一季节的花果）的形态及分布状况，如叶的大小、疏密、叶表面的光洁度都会产生不同的光影变化而影响到质感。植物的质感可分为细、中、粗三种状态，通常有小叶并且密布的植物为细质感植物，细质感植物会在视觉上扩大空间；叶大并且稀疏为粗质感植物，粗质感植物有趋近性，会使空间趋于缩小，若放置在小空间中会感觉拥挤；处于两者之间的为中等粗细质感的植物。质感细腻的植物适于贴近观赏，粗大植物则宜于远离观者，便于整体观察。另外，观赏距离、光线、种植容器也会影响到植物的质感变化。（图10）

[四] 尺度

不同种类的植物，尺度相差悬殊，室内环境由于兼顾空间尺度及人体尺度，对植物高度应有一定的限制。室内植物的高度最好控制在室内高度的三分之二，除了贯通几层的中庭外，大多植物宜在2m以内。此外，与周围空间及空间容纳的

09．植物的质感与室内材料形成鲜明的对比　　10．不同质感的植物搭配在一起可以形成视觉丰富的效果

11．植物缓解人与空间之间悬殊的对比关系　　12．梳妆台上的鲜插花会给我是带来一丝袭人清香

其他家具与陈设之间的相对尺度关系也是成功设计的重要因素。植物作为视觉参照物，还可显示或改变空间的大小，也可作为过渡层次，缓解悬殊的对比关系。（图11）

[五] 气味

植物特殊的香味对小空间有特别意义，可以创造温馨、淡雅气氛，使人心情舒畅，如米兰、夜来香、茉莉。使用中同时也应避免选择有异味的植物。（图12）

13.乔木　　14.灌木

四、植物的类型

园林植物的分类方式较多，宏观上基本可分为木本植物和草本植物两大类。

[一] 生长性状

按其生长性状，可大致分为乔木、灌木、藤本、草本等。

（1）乔木

乔木主干高大且与分枝区别明显的木本植物。有常绿落叶、针叶、阔叶等区别，多作为重要的观叶植物加以使用，由于体形较大，容易成为空间的视觉中心。多数根系较深，需要种植土的数量较多，荷载较大，应根据空间结构的具体情况加以取舍。从树形上看，室内树主要有棕榈形（叶集生枝顶）、圆形树冠，塔形树冠等，如松、柏、杨、柳。（图13）

（2）灌木

灌木是树体矮小而丛生的木本植物，无明显主干，茂密且长势相仿有分枝。灌木也有常绿、落叶之分。许多灌木有色彩鲜明的花朵和果实，可形成明显的色调效果，多用于划分、组织空间和创造层次感，如迎春、栀子花、丁香。（图14）

（3）藤本植物

茎呈软体结构，无自立能力，借助于茎节间的气生根、卷须、吸盘、缠绕茎等特殊器官依附于其他物体攀缘、缠绕生长的植物，多作为景观背景来使用，如紫藤、龙须藤、葡萄。（图15）

（4）草本植物

具有观赏价值的草质茎植物，草茎柔软，没有年轮，有一年生、两年生、多年生等，茎的地上部分在生长期终了就枯死。主要包括草坪植物，水生植物等，如芭蕉、芍药。

①草坪植物：草坪主要用作大面积地面覆盖，提供水平景观，单独使用容易产生单调感，多作为衬景与花木、山石结合使用。（图16）草坪使用的植物包括草本植物和地被植物，草本植物如羊胡子草、野牛草、结缕草等；地被植物有爬地柏、苔藓、蕨类植物等。

②水生植物：是生活于水池中和水池边的植物总称，水生植物大多喜光，因此引入室内的并不多见。水生植物分为沉水植物、浮叶植物、挺水植物，可根据情况单独或结合使用。沉水植物的植物体整个沉没于水面以下，如水草；浮叶植物的根生于泥中，或伸展于水中，叶或整个植物体漂浮于水面，如睡莲、荷花；挺水植物的根生于泥中，茎、叶大部分挺立于水面，适于浅水种植，如香蒲、芦苇。为便于观赏，增加水面趣味性，水生园多选用挺水、浮水植物，清澈见底的水池也会种植沉水植物。（图17）

③竹类：性喜温暖气候和肥沃土壤，生长快，不择阴阳，姿态挺秀，经冬不凋，中空有节，按生长状况分为丛生、散生和混生三种，如毛竹、桂竹、紫竹、慈竹、佛肚竹等。（图18）

④人造植物：利用塑料、绢布等材料制作的假植物，也包括经过处理的植物体。虽然人造植物很多方面不及真植物，但无须经常维护，适用于一些条件苛刻的特殊环境，如光线阴暗、温度过低，以及无法解决种植土的体积、荷载等地方，都可选用人造植物来达到要求。（图19）

15．藤本植物　　16．上海东郊宾馆四季厅　　17．水生植物　　18．竹类植物　　19．人造植物　　20．观叶植物　　21．观花植物　　22．观果植物

23.赏枝植物

[二] 观赏特性

从植物的观赏特性,可将其划分为:观叶植物,观花植物,观果植物,观茎植物,观根植物等。

(1)观叶植物

以植物叶片的色泽,形态,质地为主要观赏对象的植物群落。如蒲葵,文竹,万年青,芭蕉,橡皮树。观叶植物多生于热带、亚热带雨林的下层,耐阴湿,不需要很强的光线,在室内正常的光线和室温下,大多也能长期呈现生机盎然的姿态,由于适宜室内生长,因此观叶植物成为室内绿化的主导植物,经不断筛选、培育,观叶植物形成许多新品种。不同品种的观叶植物,叶的变化很大,大叶可达1m~3m,小叶不足1cm。形状上有线形、心形、戟形、椭圆形等;叶色上有不同倾向的绿色,以及红色、紫色,还有洒金、洒银等花叶,落叶植物的叶片还有季相变化:叶质上有草质、革质、多皱、多毛等。(图20)

(2)观花植物

不同种类的植物,花的颜色、形态、大小多样、花色艳丽、花香郁馥、效果突出,比观叶植物更具特色和多样性。(图21)观花植物应尽量选择四季开花或花叶并茂的植物。如月季、海棠、令箭荷花、倒挂金钟等。

(3)观果植物

室内出观果植物并不多见,作为观赏的果,多具有美观的形状或鲜艳的色彩,应尽量选择花、果、叶并茂的植物。观花植物与观果植物一样,都需要充足的光线及水分。如石榴、金橘等。(图22)

(4)观枝干、观根植物

以植物的枝干和根部的形态、表皮肌理、色泽为观赏特征。赏根植物可于玻璃器皿中种植以显露根部特点。(图23)

24．孤植　　25．对植

五、室内绿化的配置原则

从绿色植物作为室内绿化的空间位置来看，绿化的配置不外乎水平和垂直两种形式。地面上、楼层面上等水平方向的绿化包括一切倾斜面上的花草树木均属于水平绿化；沿墙柱等垂直面的或空中悬垂等垂直方的花草树木属于垂直绿化。一般的室内空间中，都是两种配置方式并用，创造最佳的空间效果。

不同的植物形态、花色、香气皆有差异，有的适合成群成片栽植，有的则只需一枝独秀，才能见其高品。因此，对于植物的配置应根据花木形态特点及数量予以适当的搭配，才能最终得到良好的效果。

[一] 孤植

所谓一枝独秀式的配置方式，以盆栽单一种植物单独摆放的形式出现。传统植物如桃树、兰花、梅花以及单盆的竹，盆景里黄杨、榆、松等都是孤植的代表之作；而现代植物如巴西木、苏铁、棕竹、绿萝等也都经常适合孤植。孤植方式是最为灵活的植物配置方式，适合室内近距离欢赏，因此其形态，色彩都要优美和鲜明，并应注意与背景的关系，及有充足的光线来衬托。此种配置多放在空间的转折处。尺度大的植物宜放置在相对固定的空间，如墙面及柱子等处，使之与人流保持一定距离，人的视线才能观察其整体效果；中等尺度的植物宜与家具及陈设搭配，并使其视线略低于人的视线位置；而小型盆栽植物，则适合作为陈设品摆放于家具上、窗台、搁板上某位置，让人能全方位观看，并能与家具、陈设相映成趣。（图24）

[二] 对植

即在视觉集中点的两侧对称摆放单株或组群的植物，从而形成对称、稳定的格局。常用于入口处，楼梯两侧以及环境的视觉中心两侧，以强调对称关系的重要。（图25）

26．群植

[三] 群植

一种是同种花木群植，形成完整统一的大面积大手笔的印象，此做法可以突出花木的特征，突出景观特点，达到重点强调，中心突出的目的。另一种是多种花木混合群植，它可以配合其他景观，模仿自然形态，通过疏密的搭配，错落有致的格局，以形成一种层次丰富，优雅宜人，属于天然情趣的园景。此种配置中，花木可以是固定种植的，也可以是能移动和变换位置的。一般固定种植会在多个建筑施工后预留的花池、花坛、花架之处来种植，一经种下常年保留。

此外，有些攀缘植物如藤、萝，下垂、吊挂植物如吊兰、南天竹等，需依附一定的构架条件。同样可以孤植、群植、混合种植，而且往往孤植的藤类植物会形成一藤长久，遮天蔽日，把一片面积都发展成它的领土，变成具有群植效果的栽培。

植物在空间中的位置只有两种形式，即水平配置和垂直配置。且这两种配置可以形成我们环境所要求的各种形态和要素，植物的表现力极其丰富，并能形成我们所要求的以点、线、面、体的形式参与空间的构成和分割。（图26）

六、环境绿化的常见花木介绍

一般室内选用的植物可以不受地域及气候状态影响，热带、亚热带、温带植物均可选择，但由于室内用植物多以观赏为主，固常选用性喜高温、多湿的观叶植物和半喜阴的开花植物。观叶植物一般多原产于热带，喜阴，适合室内种植，其中有蕨类、南天星科、美科、竹芋科及部分兰科、百合科、棕榈科植物。观花植物则以兰科、杜鹃科、百合科、堇菜属等为主，室内用植物多根据当地气候条件选择适合当地区气候条件的木本及草本植物。

02

理石

理石是我国传统园林常用的手法，至今仍不失为景观设计中的常胜将军，是中式造园甚至现代园林艺术设计中，必不可少的手法之一。中国传统的造园思想中，"园可无山，不可以无石；石配树而华，树配石而坚。"的说法更加表明了这一点。（图27）而且在室内，即使不能叠石也要供几案陈列观赏。能做石景或被用来观赏的石头，被称为品石，概上品之石也。品石有太湖石、锦川石（石笋）、黄石、腊石、钟乳石及罕见的灵璧石，还有近年兴起的化石。

常用理石手法有散置和叠石两种，散置即将品石零散摆放在草地、池畔、树旁的做法，看似无意，其实其间的均衡、比例与风水之说倒也大有文章。（图28）叠石是将石块堆叠成常说的卧、蹲、挑、飘、洞、眼、窝、担、悬、垂、跨等。（图29）

一、室内山石

叠山置石在中国园林中具有悠久历史，山石在绿化中虽然起不到植物和水能够改善环境气候的作用，但它由于在体态皴皱、色泽、纹理、虚实等方面的丰富变化而产生一定的观赏作用。或重拙浑厚，或玲珑剔透、或峭立挺拔、或卷曲多变，而且能够作为体肤。与植物，水体等配合造景，石还可用来固岸、坚桥，又可为人攀高作蹬，围池作栏，叠山构洞，指石为座，立石为壁，引泉作瀑，伏地喷水成景。另外，通过障景等方式还能够丰富空间层次，使空间含蓄深邃，避免空间的一览无余，又可抑制视线，隐蔽室内不直观瞻的部分。可见石是绿化设计中不可缺少的构景和功能要素。（图30）

园林所用山石是直接来源于自然界的山川湖泊，中国人选用喜欢从形式、情趣、意境等多种角度出发，有一套完整，成熟的评判标准。古人赏石，讲求"石贵自然"，"贵在天成"，少有人工痕迹，欣赏其似与不似之间的抽象之美。李渔在《一家言居室器玩部》中提出："言山石之美者，俱在透、漏、瘦三字。此通于彼，彼通于此，若有道路可行，所谓透也；石上有眼，四面玲珑，所谓漏也；壁立当空，孤峙无倚，所谓瘦也。"主张以"透、漏、瘦"作为品石标准。此外，"怪、怪异、奇特"，"丑、憨、拙"，"清静、清雅、秀丽"，"顽、坚实、刚韧"，也都是选择山石重要的审美、评价标准。（图31）湖石是中国古典园林中常用的山石，盛产于太湖一带，又称太湖石，用于造园已有上千年的历史，外形凹凸多变，玲珑剔透，质坚面润，嵌空穿眼，纹理纵横，多具峰峦岩壑之致而成为园林叠山的首选。其他还有黄石、锦川石、英石、灵璧石、宣石等，也是园林掇山的上品石料。此外，还有仿效自然山石质地特点的人工合成山石，多以树脂、石粉、石渣、混凝土等材料制成，应根据空间环境的既有条件和表达意境来加以选择，同一景观应尽量选用石质，石色，石纹一致的石材，并结合相应造型手段和表现手法，使其更趋于合理、自然、牢固。

27.钓鱼台中的山石　　28.山石散置　　29.叠石　　30.珠海云山诗意会所大堂　　31.纽约大都会博物馆中国馆的山石

32. 苏州园林中叠石艺术　　33. 山石特置

二、理石

山石的处理包括掇山和置石两类。室内山石的类型有太湖石、锦川石、英石、黄石、花岗岩和人造石等。

掇山，置石是我国传统园林的独特手法，运用十分广泛，并在长期的造园实践中形成了独特，成熟的理论和技艺。处理手法上注重对自然山体的艺术摹写，通过主观地取舍与创造，仿效天然山体的情趣和神韵，利用峰峦峭壁、沟涧洞壑，达到"咫尺山林"效果。

[一] 掇山

掇山又称掇石或叠石，是利用石块堆叠而成，与置石相比，堆叠假山规模大，用材多，有叠、竖、垫、拼、压、钩、挂、撑等多种处理手法，有卧、蹲、挑、飘、洞、眼、窝、担、悬、垂、跨等表现形式。室内叠山，须以高大的空间和足够的视距为条件，供人登临时，还要有景可望。体形较大，较为完整的山应有峰峦、崖壁，有蹬道、洞壑、亭台，有涧谷、矶滩。玲珑俊秀的孤石单峰可用来做单独欣赏；盆景假山则是微缩的掇山艺术形式。叠石为山，有志可考始于汉代，需要较高的艺术，文化修养和技艺，非一般匠人所能胜任，从材料构成上分，除了全石山，还有土。相间的做法，利于种植花木，加强山体的生机。（图32）

[二] 置石

山石在绿化中除了可叠砌假山，还可零散布置，称为置石或点石。置石是仿效天然岩石裸露的效果，在园林内的水畔、路旁、树下等处自然布置的石块，用以点缀园林空间，达到片山有致，"寸石生情"的艺术效果。置石所用石料较少，结构和施工也较简单，因此运用较为广泛。

置石分特置、对置、散置等手法。

1. 特置

选姿态秀丽，古拙奇特的整块，也可以由若干山石拼叠而成、山石，作单独陈设。可孤石独块，也可由三两块山石组成一组石景。可置于基座之上，也可将山石底部直接埋置土中或水中。多用于空间入口或构图中心，可用以遮挡视线，突出主题，增加气氛。（图33）

2. 对置

亦称蹲配，多用于建筑入口两侧，各置一块山石，以强调和装饰入口。（图34）

3. 散置

将山石作零星散点布置，石姿应有卧有立，有大有小，有聚有散，有疏有密，彼此呼应，若断若续，整体虽呈散点状，但互相之间仍应该实现顾盼呼应，气脉相通。（图35）

此外，置石还可兼顾观赏价值与使用价值，"使其平而可坐，则与椅榻同功，使其斜而可倚，则与栏杆并力，使其肩背稚平，可置香炉茗具，则又可代几案。"李渔《一家言居室器玩部》传统园林中还有以山石或仿山石材料制作成的庭院小品，如石桌、石凳、石榻、石栏、石灯等，也应属于这种设计思路的体现与延伸。（图36）

34 . 山石对置

35 . 山石的散置

36 . 石头桌椅

03
理水

理水，是在景观中引入水体（水池、喷泉、瀑布），使环境更加富于状态和流动感，并有潺潺水声，形成生动活泼的气氛。水体作为园林的重要组成要素，具有收效快、点景力强、效果突出的特点，又加之我国传统习俗中，水是财富的象征，还要加上我国是个贫水国，因而在园林中，水体便成为必不可少的景观之一。（图37）

水是室内绿化的另一种自然景观，景致"有水则活"，水不但能降温增湿，给人清凉感受，同时又具有特殊的形态、光影和声响，可养鱼或种植水生植物以营造气氛，使空间环境生机盎然。不同形态的水会传达出种种不同的表情，譬如平展如镜的池水显得宁静悠远；而蜿蜒流动的小溪气氛欢快；跌落的瀑布则气势磅礴，通过反射、透射周围的景物而产生自身的无穷变化；流动的水产生的不同声响，或清脆婉转，或欢快激越；这都会有助于空间感染力的加强。现代水景还常常结合现代的灯光和音响技术，以加强其艺术效果。由于水面是空间中不易逾越的部分，可以用来限定、分隔空间，组织交通和限制行为，同时利于保持视线的连续与开敞，并能够创造视距使人获得良好的观景效果。水能够引导路线，以及作为纽带沟通和联系空间，还可为浇灌花木和防火提供水源。（图38）

除非结冰，水没有固定的形状，可以通过不同限定和围合要素以及其他多种手段而产生无穷变化。其中，岸形变化是表现水的不同秉性的主要手段，水面会与堤岸共同组景，从而影响到人们对水体的整体感受。从造岸的材料来看，主要包括土岸和石岸两类。土岸多用于静水、浅水，由于怕冲刷，坡度不宜过陡，所占面积较大，可结合布置芦苇、蒲草等水生植物加以固定；石岸多用石块、石板、卵石砌筑，能够防止池壁崩塌；根据具体情况还可选用陶瓷，沙等作为池岸材料。规则式岸形呈各种各样的几何形，如圆形、方形、多边形等，线条挺括分明，富于秩序感。中国园林由于以"模山范水"为主要特点；因此大多采用自然式水体，水岸造型也以自然式为主，平面曲折有变，立面或陡或缓，容易因地制宜，与空间既有条件相适应，还可随岸形变化，夹杂使用石、水洞、花木苇草，使其更加扑朔迷离，增添幽邃深远的意趣。（图39）

水的基本形态大致可分为动态和静态两种，应根据空间功能、性格，以及地势，水源状况因势利导地加以布置。室内水景种类繁多，常用的是水池、溪流、壁泉、喷泉、瀑布等。

37.庭园内的水景　　38.动态的水景　　39.池岸

40 . 四季厅内的游泳池石

[一] 静态的水——水池

静态水包括湖泊、池沼、渊潭等。一平如镜的水面寂无声息，能够营造宁静悠远的意境，水中景致、水面映像为空间带来轻盈或沉浑的虚实变化；静水清澈透明，可清晰透射水下景象，增加空间的含蓄与深邃；水面如镜，还可产生倒影，通过反映周围的景致，丰富空间的层次，增加空间韵味；水面除了可产生虚景，还多用来衬托实景，其上可以架桥筑岛，建造亭榭回廊，以及设置山石、小品、瀑布、喷泉等，还可以饲养鱼类、水生植物和水鸟，以产生不同的意境和氛围。

室内的水池面积可大可小，设计可繁可简。蓄一池碧水，以水面为镜，倒影为图，养游鱼数条，池莲数支，池内筑山，山上水流倾注池中，池旁有岸，岸边幽篁数丛，篁内石灯幽然……此情此景思古之情由生，令人悠然忘我。水池的形状亦可方可圆、也可屈曲回折，池水可深可浅，可成滩、池、潭、溪，其池岸材料也可是卵石、碎石、沙滩、灰桩、湖石，皆按其意境之不同，任由配置。

水池是现代水景观设计中最简单、最常用的形式，室内静水主要以池水的形式出现，池为蓄水的坑，一般不大，较浅。

外形可方可圆，可曲可折，水可深可浅，池还能"延而为溪"。水池水面形状和大小的确定主要取决于整体空间的功能、尺度和风格要求，符合室内的功能分区和交通流线等要求，池面可采用规则的几何形或是不规则的自然形，并通过大小、分聚、宽窄等变化与整体空间相适应。小面积的水池适于聚，可造成疏朗、开阔的景象；大面积的水池应有聚有分，可通过设置石景、桥、堤、汀步、植物等手段加以实现，能够起到调整水面尺度，使水面似断似续的作用，并可借此形成层次和变化。（图40）

由于室内人工池往往较浅，因此池壁、池底等围合物的图案、色彩、质地等因素对水的外观特征影响较大，多用石材、陶瓷制品来铺装，通过各种色彩、图案拼贴或造型的高低起伏可以增加其视觉趣味。

池壁与周围地面，水面的关系对水池也有很大影响，由于人具有亲水性，布置中应尽量缩短人与水的距离，池岸与水面距离不宜太远，以手摸到为好，也可通过汀步、桥、水中亭台让人融于水景之中。

池壁高于地面是一种较普遍的形式，池壁既有存水作用，也可供人休息；池壁与地面同一高度，池壁外围应设标识（如改变铺装方式材料），以防不慎跌入池中；池壁低于四周地

41.屋前的小溪　　42.涌泉　　43.叠泉

面，往往用台阶下延至水面。

池壁与池面角度不同，还会产生不同变化。内夹角大于90°时，水池低缓浅平，便于近水赏景，与水亲和；内夹角小于90°时，会使人产生踩水的欢愉。

[二] 动态的水

由于重力作用，水会由高向低产生自流，动态的水包括河流、溪涧、泉瀑等，通过流淌、跌落、喷涌等方式能够表现不同的动态，具强烈感染力，引人注意，适合在空间的视觉中心处使用。室内设置动态水，常结合地形和落差等因素，并通过水泵利用循环水加以实现。泉、瀑和喷水还常作为水源与池潭结合使用，并能为其加入动态因素。动态的水由于流动或撞击会发出声响，可增加空间的观赏特征，还会掩盖环境噪音。不同状态的水会产生不同的水声效果，流速、快慢、流量大小、落下时接触的表面性质都会影响水声。轰鸣的水声使人兴奋，潺潺的水声会增加热烈情绪，滴落的水会产生幽静感，衬托环境的空灵和雅静。水声也不宜太过喧哗，以免破坏空间宁静气氛。

1. 流动的水——溪

溪为山间小河沟，一般泛指细长，曲折的水体，忌宽求窄，忌直求曲。流动的水态会受流量、沟槽的宽窄、坡度、材质等的影响和控制而呈现出千姿百态，通过曲折的流淌或跌落，以及植物、山石的遮挡或藏隐，会使其更显源头深远，有水源不尽之意。（图41）

2. 落水和喷水

流水从高处落下，通常称流泉或瀑布。泉与瀑是按水量的大小与水流的高低来区分的。瀑指较大流量的水从高处落下；泉指较小流量的滴落、线落的落水景观。

（1）泉

多为人工喷泉，即以水泵将水流加压打成向上喷射的水柱、水花或雾状洒落的水雾，水流落回池中，可再循环打起亦可用毕排出。其喷射的复杂程度可因地制宜，可繁可简。喷射的图案，色彩均可由计算机程序控制，并可以配上不同的音乐形成音乐喷泉，喷泉多与雕塑假山结合，以取得综合的观赏效果。因喷射水流的程度和方向的不同，所以将喷泉分为单射流喷泉、集射流喷泉、散射流喷泉和混合射流喷泉、球形射流喷泉、喇叭射流喷泉等。（图42）

44.帘瀑　　45.叠瀑　　46.喷水

泉用水量少，在经济和技术上容易实现，在室内绿化中运用普遍，种类很多，多结合水池，山石，雕塑来处理。

泉水由建筑物的墙面或水池池壁的隙口流出的称壁泉；泉水可直接落入池潭中，若分段叠落则称叠泉。（图43）

（2）瀑

瀑又称跌水、飞泉。在各种水景中，瀑的气势较为雄浑壮观，常用作空间环境的焦点。瀑需要的空间一般较为高大，室内空间中多使用小型瀑布，一般做法主要是利用地形高差或砌筑方式于高处建造蓄水池，并通过水泵使水周而复始地循环，瀑布下方多结合布置池潭、溪涧等。

利用假山或叠石，低处挖池作潭，高处水流下泻，击石拍岸，如飞虹流逝，有水声轰然，则使室内变得有声有色，若逢阳光直射，又可形成七彩飞虹，更加情趣盎然。也可以墙面为坡，形成水幕，静中有动，水声潺潺，亦是情景交融。

瀑布的形态多样，日本有关园林营造的《作庭记》中，将瀑布分为向落、片落、传落、离落、棱落、丝落、重落、左右落、横落等多种形式。不同形式会表达不同的情感，还会产生不同的声音。瀑布的特性，取决于水的流量，流速以及瀑布口的状况，以其落水与壁面的关系分悬壁的离落、沿壁的

滑落、分层接传的叠落等形式。

帘瀑，也称水幕墙，以墙体等实面为坡，水沿实面滑落、离落，克服了水跌落而产生的噪音。水口边沿平整光滑，水幕完整无皱如薄纱，壁面的色彩、质地得以表现。倘若水口边沿、壁面粗糙，流水则会集中到凹点，产生皱褶以及水花。（图44）

叠瀑，又称流水台阶，在水的起落高差中，添加一些水平台阶，使水层层叠落而下，比一般瀑布更富于层次变化，台阶的多少和大小随空间条件而定。（图45）

（3）喷水

喷水又称喷泉，现代建筑空间多使用人工喷泉；利用压力使水自喷嘴喷向空中后形成水花、水柱、水雾等景观，气氛活跃，适于空间的中心、焦点处使用，喷水形状、喷水量、喷射高度都可以根据设计意图加以控制。喷水是西方古典园林中的常用要素，这种做法起源于希腊运用天然的水源，而后逐渐发展为装饰泉，多与雕塑、山石配合使用，即使停止了喷水，也有很好的欣赏价值。随着技术的进步，利用电子技术，加入声、光的处理，又出现各种动态、立体造型的喷泉，以及时控、声控喷泉，大大丰富了喷泉作为水景的艺术效果。（图46）

04 园林建筑和小品

园林建筑和小品包括桌、凳、舟、桥、灯具、栏杆、雕塑，提供服务的各种设施、设备，以及体量较大的室内空间中的亭、台、楼、阁、榭、廊等园林建筑。山水、花木是园林绿化中人工模仿的自然景观，而园林建筑小品则应属于园林艺术中的人文景观，它们与山石、水体、绿化结合使用，可作为主景、也可作为陪衬，起到活跃景色、点题、点景等作用。另外，它们往往还具有某种使用功能，为环境提供某种功能，方便使用。在设计时应注意园林建筑、小品与建筑空间的尺度关系，以免造成空间的拥挤、局促、沉重，其造型、材料、色彩的选择应与所处环境相协调，所用材料多为砖、石、竹、木、混凝土或金属等。

[一] 桥

多与水体结合使用，起交通、联系和引导作用，还可以作为水面的点缀，或对水面进行划分。按材质分主要有木桥、石桥、竹桥等，按造型分包括平桥、拱桥、折桥、悬桥、浮桥等，室内设桥宜轻快质朴。没有水体的室内空间使用旱桥，还会为室内带来水意，并能赋予室内地面以标高的变化，为空间带来趣味感。（图47）

[二] 步石

供人行走的石块，其间距应按人的步距铺设。步石本意是保护草坪，同时也可创造出山道弯弯、探幽寻圣的诗意。步石置于水中，又称"汀步"或"蹬步"，可供人登临小岛、或到达彼岸，其高度不宜超过水面过多，可使人尝到蜻蜓点水或跨越急流险滩的乐趣。用作步石的材料既可以是石板或石块等天然石材，也可以用混凝土等其他材料加以替代；其形状可方可圆，也可呈不规则形状；其排列可单排，可双排，

可直线，可折线，可曲线，更显灵活自然和动感。（图48）

[三] 栽培容器

栽培植物的容器与植物的健康成长和整体的观赏价值有很大的关系，应根据所栽植物的大小、数量、外观，以及空间整体氛围加以选择，还应符合排水功能，根脉延伸和土壤通风等多方面要求。栽培容器在空间中既可以是平面布置，也可以垂直立体展开，有些种植容器还会与座椅、台阶、墙柱、水景等元素结合考虑，花坛、花池等固定种植容器，多以砖石、混凝土等材料砌筑，移动式种植方式多采用花盆栽植，多用陶瓷、金属、玻璃塑料等材料制成，外面还可以使用木制、竹藤套盆，以加强其装饰效果。（图49）

[四] 雕塑

雕塑等园林小品在人工造景中应用广泛，或和门对景，或室内角隅，或与水景配合使用，起到点题、点景，以及烘托气氛等作用。（图50）

[五] 灯具

除了照明的作用外，多用来渲染气氛，进行环境的再创造，在使用时应同时兼顾白天和夜间效果。（图51）

[六] 井

室内设井，我国古已有之，主要起到装饰或点缀的作用，常常具有一定的寓意。（图52）

47．木桥　　48．步石

49．植物的栽培容器

50．雕塑

51.中国传统园林中石灯和石栏杆　　52.水井

05

室内庭园

室内庭园是综合使用掇山理水、莳花栽木、建造亭台楼阁等手段，在室内创造处园林景观，使人们在室内也能领略自然的山野之趣，除了观赏功能，有些室内庭园还有各种实用功能，如交通、休憩、娱乐、餐饮、购物等。从这一角度而言，室内庭园实际相当于的城市开放空间，为人们创造了公众化、全天候的公共活动环境。建筑物中往往只有规模较大的公共建筑，如酒店、商场、办公楼等处，才有可能进行室内庭园的建设。

室内庭园有以植物为主题的内庭，或以山石、水景为主景的内庭，因所处位置、形状、界面变化而各具特色，应结合室内功能分区、交通流线进行整体规划和布局。为创造室外化感觉、满足植物的生长需求，尽可能采用透光顶盖或侧窗引进自然光线，没有自然采光的也可利用人工照明创造自然的气氛，并可突出强调趣味中心。墙面多采用粉墙、砖墙、漏墙、石墙，结合水景、山石、绿化的设置，既有分隔空间，又有衬托景物的作用，还可以造成院墙、建筑外立面的假象，强调自然化、室外化效果，利墙面造型还可以突出强调空间独立性，或是强调融和与协调，保持与毗邻空间的渗透与联系。庭园的地面除了保留绿化种植空间外，其余应做铺装处理，尤其是组织和联系空间出园路部分，以便行走，不同高度还应设置蹬道或台阶，以解决高差问题，有时也可以人为地营造地面高度的变化，避免单调感；地面铺装宜选用坚固耐用的材料，如砖瓦、石板、卵石等，也可与所处的空间环境协调一致，强调空间的整体与连续，也可以与相邻空间加以区别，强调象征性分隔，小面积铺装应减少材料种类的使用，以免造成视觉上的混乱和拥挤。

一、室内庭园的意义和作用

室内庭园是室内空间的重要组成部分，是室内绿化的集中表现，是室内环境室外化的具体实现，旨在为生活在楼宇中的人们提供更为容易接近自然、感受自然的机会，可享受自然的情趣而不受外界气候变化的影响，在一定程度上说，这也是现代技术进步和现代文明发展的重要标志之一。开辟室内庭园虽然会占去一定的建筑面积，并要付出一定的管理、维护的代价，但从维护自然的生态平衡、保障人类的身心健康、改善生活环境质量等方面综合考虑，却是十分值得提倡和推广的。室内庭园的作用和意义不仅仅在于观赏价值，而是作为人们生活环境不可缺少的组成部分，尤其在当下许多室内庭园常和休息、餐饮、娱乐、歌舞、时装表演等多种活动结合在一起，因而也就能够充分发挥庭园的使用价值，同时获得一定的经济效益和社会效益。室内庭园的发展有着广阔的前景，成为大众喜闻乐见的形式。

二、室内庭园的类型和组织

从室内绿化发展到室内庭园，使室内环境的改善达到了一个新的高度，室内绿化规划应该和建筑规划设计同步进行，根据需要和可能确定其规模标准、使用性质和适当的位置。

室内庭园类型可以从采光条件、服务范围、空间位置以及跟地面的关系进行分类。

53.顶采光庭园　　54.侧面采光　　55.顶棚和侧面同时采光

[一] 按采光条件分

采光分为天然采光和人工照明两类。自然光是最适合人类活动的光线，而且人眼对自然光的适应性最好，自然光又是最直接、最方便的光源。在环境设计中，天然光的利用称作采光，而利用现代的光照明技术手段来达到我们目的的称为照明。室内一般以照明为主，但自然采光也是必不可少的。

1. 自然采光

洞口的位置将影响到光线进入室内的方式和照亮形体及其表面的方式。洞口的朝向一般设在一天中某些能接受直接光线的方向上，直射光可以接受充足的光线，但是直射光也容易引起眩光、局部过热。要解决这些问题，我们就要因势利导，调整洞口的位置或者采用其他手段，充分发挥直射光的长处，来弥补它的不足。

（1）顶部采光。（图53）

（2）侧面采光。（图54）

（3）顶、侧双面采光。（图55）

室内植物应避免过冷、过热的不适当的温度，如设在靠北门边的植物吹几次冷风就可能伤害其嫩叶，而在朝南的暖房，会产生温室放回，需要把热空气从通风口排出。

2. 人工照明

人工照明的庭园中的绿色植物一般采用盆栽的方式，而且需要定期更换。

[二] 按所处位置分

庭园与所属建筑在空间和位置上有不同的组合方式，有的庭园在建筑的中央，有的在建筑的侧面。庭园的开放程度也不同，有的全封闭，有的尽可能开放。

1. 根据庭园与建筑的组合关系分

根据与建筑的组合关系分，庭园可以分为中心式庭园和专为某厅、室设置的庭园。中心式庭园为整个建筑服务，规模较大，是公共活动场所。专为某厅室服务的庭园一般规模较小，相对较为私密。

（1）中心式庭园

中心式庭园规模较大，一面或几面开敞，强调与周围空间的渗透与交融，通过借景、透景的方式为周围厅室，甚至为整体建筑服务，多作为建筑空间的核心，高潮来处理。（图56）

（2）专为某厅室服务的庭院

许多大型厅室，常在室内开辟一个专供该室观赏的小型庭

56 . 中心式庭园　　57 . 为专门厅室设置的庭园　　58 . 可供借景的室外庭园　　59 . 建筑的外墙围合成的小庭院

园，它的位置常结合室内家具布置、活动路线以及景观效果等进行选择和布置，可以在厅的角隅、一侧或厅的中央，这种庭园一般规模不大，类似我国传统民居中各种类型的小天井、小庭园，常利用建筑中的角隅、死角组景。它们的规模大小不一，形式多样，甚至可见缝插针式地安排于各厅室之中或厅室之侧。在传统住宅中，这样的庭园，除观赏外，有时还能容纳一二人游憩其中，成为别有一番滋味的小天地。（图57）

专为某厅室服务的庭院既可以与室内空间直接相通，也可以使用玻璃等通透材料加以分隔，甚至可以通过借景于室外庭院的方式满足要求。（图58）结合与建筑之间的关系，庭院常分为前庭、中庭、后庭和侧庭。（图59）由于植物有向阳性的特点，庭院的位置最好是布置在房屋的北面，这样，在观赏时，可以看到植物迎面而来，好像美丽的花叶在向人们招手和点头微笑。

2．根据庭园与地面的关系分

根据庭园与地面的关系，庭园分为落地式庭园和空中庭园。现代技术的发展使在空中营造庭园成为家常便饭，人们可以根据需要在建筑任意楼层设置庭园。

（1）落地式庭园（或称露地庭园）庭园位于建筑的底层，便于栽植大型乔木、灌木，以及设置山石、水体，一般常位于底层和门厅，与交通枢纽相结合。

（2）空中花园（或称屋顶式庭园）出现在多层、高层建筑中，结合建筑的楼板、栏杆等构件在高度方向设置的多层室内庭园，地面为楼面。

屋顶式庭园在高、多层建筑出现后，为使住户仍能和生活在地面上的人一样，享受到自然的情趣，有和在地面上一样的感觉，庭园也随之上升，这是庭园发展的必然趋势，如香港中国银行在70层屋顶上建造玻璃顶室内空间，大厅中间种植二株高达5m~6m的棵榕树，已成为游客必来瞻仰之地。这类庭园虽然在屋面构造、给排水、种植土等问题上要复杂一些，但在现代技术条件下，均能得到很好的解决。

[三] 从造景形式上分

从造景形式上无非两种主要倾向：一是自然移景式庭园；二是人工造景庭园，现代室内造景多趋向于两者混合的特点。

1．自然移景式庭园

模仿、概括自然界的山水景象，返璞归真，成自然之趣，尽可能减少人工的痕迹，将大千世界和天下美景，通过艺术加工移入到室内。

2．人工造景庭园

人工造景庭园的平面形状多以几何形为主要特征，容易与建筑造型协调统一，强调自然景物的人工化特点，淡化其自然特征，根据具体情况，往往有对称的轴线，植物也修剪整齐，成行排列。

第 8 章

室内物理环境

一般来说，正常的人都有视、听、嗅、味、触五种生理感觉，并有根据这些感觉综合判断外界状态的能力。此外，人体对室内环境的温度、湿度也具有一定的敏感性，但这个因素在日常生活中常常不为人们重视，也经常被我们室内设计师们所忽视。这些感觉除了味觉、温度和湿度感觉以外，都与人对物质的形态、空间的知觉相关，其中，尤以视觉的作用最大。室内的光线、色彩、材料的质感、各种类型的空间形态，以及这些要素共同形成的环境氛围和获得的心理感受等都与视觉有着直接的联系。

01

感觉与知觉

一、视觉

视觉是光线作用于人的眼睛而产生的感觉，光线对于视觉的产生具有决定性的作用，光线的强弱对视力有直接的影响。视力是表示区别细微对象的程度，因所视对象的颜色、形状、明亮度的差异而有不同的变化。

普通心理学对视觉现象的研究主要包括三个方面：

[一] 视觉刺激的性质

有效的视觉刺激是一种适应性刺激，是指一定范围内的电磁辐射——即光波刺激。能引起视觉的波长范围为380~780nm，我们称之为可见光。在可见光谱范围内，不同波长的刺激能引起不同的颜色感觉。

[二] 视觉系统的基本结构及功能

眼球由巩膜、脉络膜、视网膜组成。视网膜是接受光波并对其信息进行加工的细胞组织，它由三种细胞层组成——神经节细胞、双极细胞和感光细胞。按细胞的形状又可分为两类——杆体细胞和锥体细胞。人的每只眼中大约有1.2亿个杆体细胞和650万个锥体细胞，它们在视网膜上的分布是不均匀的。杆体细胞是暗感受器，在低亮度水平下发挥作用，不能感受颜色，也不能分辨物体的细节。锥体细胞是明感受器，在高亮度水平下发挥作用，能感受颜色和分辨物体的细节。

[三] 视觉的基本现象

1. 视觉感受

人眼对光的强度具有极高的感受性，能对7~8个光量子发生反应。在大气完全透明，能见度很好的夜晚，能感知1km处1/4烛光的光源。在明视条件下，人眼对550nm~600nm的光最敏感，在暗视条件下，对500nm~510nm的光最敏感。

2. 视觉的适应性

视觉器官受光线持续刺激后，可以引起感受性的变化。从亮处进入暗处，开始看不见东西，持续一段时间后才能恢复视觉，这个过程大约需要30~40秒钟；从暗处进入亮处时也有一个适应过程，持续时间约有1分钟。在这个过程中，瞳孔的放大或缩小起着调节光亮变化的作用。我们从室外进入室内时，通常感受不到明暗的急剧变化，但当我们突然穿入隧道或进入暗室时，这种"暗适应"的现象便会发生，其原因是建筑物一般都有过渡性的空间，如门廊、前厅、走廊、过厅等。我们将其称为"灰空间"。这种过渡性的空间不仅在空间的组织形式上是必要的，在调节视觉适应性上也是必要的。（图01、图02）

3. 视觉后像和闪烁融合

光刺激视觉器官时产生的兴奋并不因刺激的终止而立刻消失，而是会保留一个瞬间，这种现象称为视觉后像。后像有正、负之分，正后像是一种与原来刺激相同的印象，如夜间一个光点的迅速移动，会被知觉为一条线的移动。负后像是一种与原来刺激相反的印象，如一个有颜色的光引起视觉后，当它消失时，视觉后像是一个与其相反的补色。视觉对断续出现的光会引起闪烁感，但是，这种闪烁感会因闪烁频率的变化而改变，但其存在一个闪烁临界频率，超过此频率的闪烁光会被知觉为连续光。

01.客房走廊   02.过厅

二、听觉

听觉是因物体的振动，经介质的传播而引起的感觉。在听觉系统中，耳朵不仅是一个接收器，也是一个分析器，它在把外界复杂的声音信号转变为神经信息的编码过程中起着重要的作用。耳朵的构造可以分为外耳、中耳和内耳，真正感受声音的装置位于内耳基底上的毛细胞。声波由外耳道进入，使鼓膜发生相应的振动，随之由与其相连的听骨传至内耳，使内耳的淋巴液产生波动，引起基底膜振动。基底膜上的毛细胞受到刺激后产生神经冲动，传到脑中枢，经过大脑整合后产生听觉。耳朵不仅能根据声音感觉到各种信息，也能据此判断自己所处的状态。

[一] 听觉感受性

听觉同视觉一样。只能感知到一定声频范围内的声音。正常成年人的可听声频为20Hz~2000Hz的声波。低于20Hz的声波为次声波，高于2000Hz的声波为超声波，在这两个范围内的声波都不能引起听觉。影响听觉产生的因素除了频率之外，还有强度因素，最小的可听强度（听觉阈限大约为1000Hz~4000Hz左右）。

[二] 音高

音高指声音高低的属性。可听声频可以排列成由低到高的序列，频率越高声音也就越高。音高不等于声音的物理频率，只是一种主观的心理量。

[三] 掩蔽

在一个喧闹的环境中，我们的说话声被周围的噪音所遮盖，这就是声音的掩蔽现象。虽然人们总是厌烦噪音，但在有些情况下，它并不都是无益的。在一些公共场合，播放一些背景噪音或音乐，可以增强谈话的私密性，降低相互间的干扰。

[四] 听觉空间定位

感觉器官对声源空间位置的判断即听觉空间定位。它主要依赖于双耳的听觉，即对来自内耳信息的比较。声波具有绕射和反射的特性，人的双耳在头的两侧，当声源位于头的一侧时，声波绕射到较远一侧时便会有所延迟。两耳的声学距离大约为23cm，这相当于大约690毫微秒的时差，它会使高频声有所衰减。因此，声音到达两耳在时间和强度上的对比，成为我们判断声源位置的两个主要线索。听觉有明显的指向性，对前方的声音有较强的灵敏度，对突然出现的声音和在嘈杂中突然停止的声音十分敏感。

三、温度感

包括人类在内的所有恒温动物，都在一定范围内具有保持体内温度的调节能力。温度感基本上是通过皮肤获得的，人体的温度在体内、体表因部位的不同而不同，因空气温度的变化而变化。

人的温度感是根据人体和环境的交换来决定的，除了传导、对流、辐射这三种交换形式以外，还有以发汗来散发热量的形式。发汗是因环境温度高于体温或因运动加速体内血液循环，消耗体内热量而产生的必然现象。汗水变成气体，每19g汗水可以带走248KJ的热量，重70kg的人如果发汗100g，体温就会下降1℃。

02

室内物理环境的形成

室内设计首先要考虑的因素就是功能问题，而室内物理环境是功能问题的一个组成部分。所谓"物理环境"，是指构成室内环境的所有物质条件，所有对人的感觉、知觉产生影响的物质因素，这些因素正是建筑物理学（或称建筑技术）的主要研究对象。尽管在实际工作中，室内设计总是离不开有关的建筑物理方面的知识，但在以往大多数高等院校室内设计学科的课程设置中，没有安排建筑物理的教学内容，因为这些内容属于建筑学的范畴。这对于培养一个高素质的室内设计师来说，不能不说是一种缺憾。建筑声学、光学和热工学的常识，对于正确地使用装饰材料、选择照明光源、合理确定室内照度、布置灯具、控制噪音、提高室内声音的质量、保证空气的质量等，都是十分重要的。在一定规模的室内工程项目中都需要相关专业的工程师来配合工作，而且室内设计师对相关专业要有相当深度的了解，否则很难独立主持和承担室内装修项目的设计和施工。在这种情况下，不懂得建筑物理知识，很可能在不自觉的情况下违反科学规律，会给业主带来经济上的损失。因此，在室内设计学科的教学体系中，安排适当的建筑物理课程是十分必要的。

人类在漫长的发展过程中，以各种努力在地球上扩展着自己的生活范围。作为人类栖居的家园，建筑物为人类的生存提供了安全、舒适的场所。

室内环境的物质条件与室外环境的状况是密切相关的，要维持一定水平的室内环境，就须采取一定的手段，调节控制室内环境，以适应环境的变化。

一、自然环境的影响

室外环境（日照、季节、昼夜的气温变化）是受地球自转和公转支配的，地球自转带来昼夜的变化，公转带来季节和日照时间的变化。太阳给地球带来光和热，随着地球公转，地表和空气中的温度不断发生变化。由于大气、陆地、水面等热量的出入不同以及地球自转的关系，出现云层、气流等各种气象现象。影响室内物理环境的自然因素主要有日照、气温、风、雨、雪以及噪音和空气污染等。（图03）

气温是指空气的温度，日照是产生气温变化的主要因素。不仅昼夜的交替产生气温的变化，季节的交替和气象变化也使气温和空气中湿度产生相当大的差异。这些因素对室内环境和人体的舒适感产生直接影响，同时，对建筑维护体的性能和耐久性也产生直接的影响。

日照是维持生命的重要条件，它不仅提供人体所需的维生素D，而且给我们带来温暖和愉快的情绪。因此，在中国的北方地区，建筑物的朝向和采光成为评价房屋质量的重要因素之一，而在南方建筑朝向就显得不那么重要了，有时还要进行遮阳处理。（图04）

03.适宜的日照和气温使室内外空间融为一体　　04.三亚半山半岛酒店建筑都有遮阳的处理

05.现在的室内环境基本上是为了追求舒适而采用全天候物理环境设计的

二、影响室内环境的因素及控制条件

影响室内环境的因素除了气象（日照、风、霜、雨、雪）条件以外，还有来自室外的烟尘和噪音、来自室内的机械噪音、废气、废水、垃圾等因素。为了使室内环境与室外环境相适应，满足人类生存的需要，必须对影响室内环境的因素进行调节、控制。这种控制以前是依靠自然条件，但随着科学技术的发展，各种机械设备取代了原始的方法，带来了空间自由度的增加，同时也导致了能源的消耗和环境的污染。（图05）

03

声环境与热环境

一、声环境

在人类生活的室内空间，人们会受到各种声音的干扰和影响，下面详细分析下室内空间中的声环境。

[一] 声音的特性

声音的传播，无论是液体还是固体，都是因振动引起的，在建筑物中，除了经空气传播之外，有些情况是经建筑物本身传递的声音而引起的噪声污染问题。声音在空气中传播的速度约340m/s，它同光线一样在物体上也有反射、吸收、透射的现象。音强、音调、音色是音质评价的三个要素，音调的高低取决于声音的频率，频率越高，音调越高；音色是由复合声成分、各种纯音的频率及强度（振幅）所决定的，即由频谱决定的；声音的强度是指单位时间内，在垂直于声波传播方向的单位面积上的声能（W/㎡），人能够听到的范围约在10^{-12}W/㎡~1W/㎡。为了表示方便，通常使用10^{-12}~1W/㎡的对数值，以10倍为一级来表示声强（10^{-12}W/㎡~1W/㎡，与0db~120db相对应）。

在人耳听来，相同强度的声音不一定有相同的大小，由于频率不同，相同大小的声音也会使人感觉到不同的强度。噪音计就是利用人的这个听觉特性来测定噪音的，测定值用分贝来表示，分别表示住宅室内各种设备的噪音程度和一般噪音标准。多种声音混杂在一起时，想听的声音就会难以听到，这说明声音具有掩蔽现象。

[二] 隔音与吸音

隔音是指尽量减少透射声，吸音则是指尽量减少反射声，因此，提高吸音能力与提高隔音力是有区别的。隔音能力用透射损失来表示。值越大，说明隔音能力越强。单位面积上的质量（表面密度）越大，透射损失也越大。据此，人们发明了各种降低室内噪音的方法。根据声音传播的特点，室内密封条件越好、界面材料密度越大，就越容易阻止噪音在空气中的传播，隔音的效果就越好。界面的材料及其结构对于隔音效果有直接的影响。一般可以分为单层结构、双层结构、多层轻质复合结构等。但是，对于固体传声问题的控制比较困难。

吸音是针对声音缺失而采取的改善室内声音质量的控制性措施，主要是通过在界面上附着吸音材料、改变界面表面的物理特性、设置吸音装置等手段，减少声音的反射，起到提高声音清晰度的作用。（图06）

为了有效地防止和控制室内环境污染，2001年6月8日，我国颁布了第一个"健康住宅"标准——《健康住宅建设技术要点》。该标准涉及四个方面，即人居环境的健康性、自然环境的亲和性、居住环境的保护和健康环境的保障。

室内物理环境设计是一个复杂的系统工程，其中的绝大多数工作是由建筑师和工程师共同完成的，如室内的采暖、给排水、供电、消防、空调、隔音、保温等，需要许多专业领域的工程师的配合才能完成一件建筑作品，室内设计只是诸多工作中的一个组成部分。像建筑师一样，室内设计师也只是从美学的原则出发，赋予各种具体的物质功能以人性化的特

06．墙面和地面的材料都具有吸声降噪的功能

征，通过自己创造性的劳动把各种物质条件组织成为一个完美的整体。为了卓有成效地开展工作，室内设计师有必要了解相关的专业知识。

二、温度与湿度

室内热环境也称"室内气候"，它是由室内温度、湿度、气流和辐射四种参数综合形成的。根据室内热环境的性质，房屋种类大体可以分为两大类：一类是以满足人体需要为主的，如住宅、教室、办公室等；另一类是以满足生产工艺或科学实验要求为主的，如恒温恒湿室、冷库、温室等。室内环境对人体的影响主要表现为冷热感觉，它取决于人体新陈代谢产生的热量和人体向周围环境散发的热量之间的平衡关系。只有人体按正常比例达到散热的热平衡时，才是最适宜的状态。有人提出正常散热量的指标应为：对流散热应占总散热量的30%，辐射散热约占40%~50%，呼吸和无感觉散

热约占25%。

室内气温是各类建筑热环境的主要参数，在一般民用建筑中，冬季室内气温应该在16℃~22℃。夏季空调房间的室内计算温度多已定为26℃~28℃。室内气温的分布，尤其是沿室内垂直方向的分布是不均匀的。热具有从高温处向低温处移动的性质，其传递形式三种：传导、对流和辐射。所谓传导是指在相同的物质内或与其接触的物质之间产生的热移动，但物质并不随之发生移动。人在接触具有相同温度的物质会有温暖或凉爽之感，这是因为物质具有不同的导热性，比如木材就会让人觉得温暖，而石材就有凉爽之感。（图07、图08）在地面上铺设地毯，便可以起到导热的调节作用。（图09）对流是指水在空气中的蒸发现象，水和空气一类的流体可以随物质的移动发生热转移现象，热的部分向上方冷的部分移动。房间有供暖设备时，屋顶部分的温度明显增高，就是对流作用引起的。辐射是指在隔着空间的物质间电磁波传递、交换热量的现象，具有与光相类似的性质，有遮蔽物时会阻挡热的传递。在实际生活中，上述三种热传递

07.墙面木装修让人感到亲切温暖

方式往往是同时存在的。

室内热环境除了受室外热量进出的影响之外，也受到人体以及室内各种热源因素的影响。通过建筑物的墙体、屋顶、地面也可以发生热量的流入、流出。一般来讲，在住宅中从门窗的缝隙流入或流出的热量约占室内总热量50%，因此加强门窗的密封性能是十分重要的。

室内温度的分布是不均匀的，墙角部分的表面温度较低，容易产生结露，是墙面发霉的重要原因。建筑物热损失量是由建筑各部分的总传热系数决定的。使用传热系数小（隔热性能高）的墙体构成的室内，由于热损失量小，无论是在冬季还是夏季，室内气温比较稳定。由热容量大的材料制造的墙体，其室内温度的变化比室外温度变化要小，会产生时间差。例如，朝西的钢筋混凝土墙面在日落后表面温度仍然会上升就是这个原因。

温度与湿度也有着密切的关系。空气中或多或少包含着水分，结露就是空气中的水分接触到较其温度低的物体时，凝结在物体表面和其内部上的一种现象。要防止结露现象，就应该设法使墙壁的表面温度不致降低，措施是提高材料的隔热性或向室内供暖风。

良好的通风不仅是降低空气湿度的有效方法，而且它对于驱除室内的有害气体、降低室内温度都是必要的。即使是在冬季，适当进行通风换气，对于提高室内空气的质量也是不可缺少的。

08.石材地面   09.地毯有良好的弹性和触感

三、通风与空气调节

对于现在室内空间来说,通风和空气调节是至关重要的,除非室外的温度和湿度都在人体感觉舒适的范围之内,而事实上,几乎所有进入室内空间的空气都必须经过加热或冷却、加湿或除湿、净化及流通的过程。尤其是在公共建筑中,通常是通过一个中央空气调节系统来实现通风和空气调节(包括空气净化和加湿)。

[一] 通风的目的与意义

所谓通风,就是把室内被污染的空气直接或经过净化后排至室外,驱除异味、灰尘及烟雾等,同时提供新鲜的空气,从而保持室内空气的温度、湿度及其循环以达到平衡形成最适宜的空气环境,符合卫生标准和满足生产工艺要求。

通风一般有两个目的:一是稀释通风,用新鲜空气把房间内有害气体浓度稀释到允许的范围;二是冷却通风,用室外空气把房间内多余热量排走。

不同类型的建筑对室内空气环境的要求不尽相同,因而通风装置在不同场合的具体任务及其构造型式也不完全一样。

一般的民用建筑和一些发热量小而且污染轻微的小型工业厂房通常只要求保持室内的空气清洁新鲜,并在一定程度上改善室内的气象参数——空气的湿度、相对湿度和流动速度。为此,一般只需采取一些简单的措施,如通过门窗孔口换气、利用穿堂风降温,使用电风扇提高空气的流速等。在这些情况下,无论对进风或排风,都不进行处理。

在工农业生产、国防工程和科学研究等领域的一些场所,以及某些具有特殊功能要求的建筑、公共建筑和居住建筑中,根据工艺特点或满足人体舒适的需要,对空气环境提出某些特殊的要求,如有些工艺过程要求保持空气的温、湿度恒定在某一范围内;有些需要严格控制空气的洁净度或流动速度;一些大型公共建筑要求保持冬暖夏凉的舒适环境等。为实现这些特殊要求的通风措施,通常称为"空气调节"。

建筑通风不仅是改善室内空气环境的一种手段,而且是保证产品质量、促进生产发展和防止大气污染的重要措施之一。

10．风口与天花的形式结合在一起

[二] 通风方式

建筑通风，包括从室内排除污浊的空气和向室内补充新鲜空气。前者称为排风，后者称为送（进）风。为实现排风或送风，所采用的一系列设备、装置总体称为通风系统。

1. 按通风系统的作用范围不同，无论排风和送风，均可分为局部的和全面的两种方式：

局部通风的作用范围仅限于个别地点或局部区域。局部排风的作用，是将有害物在产生的地点就地排除，以防止其扩散；局部送风的作用，是将新鲜空气或经过处理的空气送到车间的局部地区，以改变该局部区域的空气环境。而全面通风则是对整个车间或房间进行换气，以改变温度、湿度和稀释有害物质的浓度，使作业地带的空气环境符合卫生标准的要求。

2. 按通风系统的工作动力不同，建筑通风又可以分为自然通风和机械通风：

自然通风是借助于自然压力——风压、热压、风热压综合作用三种情况来促进空气流动的。

所谓风压，就是由于室外气流（风力）造成室内外空气交换的一种作用压力。在风压作用下，室外空气通过建筑物迎风面上的门、窗孔口进入室内，室内空气则通过背风面及侧风面上的门、窗孔口排出。

热压是由于室内外空气温度的不同而形成重力压差。当室内空气的温度高于室外时，室外空气的容重较大，便从房屋下部的门、窗孔口进入室内，空气则从上部的窗口排出。

自然通风有以下几种方式：

（1）有组织的自然通风

空气是通过建筑维护结构的门、窗孔口进、出房间的，可以根据设计计算获得需要的空气量，也可以通过改变孔口开启面积大小的方法来调节风量，因此称为有组织的自然通风，通常就简称自然通风。

利用风压进行全面换气，是一般民用建筑普遍采用的一种通风方式，也是一种最为经济的通风方式。

（2）管道式自然通风

管道式自然通风是依靠热压通过管道输送空气的另一种有组织的自然通风方式。集中采暖地区的民用和公共建筑，常用这种方式作为寒冷季节里的自然排风措施，或做成热风采暖系统。由于热压值一般较小，因此这种自然通风系统的作用范围（主风道的水平距离）不能过大，由于一般排风不超过8m，用于热风采暖时不超过20m~25m。

（3）渗透通风

在风压、热压以及人为形成的室内正压或负压的作用下，室内外空气通过维护结构的缝隙进入或流出房间的过程叫作渗透通风，这种通风方式，既不能调节换气量，也不能有计划地组织室内气流的方向，因此只能作为一种辅助性的通风措施。

自然通风的突出优点是不需要动力设备，因此比较经济，使用管理也比较简单。缺点是：一，除管道式自然通风用于进风或热风采暖时可对空气进行加热处理外，其余情况由于作用压力较小，故对进风和排风都不能进行任何处理；二，由于风压和热压均受自然条件的约束，因此换气量难以有效控制，通风效果不够稳定。

机械通风分为如下两种形式：

①局部机械通风（包括局部排风和送风）。

②全面机械通风（包括全面排风和送风）。

机械通风由于作用压力的大小可以根据需要确定，而不像自然通风受到自然条件的限制，因此可以通过管道把空气送到室内指定的地点，也可以从任意地点按要求的吸风速度排除被污染的空气，适当地组织室内气流的方向；并且根据需要可以对进风或排风进行各种处理；此外，也便于调节通风量和稳定通风效果。但是，风机运转时消耗电能，风机和风道等设备要占用一定的建筑面积和空间，因而工程设备费和维护费较大，安装和管理都较为复杂。

[三] 通风系统的主要设备和构件

自然通风的设备装置比较简单，只需用送、排风窗以及附属的开关装置，其他各种通风方式，包括机械通风系统和管道式自然通风系统，则由较多的构件和设备所组成。在这些通风方式中，除利用管道输送空气以及机械通风系统使用风机造成空气流动的作用压力外，一般包括如下一些组成部分——全面排风系统尚有室内排风口和室外排风装置，局部排风系统尚有局部排风罩、排风处理设备以及室外排风装置，进风系统尚有室外进风装置、送风处理设备以及室内送风口。

1. 室内送、排风口

室内送风口是送风系统中的风道末端装置，由送风道输送来的空气，通过送风口以适当的速度分配到各个指定的送风地点。风口的位置和形式一般要结合室内设计统一考虑。（图10）

2. 风道

用作风道的材料大体分为三类：第一类为镀锌铁板加保温层；第二类为无机玻璃钢；第三类为近几年崛起的新型材料——复合轻质保温缝钢管，该类产品的保温材料又分为酚醛、聚氨酯、聚苯乙烯、玻璃纤维等几类。

3. 室外进、排风装置

机械送风系统和管道式自然送风系统的室外进风装置，应设在室外空气比较洁净的地点，在水平和竖直方向上都要尽量远离和避开污染源。

4. 风机

在通风空调系统中，风机的作用是为风道系统中的空气提供能量，克服整个风道系统中的阻力损失。风机的风压选择至关重要，决定着风机实际使用中的风量能否达到设计要求。

第 9 章

设计的程序
与表达

科学、有效的工作方法可以提高工作效率,可以使复杂的项目易于控制和管理。在设计的过程中,按时间先后和工作程序的需要安排设计步骤的方法称为设计程序。设计程序是经过设计人员长期的工作实践总结出来的、具有一定目的的自觉行为,能够为后来的工作提供具有一定借鉴意义的框架,能够保证设计工作的效率和质量。

当然,设计程序也不是恒定不变的,不同的设计单位、设计师、工程项目和建造条件会直接影响到设计进行的步骤。尽管如此,设计程序还是有规律可循的。掌握一定的设计程序和方法能够加强参与项目各方之间的配合和协作,以确保工作顺利、有效地进行。

01

室内设计的程序

室内设计是一项非常复杂和系统的工作。在设计中除了涉及业主、设计人员、施工方等方方面面外，还牵扯到各种专业的协调配合，如建筑、结构、电气、上下水、空调、园艺等各种专业。同时，还要与政府各职能部门沟通，得到有关的批准和审查，才能具体落实。

为了使室内设计的工作顺利进行，少走弯路，少出差错，在众多的矛盾中，先考虑什么，后解决什么，必须要有一个很好的程序，只有这样，才能提高设计的工作效率，从而带来更大的经济效益和社会效益。

一、室内设计的工作目标

根据室内设计的性质、工作范围的要求，其工作目标可确定为四个方面。

[一] 室内空间设计

在给定的建筑空间、结构条件下，根据使用功能的要求，重新确定平面布局和空间的造型。（图01）

[二] 室内装饰设计

从美学的角度对室内各个界面（地面、天花、墙面、柱子等）进行装饰设计。如：室内界面的装饰形式、色调的搭配、材料的选择等。（图02）

[三] 室内物理环境设计

根据使用功能的要求，安排设置室内需要的设施、设备，如采光、照明、制冷、保温、隔声、消防、通讯、信息网络等。

[四] 室内陈设设计

主要指针对室内的各种家具、陈设品、艺术品、纺织物和室内环境的绿化等的设计。

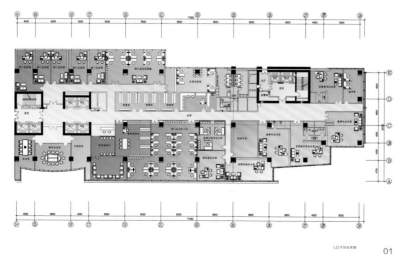

七层平面布置图

01

01．室内平面布局设计

上述四个方面从总体上概括了室内设计的工作目标，但这四个方面不是孤立的，而是相互关联和制约的，在实践上往往需要不同专业的工程技术人员配合和协作。有时，室内设计师对某些具体内容不一定亲自动手设计，而是根据方案的要求，直接市场采购或定做。同时室内设计师还要扮演工程的组织者和指挥者的角色，从整体上把握和控制整个项目。

二、室内设计的工作程序

室内设计工程一般要经过设计和施工两个步骤，设计并不是一个简单的图板或计算机上的工作，它是一个非常具体、细致的工作，可以分为以下几个阶段：

[一] 室内设计的意向调查阶段

室内设计的意向调查，是指在设计之前对业主的设计要求进行详实、确切的了解，进行细致、深入的分析，明确设计的目的和任务。其主要内容有：室内项目的级别、使用对象、建设投资、建造规模、建造环境、近远期设想、室内设计风格的要求、设计周期、防火等级要求和其他特殊要求等等。在调查过程要做详细的笔录，逐条地记录下来，以便通讯联系、商讨方案和讨论设计时查找。调查的方式可以多种多样，可以采取与甲方共同召开联席会的形式，把对方的要求记录在图纸上。类似的调查和交流有可能要进行多次，而且每次都必须把要更改的要求记录在图纸上，回来后整理成正式文件交给对方备案。这些调查的结果可以同业主提出的设计要求和文件（任务书、合同书）一同作为设计的依据。对建筑及相关专业的图纸进行深入的分析，结合项目的任务和要求，进行初步的规划，为下一步到工地现场的核对工作做好准备。

[二] 室内设计的现场调查阶段

在当下的中国，多数的室内设计工作是在建筑设计完成后、施工进行的过程中，或建筑施工已经完成的时候进行，室内设计工作受到建筑中各种因素的限制和影响，因此，有必要在设计开始时对建筑的现状要有一定的了解，减少日后工作中不必要的麻烦。所谓现场调查，就是到建设工地现场了解外部条件和客观情况。比如要了解自然条件，包括地形、地貌、气候、地质、建筑周围的自然环境和已形成的存在环境；了解建筑的性质、功能、造型特点和风格。对于有特殊使用要求的空间，必要时还要进行使用要求的具体调查；还要了解建筑的供热、通风、空调系统及水电等服务设施状况。同时，我们还要研究城市历史文化的延续，人文环境的形成发展，以及其能对设计产生影响的社会因素。当然，还应该考虑到适合当地的技术条件、建筑材料、施工技术，以及其他可能影响工程的客观因素。

[三] 方案设计

首先根据设计任务书制订详细设计计划书，列出具体的项目内容、时间进度和设计分工，以把握设计的整体进度，确保设计如期顺利完成。

根据前两个阶段收集和整理的资料，进行综合性分析。在分析的基础上，开始方案设计的构思。也就是我们今天所谓的概念设计。概念设计既是室内设计的出发点，也是最终想要达到的目标。概念设计要考虑到设计的功能、形式、风格等，同时也要关注一些技术上的问题，以确保设计的可实施性。室内环境设计要考虑到整个建筑的功能布局，整个空间和各部分空间的格调、环境气氛和特色。设计师要熟悉建筑和建筑设备等各专业图纸，可以提出对建筑设计局部修改的要求。

在进行方案构思的阶段，一定要思路开放，多提出几种想法，进行更多的设计尝试，探讨各种可能性。然后把几种设想，全面地进行比较，明确方案的基本构思，选出比较满意的方案。在此方案的基础上，进一步进行推敲、完善，完成方案效果的表现。

方案设计由构思和方案设计两个环节构成，构思阶段是设计的起点，其要点是根据功能和业主的要求提供创意，为室内环境的风格、特点、品质进行定位，我们也可以把它称为"概念设计"。一个好的创意和恰当的定位是作品成功的关键因素，它引导并决定着下一步工作的方向。方案设计阶段也是对设计师的经验、能力和创作水平的考验。一般情况下，构思的形成主要是通过大量徒手草图——以图形思维的方式来实现的，而徒手草图的质量常常与设计师的造型能力、经验、视觉形象的积累和职业素养有直接关系。因此，重视对造型能力的培养是提高设计水平的重要途径。

方案设计阶段是将构思草图以标准的图形语言进行表达的过程。（图02）正投影图是设计师和工程施工人员进行交流的语言媒介，这种语言不仅可以使任何复杂的设计内容得到精确的剖析、描述，同时也是一种世界通用的制造业的标准语言；透视图则是设计师、业主和施工人员进行交流的通俗语言，因此，这一阶段的主要任务是以这两种语言完整地表达创意，一般包括平面布置图、装饰装修立面图和主要空间的透视效果图。

方案设计的实施是通过对给定的空间，运用图形思维的方法进行平面功能分析，探索解决问题的各种可能性的过程。工

02 . 方案草图

02

作的重点是功能分区、交通流向的组织，以及家具的布置、设备安装的设想等。人与室内环境的关系可以概括为"动"与"静"两种形态，这两种形态在设计中转化为交通空间与可利用空间的关系。所谓"平面功能分析"，就是研究如何将交通空间与可利用空间以最合理的方式组织在一起，它涉及位置、形体、距离、尺度等时空因素。我们以一个宾馆的大堂为例，来说明功能分析的过程。

宾馆的大堂一般设在首层，它是我们了解一个宾馆整体形象的窗口，是宾馆的交通枢纽，直接与各类服务机构发生联系。（图03）因此，它要求有较开阔的视域、良好的交通路线和照明条件、完善的公共标识系统、优雅的休闲空间等。与大堂直接发生联系的功能空间有：前台服务、总台、值班

经理台、休息区、电梯厅、商务办公、邮政、银行、铁路民航售票处、商店、餐厅、美容美发厅、行李寄存处等。（图04）无论宾馆的规模大小，这类设施一般都安排在大堂附近。这些功能的布局往往在建筑设计阶段就已被确认，但业主总是根据经营的需要，重新提出规划要求。一般我们多使用徒手草图的方法，研究各种功能的相互关系，给出不同的方案，进行比较选择。

[四] 初步设计阶段

在设计方案得到甲方的认可后，就该开始初步设计了，这是室内设计过程中较为关键性的阶段，也是整个设计构思趋于

03 . 新加坡节日酒店大堂　　04 . 新加坡节日酒店大堂吧

成熟的阶段。在这个阶段我们可以通过初步设计图纸的绘制，弥补、解决方案设计中遗漏的、没有考虑周全的问题，提出一套较完整的，能合理解决功能布局、空间和交通联系、艺术形象等方面问题的设计。同时我们还要做初步设计概算的编制工作。

[五] 技术设计阶段

这是初步设计具体化的阶段，也是各种技术问题的定案阶段，初步设计完成后，把初步设计的图纸交给电气、空调、消防等各个专业，各个专业根据自己的技术要求，肯定会对初步设计提出自己的修改意见，这些意见反馈到室内设计师

这里，室内设计师必经根据这些建议修改自己的初步设计。通过与各个专业的多次协调，设计师应能很好地处理掉这些技术与艺术之间的矛盾，当然其中会有些牺牲或让步，但最终能在艺术与技术之间达到一种平衡，寻求技术与艺术完美结合。在本阶段，室内设计师应该明确各主要部位的尺寸关系，确定材料的搭配。

[六] 施工图和详图设计阶段

施工图和详图设计阶段是室内装饰工程的重要环节，在项目实施前必须由设计师根据业主的要求，提出完整详细的施工方案。一套完整的施工图包括以下几方面的内容：以正投影

的方法绘制的平面布置图、立面图、顶平面园、透视图、节点详图、施工放样图、材料样板以及关于施工做法的设计说明等。

一套完整的施工图应包括三个层次的内容：界面材料与设备位置、结构的层次与材料构造、细部尺寸与装饰图案。施工图是对方案的进一步深化和完善。施工图和详图主要是通过图纸把各部分的具体做法，确切尺寸关系，建筑构造做法和尺寸全部表达出来。还有材料选定，灯具、家具、陈设品的设计或选型，色彩和图案的确定，以及绿化的品种、环境设施的设计或挑选。施工图和详图要求准确无误、清楚周到、表达详实。并提示施工中应注意遵守的有关规范。这样，工人就可以根据图纸施工了。施工图和详图工作是整个设计工作的深化和具体化，也可以称为细部设计，它主要解决构造方式和具体做法，解决艺术上整体与细部、风格、比和尺度的相互关系。细部设计的水平在很大程度上影响整个环境设计的艺术水平，施工图完成后，还要制作材料样板，连同图纸一并交给甲方。

界面材料与设备位置主要表现在平面和立面图中，与方案图不同的是，施工图里的平面图、立面图主要表现地面、顶面、墙面的构造式样、材料的分界搭配、标注设备、设施的位置和尺寸等。常用的施工平面图、立面图的比例为1∶50或1∶100，重点界面可放大到1∶20或1∶10。

结构的层次与材料构造，施工图里主要表现在剖面图中。剖面图应表现出不同材料和材料与界面连接的构造，由于装饰装修的节点做法繁杂，能让设计师准确地表达出自己对构造的理解，要考虑到既节省材料又符合功能的要求。细部尺寸与装饰图案主要表现在节点详图中，节点详图是对剖面图的注释。常用的详图比例为1∶5、1∶2或1∶1。在条件许可的情况下，最好使用1∶1的比例，因为其他的比例容易造成视觉误差。

[七] 施工配合阶段

业主拿到施工图纸后，一般要进行施工招标确定施工单位。确定后，设计人员要向施工单位施工交底，解答施工技术人员的疑难问题，在施工过程中，设计师要同甲方一起订货，选择和挑选材料，选定厂家，完善设计图纸中未交代的部分，处理好与各专业图纸发生的矛盾。设计图纸中肯定会存在与实际施工情况或多或少不相符的地方，而且施工中还可能遇到我们在设计中没有预料到的问题，我们设计师必须要根据实际情况对原设计做必要的、局部的修改或补充。同时，设计师要定期到施工现场检查施工质量，以保证施工的质量和最后的整体效果，直至工程验收，交付甲方使用。

三、项目实施阶段

室内设计是一项复杂的系统工程，从项目的开始阶段就受到以下几个方面的制约：

业主的委托（项目投标）工程造价和方案，设计的初步设计和项目合同，绘制施工图和选择施工单位制定施工组织计划和施工管理以及项目验收资料存档。因此，在实施过程中，就要遵循以下程序，以便有条不紊地完成项目工作。

（1）明确工作目标

室内设计的复杂性决定了项目实施程序的难度，预定的工作目标常常不是由业主单独提出来的，而是由设计单位与业主共同磋商的结果。一般情况下，业主的任务书只是一个抽象的、概括性原则，对于室内的功能、风格、材质、交通流向的组织等问题，需由设计者根据业主的要求加以明确。设计任务书是对设计项目定位，一般根据功能、投资额度、地理环境和时尚等因素来确定。

（2）收集资料信息和组织社会调研

工作目标确定以后，需对目标进行深入的分析，收集相关的资料，对建筑结构做详细的调查，研究建筑的结构类型，水、暖、电等系统的配置情况，层高、朝向等内容，通过查阅图纸、现场考查进行全面了解。此外，还必须了解、熟悉有关的建筑设计规范。以确保设计的合理性和安全性。

（3）组织设计程序

从方案设计到交付施工的整个过程大致要经过以下几个程序：a、室内设计的意向调查阶段；b、室内设计的现场调查阶段；c、方案设计阶段；d、初步设计阶段；e、技术设计阶段；f、施工图设计阶段；g、施工监理阶段。

（4）参与投标程序

在市场经济条件下，为了保证业主的投资效益和工程质量，规范企业行为，建立公开、公平、公正的市场运行机制是社会建筑、装饰、装修市场发展的趋势，室内装饰工程的设计与施工也必须遵守这种规则。以北京地区为例，按照北京市建筑主管部门的规定，投资在50万元以上、建设规模在300m²以上使用国家资金的装饰装修工程必须进入指定的建筑市场，参与项目投标管理程序。

室内设计是一项非常具体的、艰苦的工作，只有一定的艺术修养是不够的，设计师们必须掌握技术学、社会学等方面的知识，还要不断加深在哲学、科学、文化、艺术上的修养。一个优秀的设计师不但要有良好的教育和修养，他还应该是一位出色的外交活动家，能够协调好在设计中能接触的方方面面的关系，使自己的设计理念能够得到贯彻、实现。从室内设计伊始直到工程结束，室内设计已不再是一种简单的艺术创作和技术建造活动，它已成为一种公众参与的社会活动。

02
室内设计的表达

表达是将设计师头脑中的抽象构想转换为具体视觉形象的一种技术，是用来表述设计者思维的无声语言，是设计最重要的传递媒介，供设计者自我沟通或与他人进行双向或多向交换意见，不仅室内设计的思维是建立在图形思维基础之上，设计的传递也在很大程度上依赖于不同的表达方式。通过图形（包括草图、平面图、立面图和透视图等形式）、模型等视觉手段来比拟实际建成的室内设计，更加直观、可信。因此，对于设计者而言，熟练掌握和运用各种表达手段是至关重要的。

一、图形表达

图形表达是一种最方便、有效、经济，而且灵活的手段，制图本身并不是目的，而是设计师表达设计意图的手段，用以记录、描绘设计者的意图，在设计师和业主之间起到沟通的作用；同时也是工程技术人员之间交流的技术语言，是项目实施过程中最有效的语言。图形表达的手段将贯穿任何一个项目的设计和实施过程的始终。

[一] 草图

设计师头脑中的方案构思往往是零散和含混不清的，浮现在脑海中的想法会稍纵即逝，因此需要一种有效的手段准确地加以捕捉和记录，这时，运用视觉手段记录和传达信息，远比抽象的文字表示更加直观、有效。设计创作过程中的构思草图是表现这种目的最有效的方法，可将抽象思维有效地

转换成可视的形象，以记录这些不确定的各种可能。（图05）构思草图包括功能分析图，交通流线图，以及根据业主的要求和其他调查资料来制作的信息图表，如矩阵图、气泡图等。研究各要素之间的关系，使复杂的关系条理化。还有具体某一空间各界面的立面草图，局部构造节点、大样图等，以及建立空间设计三维感觉的速写式空间透视图。草图是设计师比较个人化的设计语言，一般多作为设计初期阶段的沟通语言使用，草图通常以徒手形式绘制，虽然看上去不那么正式，但花费的时间也相对较少。其绘制技巧在于快速、随意、高度抽象地表达设计概念，无须过多地涉及细节，对于所用工具、材料、表现手法也无严格要求，可以使用单线或以线面结合的形式，抑或是稍加明暗、色彩来表达，随个人喜好而定，还可以结合使用一定的文字和图形符号来补充说明，有限时间内应尽可能地多勾多画，提出尽可能多的想法，以便积累、对比和筛选，为日后的继续发展和修改设计方案提供更多的可能。（图06、图07）

05

05．设计概念表达

06.方案构思草图　　07.方案草图

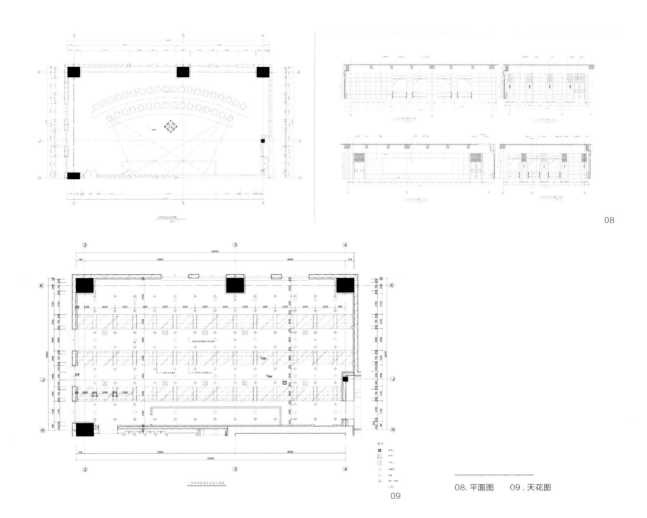

08

08.平面图　　09.天花图

09

[二] 正投影图

实际的建筑空间非常大，为将其容纳于图纸当中，应按一定比例将其缩小，所选比例须与图纸大小相吻合，并应足以表现必需的信息和资料。结合各种代表墙体、门窗、家具、设备及材料的通用线条和符号、图例，简洁、精确地对空间加以表达，选择合适的比例，如1：100或1：50等，施工图上必须标出所表现物品实际的真实尺寸。目前由于计算机绘图（即CAD，计算机辅助设计）的巨大优势，更方便储存、复制与修改，几乎已经完全替代手绘施工图。

正投影图包括平面图、天花图、立面图、剖面图和局部详细图等。

（1）平面图

平面图是其他设计图的基础，采用的是从上向下的俯瞰效果，如同空间被水平切开并移除了天花或楼上部分。平面图可显示出空间的水平方向的二维轮廓、形状、尺寸，对于高度或垂直尺寸，以及空间的分配方式、交通流线，还有地面的铺装方式，墙壁和门窗位置、家具、设备摆放方式等则无法充分表达。（图08）

（2）天花图

天花图表现的是天花在地面的投影状况，除了表达天花的造型、材质、尺寸，还应显示出附着于天花上的各种灯具和设备，如空调风口、烟感器、喷淋头等。（图09）

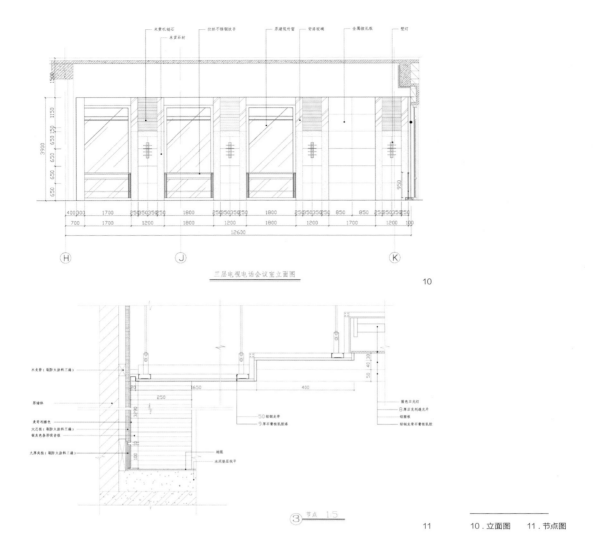

米黄机理石　　　　　拉丝不锈钢扶手　　　　原建筑外墙　　　　喷涂玻璃　　　　金属镀花板　　　壁灯
米黄石材

三层电视电话会议室立面图

10

节点 1:5

11　　　　10. 立面图　　　11. 节点图

木龙骨（刷防火涂料三遍）
原墙体
麦哥利漆色
大芯板（刷防火涂料三遍）
银灰色条形吸音板

九厚夹板（刷防火涂料三遍）

地毯
水泥垫层找平

50 轻钢龙骨
9 厚石膏板乳胶漆

暖色日光灯
8 厚亚克力透光片
钢底板
轻钢龙骨石膏板乳胶胶

（3）立面图

用以表达墙面、隔断等空间中垂直方向界面的造型、材质、尺寸等构成内容的投影图，通常不包括可移动的家具和设备（固定于墙面的家具和设备除外）。（图10）

（4）剖面图

剖面图与立面图比较相似，表达建筑空间被垂直切开后，暴露出的内部空间形状与结构关系。剖切位置应选择在最具代表性的地方，并应在平面图上标出具体位置。

（5）详图

详图是平面、立面或剖面图的任何一部分的放大，包括节点图、大样图，用以表达在平面、立面和剖面图中无法充分表达的细节部分。往往采用较大的比例绘制，有的甚至是足尺的1∶1，使之更为准确、清晰。（图11）

[三] 轴测图

轴测图也叫平行透视，能够给人以三维的纵深感觉。虽然由于没有灭点而在视觉上有些失真的感觉，但因绘制较为容易，而且还可以采用一定的比例，能够非常准确地表达对象的尺度、比例关系，适于对空间的体量、结构系统进行简明易懂的描述，还可以用来表现家具等小型的物件。

[四] 透视图

虽然二维的平面、立面对于实际工程而言更具有现实意义，但这些图纸往往会使未受专业训练的人感到难以理解。透视图的使用缩短了二度空间图形的想象与三度实体间的差距，

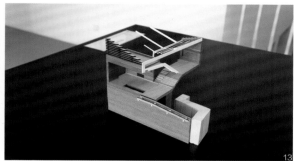

弥补了平面图纸在表达方面的不足，是设计师与他人沟通或推敲方案最常用的方法。透视法在15世纪的意大利艺术家手中就已经得到完善，利用透视法能够在二维的纸上表达三维深度空间中的真实效果，并以线条、光影、质感和颜色加强其真实感，与我们肉眼的视觉感受基本相同，可以展现尚不存在的建成后的效果（这一点是照相术无法做到的）。透视图分手绘和计算机绘制两种。手绘透视图常用水彩、水粉、马克笔和彩色铅笔等材料来绘制，需要设计师掌握一定的绘图原理、美术基础、相关经验和技巧。目前，由于计算机设备的硬件与软件的不断完善，不但在操作上更为简便快捷，而且甚至能为没有受过设计专业训练的人所掌握。计算机效果图对物体的材料、质感、光线的模拟和表现已经达到近乎乱真的效果，容易被非专业人士接受，因此目前市场上大都使用计算机绘制的透视图。

二、模型表达

模型通常是指用来模拟设计的、按一定比例制作的具有三度空间特征的立体模型。模型不仅能够更加直观地表达我们的设计意图和想法，而且还是一种非常有效的辅助设计手段。在国内目前尚不太习惯在模型制作的过程中推敲设计，一般只是把模型作为设计成果的表现；而在国外经常在设计的过程中就利用模型来推敲设计，设计师们把模型制作看作是设计过程的辅助手段，而不仅仅是设计的结果。

规划设计和建筑设计的模型比较常见，室内设计则很少通过模型表现。即使制作室内模型，也与建筑模型不同，通常不做顶棚，目的是为了了解室内的空间构成和组织，方便从上面观看，有些大尺度的室内模型还会允许人在里面行走，它们具有更大的直观性效果，方便从多种角度进行观察和研究，或进行技术上的试验和测试，如歌剧院、音乐厅等场所的声学和光学试验等。（图12、图13、图14）

第 10 章

室内设计的新视界

进入20世纪90年代，旧的世界格局仿佛在一个瞬间崩溃，而新的世界格局仍在迷离模糊之中，与此同时全球的文化格局也发生巨大的转变。人们对这一巨大变化的震惊与困惑似乎还未过去，就已经进入了21世纪。中国的室内设计在21世纪第一个十年中的发展速度和进步的幅度令人惊诧，令人眼花缭乱，但同时也带来了种种问题。设计领域似乎在一夜之间进入到一个繁荣阶段，躁动肤浅、急功近利、夸大炫耀等不良风气也随之而来。人们过于追求表面的文章和短期效益，而对设计深层次的研究和实践取得的成绩未能尽如人意。

20世纪90年代以来，中国的设计领域进入了一个以消费为主导的、由大众传媒支配的、以实用精神为价值取向的多元化的时期，结束了原来某些文化权威性的支配地位。但同时必然带来一定的混乱，普通大众一时之间似乎无所适从，设计师群体有时为了经济利益并没有起到很好的引导作用。有些没有在市场大潮中随波逐流的设计师们都逐渐变得冷静和成熟起来，开始重新思考自身，寻找新的定位。从事设计行业或与之相关行业的人们所关心和讨论不应该仅仅是"后现代主义""晚期现代主义""新古典主义""地域主义""高技术主义""解构主义"以及"简约主义"等这些形式上的问题，人们更关切的是未来室内设计的健康走向，在设计实践中不断探索和拓展着室内设计的新视界。

01
21世纪的室内设计

室内设计发展到今天，呈现出一种百花齐放、百家争鸣的状态。但这样的设计是否具有可持续性，值得我们进一步思考。我们现在所面临的环境危机、文化危机等现象都不是孤立发生的，而是由以往的发展模式造成的。

一、21世纪的室内设计

首先，让我们反省一下到底什么是设计？

以往，设计对我们而言可能是一种符号而已，根本看不到其中真正的内涵，因此，往往会导致设计朝形式化和表面化的方向发展。设计师在实际设计工作中，也往往停留在表面形式上的推敲，很少研究隐藏在形式背后更深层的技术和文化内涵，以及与生活的适性关系。

然而，设计应该是艺术、科学与生活的整体性结合，是功能、形式与技术的总体性协调，通过物质条件的塑造与精神品质的追求，以创造人性生活环境为最高理想与最终目标。室内设计的实质目标，不只是以服务于个别对象或发挥设计的功能为满足，其积极的意义在于掌握时代的特征和地域的特点，在深入了解历史财富和地方资源后，掌握当下最新的技术后采用适宜的技术手段，塑出一个合乎潮流又具有可持续性和高层次文化品质的生活环境。（图01、图02）

因此，21世纪的室内设计就是利用科学技术将艺术、人文、自然进行适性整合，创造出具有较高文化内涵，合乎人性的生活空间。

二、21世纪室内设计的特征

21世纪的室内设计将处于何种地位？将如何发展？经过了10多年实践之后，这是需要我们进一步思考和探索的问题，尤其是在中国这样混乱的发展状态下，在设计观念和技术仍都落后于发达国家的现实中，有很多现实问题亟待解决，有很多课题有待研究。

回溯以往，设计的目的都是为了满足人类的基本需求和享受，人们肆无忌惮地向大自然索取，使自然环境和资源在很大的程度上遭到了破坏。中国各大城市空气和水的质量、乡村不断恶化的环境状况不仅让人担忧，这两年出现的雾霾天气已经让我们深受其苦，而人类的建造活动恰恰是造成这种状况的主要原因之一，这就是人类为求得自身的发展而付出的惨重代价。在问题逐渐暴露以及人类自我反省的延伸下，人们已经认识到设计已不单单是解决人自身的问题，还必须顾及自然环境，使人类的设计不仅能促进自身的发展，而且也能推动自然环境的改善和提高。

21世纪的室内设计需要面对自然生态和文化环境的保护问题，如何在科技的发展和应用中，注意人与环境的协调和环境中历史文化的延续，充分发挥科技的作用，使人类生活的环境更美好。科技的发展和应用是我们需要面对的另外一个大课题，掌握更多的科技知识，就能抓住比别人更多的机会，获得更大的效益。科技在设计中具有举足轻重的地位，设计的创新归根结底取决于技术的进步。

01.中国国家博物馆大堂　　02.典型岭南特征的室内环境　　03.洛杉矶盖蒂艺术中心建筑与自然环境融合在一起
04.完全可以敞开的隔断墙使居室与庭院成为一个整体　　05.住宅与自然环境交融

[一] 室内设计需要生态化

人类社会发展到今天，摆在面前的事实是近两百年来工业社会给人类带来的巨大财富，人类的生活方式发生了全方位的变化。但工业化也极大地改变了人类赖以生存的自然环境，森林、生物物种、清洁的淡水和空气，以及可耕种的土地，这些人类赖以生存的基本物质保障在急剧地减少，气候变暖、能源枯竭、垃圾遍地、土地污染……如果按过去工业发展模式一味地发展下去，这样的环境不再是人们的乐园。现实问题迫使人类重新认真思考今后应采取一种什么样的生活方式？是以破坏环境为代价来发展经济？还是注重科技进步，通过提高经济效益来寻求新的发展契机？发达国家已经远远走在我们前面，尽管有他们之前的经验教训可以借鉴，但我们却未能避免，而且有过之而无不及，这才是中国最大的悲哀。作为室内设计师，我们必须对我们所从事的工作进行认真的思考。

人类的生存环境，是以建筑群为特点的人工环境，高楼拔地而起，大厦鳞次栉比，形成了建筑的森林。随着城市建筑向空间的扩张，林立的高楼，形成一道道人工悬崖和峡谷。城市是人类文明的产物，但也出现了人类文明的异化，人类驯化了城市，同时也把自己围在人工化的环境中。失去理智的城市扩张和无序的城市化进程会带来更多的问题，自然已经离我们越来越远。高层建筑采用的钢筋混凝土结构，宛如一个大型金属网，人在其中，如同进入一个同自然电磁场隔绝的法拉第屏蔽室，失去了自然的电磁场，人体无法保持平衡的状态，常常感到不安和恐慌。

随着人类对环境认识的深化，人们逐渐意识到环境中自然景观的重要，优美的风景、清新的空气既能提高工作效率，又可以改善人的精神生活。不论是建筑内部，还是建筑外部的绿化和绿化空间；不论是私人住宅，还是公共环境的幽雅、丰富的自然景观，天长日久都可以给人重要的影响。因此，在满足了人们对环境的基本需求后，高楼大厦已不再是环境美追求，回归自然成了我们现代人的追求。现在，人们正在不遗余力地把自然界中的植物、水体、山石等引入到室内设计中来，在人类生存的空间中进行自然景观的再创造。在科学技术如此发达的今天，使人们在生存空间中最大限度地接近自然成为可能。（图03、图04、图05）

06．洛杉矶迪斯尼音乐厅门厅　　07．新加坡金沙酒店大堂的休息座椅

人是自然生态系统的有机组成部分，自然的要素与人有一种内在的和谐感。人不仅仅具有进行个人、家庭、社会的交往活动的社会属性，更具有亲近阳光、空气、水、绿化等自然要素的自然属性。自然环境是人类生存环境必不可少的组成部分，因此，室内设计的生态化是发展的趋势之一。

在办公空间的设计中，景观办公室成为时下流行的办公室的设计风格。它一改过去办公室的枯燥、毫无生气的氛围，逐渐被充满人情味和人文关怀的环境所代替，根据交通流线、工作流程、工作关系等自由布置办公家具，使室内空间充满绿化。办公室改变了传统的拘谨、家具布置僵硬、单调僵化的状态，营造出更加融洽轻松、友好互助的氛围，更像在家中一样轻松自如。景观办公室不再有旧有的压抑感和紧张气氛，而令人愉悦舒心，这无疑减少了工作中的疲劳，大大地提高了工作效率，促进了人际沟通和信息交流，激发了积极乐观的工作态度，使办公室洋溢着一股活力，减轻了现代人的工作压力。

另外，我们在建造中所使用的一部分材料和设备，如涂料、油漆和空调等，都在散发着污染环境的有害物质。无公害的、健康型的、绿色建筑材料的开发和使用是当务之急。绿色材料会逐步取代传统的建材而成为建筑材料市场的主流，这样才能改善环境质量，又能提高生活品质，给人们提供一个清洁、优雅的室内空间，保证人们健康、安全地生活，使经济效益、社会效益和环境效益达到高度的统一。

21世纪的室内设计必须生态化，生态化包含两方面的内容：一、设计师必须要有环境保护意识，尽可能多地节约自然资源，少制造垃圾（广义上的垃圾）；二、设计师要尽可能地创造生态和健康的环境，让人类最大限度接近自然，满足人们回归自然的要求。这也就是我们所常说的绿色设计。

在西班牙有这样一个实际的例子，某展览会广场上的水池，是把按规格订造的大理石，直接从工厂运到土地，然后用最短的时间，以及最经济的方法组装成水池。展览结束后，把螺丝拆掉，这些大理石又被送到别的工地上使用。如此一来，废料及管理费用皆明显下降，既节约了原材料，又提高了效率。而在世界博览会上的场馆建设中，这样的例子比比皆是。有些建筑也开始使用再生材料。但在当下中国的现实生活中，拆毁重建的例子也非常多，从大型的公共建筑到小型的居室装修都时有发生。

[二] 室内设计要科技化

20世纪以来科技的迅速发展，使室内设计的创作处于前所未有的新局面。新技术极大地丰富了室内的表现力和感染力，创造出新的艺术形式，尤其新型建筑材料和建筑技术的采用，丰富了室内设计的创作，为室内设计的创造提供了多种可能性。

在当代，媒体革命已经成为一个实际的、令人无法回避的现实。信息高速公路遍布全球，世界各地的电子网络正在改变着社会经济、信息体系、娱乐行业，以及人们的生活和工作方式。计算机技术、多媒体技术和无线移动互融互通，开创了未来世界的黄金领域互联网多媒体和无线移动服务。这一充满活力与生机的新市场引起了建筑师和室内设计师们积极而广泛的响应。

1994年美国出版的《电脑空间与美国梦想》中认为：电脑空间的开始意味着公众机构式的现代生活和官僚组织的结束。未来公司的工作程序和组织程序也变得越来越虚拟化，他们的生存和运作取决于电脑软件和国际互联网，而不是那些实

08．国家博物馆贵宾厅使用了传统的砖雕技术　　09．北京昆仑饭店大堂　　10．有浓郁地方特色的酒吧

用主义的、规范的建筑环境框架，多维联系已经超过了空间关系。

传统的行政体系的衰落使人们对工作场所有了新的界定，工作人员成了"办公室游牧族"。在一些公司的办公室里，办公工位及其附属的各种设施和设备都在静候着公司的游动工作人员。有些大型公司只为其部分的工作人员保留固定的办公单元，但在将来，公司留在办公室里的员工会越来越少。这些都极大地影响、改变着我们的设计观念。智能化的设计手段，智能化的空间已逐渐地渗入到我们现在的工作和生活中。科技的进步将会主宰未来的室内设计。具体而言，科技化主要通过以下几个方面得以实现。

（1）室内设计中计算机、多媒体的全方位应用

对于设计师们来说，计算机辅助设计系统的运用，确实令他们如虎添翼。在计算机上，建立几何模型，创造高度复杂的空间形式；而且还能使他们随心所欲地计算和描述，以及进行任何风格的创造性试验，这些都丰富了设计师的想象力和创造力。（图06）建筑及室内的数字化模拟设计离不开计算机，现在国内风行的参数化设计则是完全依赖计算机，而建筑信息模型（Building Information Modeling）更是以建筑工程项目的各项相关信息数据作为模型的基础，进行建筑模型的建立，通过数字信息仿真模拟建筑物所具有的真实信息。组合的模拟程序使设计师能够准确地提供供暖和照明系统以及其他技术设备系统，以获得理想的或预期的效果。通过计算机设计师们可以全方位地把握设计。设计师们通过计算机联网技术，与业主和厂家及时沟通信息，提高工作效益，早已在设计中被广泛采用。

（2）新型建筑技术和建筑材料的广泛应用

随着科技的发展，建筑技术不断进步，新型建筑材料层出不穷，设计师们的设计有了更广阔的天地，艺术形象上的突破和创新有了更为坚实的物质基础。（图07）

科学技术发展的另外一个结果就是社会发展的高度国际化和同质化，使得国内外的设计同步发展，将现代技术、材料及其美学思想传播到世界的每一个角落。当一种新的建筑技术和建筑材料面世的时候，人们往往对它还不很熟悉，总要用它去借鉴甚至模仿常见的形式。随着人们对新技术和新材料性能的掌握，就会逐渐抛弃旧有的形式和风格，创造出与之相适应的新的形式和风格。即使是同一种技术和材料，到了不同设计师的手中，也会有不同的性格和表情，譬如，粗野主义的暴露钢筋混凝土在施工中留下的痕迹，在勒·柯布西耶的手中粗犷、豪放，而到了日本建筑师安藤忠雄的手中，则变得精巧、细腻。同样工业化风格的形象在SOM和KPF的手中分别有了不同的诠释。

同时技术的发展和工业化，必然带来室内装修材料、构件生产的产业化。而产业化的结果是大量的标准化、规格化的产品的制造，建筑材料、构件、装修材料，以及家具和陈设品，必然高度产业化。科技的进步使任何一种构件的精密加工成为可能，因此，这可以极大地改变我们现有的施工现状，该现场施工为场外加工、现场装配。施工现场不再是我们今天的木工、油工、瓦工、电工等一起拥入，电锯、电锤等声音齐鸣，烟尘飞舞，刺激的气味弥漫空中，秩序混乱；代之以清洁整齐、快速高效的施工场面。比较遗憾的是，国内的施工现场和工艺还尚未达到理想状况。

德国建筑评论家曼弗莱德·赛克（Manfred Sack）说过："技术已成为建筑学构造的亲密伙伴"。室内设计的发展要依赖技术，然而，由于种种原因，当代中国的室内设计及其建造技术依然停留在较为传统的方式上。设计师一般倾心于形式上的推敲，很少研究新的技术给我们的室内设计的发展带来的机遇和可能性。当然，过分地强调技术，一味地追求上的先进，那就是舍本逐末了。我们追求的室内设计的科技化是建立在技术生态主义基础之上的，要全面地看待技术在营造中的作用，并且把技术与人文、技术与经济、技术与社会、技术与生态等各种矛盾综合分析，因地制宜地确立技术和科学在室内设计创造中的地位，探索其发展趋势，积极有效地推进技术发展，以期获得最大的经济效益、社会效益和环境效益。（图08、图09、图10）

室内设计的科技化是通过以下几个方面体现出来的。

（1）信息化

目前，我们所拥有的国外的信息和资料，有许多都是二手的。落后的资料信息系统妨碍了我们迅速与国外同行，甚至国内同行之间的联系，使我们处于一种相对封闭的状态。这必然影响我们设计国际化和专业化的发展。因此，需要实现设计的信息化。

（2）国际化

事实上，国外建筑师、设计师参与我国的设计已相当普遍，这种趋势已不可逆转。而且，只有通过国际化才能缩小我们与发达国家之间的差距，以便于与国际沟通。从北京的国家美术馆等大型项目的设计招标方案中，我们可以看到国内设计师与国外设计师之间客观存在的差距。其实，存在差距并不可怕，认识不到差距或不承认差距才是可怕的，室内设计的国际化也是必然的趋势之一。首都机场T3航站楼、国家大剧院、中央电视台大楼等都是国家化的成果，我们可以从中学习先进的技术经验和设计理念。

（3）电脑化

尽管不能完全取代手绘图，但计算机已经成为当代设计师在设计中不可缺少的工具。其次，计算机和网络的使用可以加快信息交流，便于设计师、业主、厂家之间的相互沟通，可以大大地提高工作效率，也大大地降低了信息传递的误差。另外，电脑还可以控制所有的建筑技术功能，包括室内气温调节、供暖、防晒和照明，最大限度地减少能量消耗，最大限度地发挥建筑的经济和生态效应。

（4）制度化

建筑法、城市规划法、环境保护法、消防法等都是与室内设计相关的法规，但是缺少室内设计的专业法规。一旦室内设计制度化，就可以规范这个行业，改变混乱不堪的设计和施工现状，并大大提高创作和设计的质量。

（5）施工科技化

我们现有的施工技术，还是比较传统和落后的，已不适应当今社会的发展。我们必须发展适应当时、当地条件的适用技术。所谓适用技术，简而言之就是能够适应本国本地条件，发挥最大效益的多种技术。就我国情况而言，适用技术应理解为既包括先进技术，也包括中间技术，以及稍加改进的传统技术。也就是有选择地把国外技术与中国实际相结合，运用、消化、转化，推动国内室内设计技术和实施技术的进步，将国内行之有效的传统技术用现代科技加以研究提高。既要防止片面强调先进技术而忽略传统技术；又要杜绝抱残守缺，轻视先进技术，而不全面地研究和探索，过分地依赖传统技术。

[三] 室内设计要本土化

20世纪80年代以来，人们追求现代的渴望空前高涨，超前的冲动弥漫于整个社会。一时间，传统的文化和规范受到极大的冲击，人们向往科学、丰裕、文明和工业化。许多发展中国家，以西方发达国家的发展模式来设计和发展自己的经济，人们照搬西方的生活方式，其结果往往以失败告终，这已从20世纪90年代东南亚的经济危机得到证实。人们不但没有得到，而且还失去很多，一时间茫然失措。然而，国际化和产业化又是我们无法回避的现实，在经过徘徊和失落之后，开始把注意力转向社会的主体，考虑自身的发展，在追求现代化的同时，重新开始用理性的眼光去寻求那被久久淡忘的传统文化，认识到任何发展和文明的进步都不能以淡漠历史、忘却传统为代价，现代化应该是传统文化基础上的现代化。

进入20世纪90年代后，全球的文化格局发生了巨大的转变。但总体而言，世界的全球化与本土化的双向发展是当今世界的基本走向。

一方面，第一世纪的跨国资本（广义上的概念），在全球文化中发挥着巨大的作用。文化工业与大众传媒的国际化进程以不可阻挡的速度进行着，世界真正成了人们所谓的地球村。原有的世界性意识形态的对立似乎消失在一片迷离恍惚之中，消费的世俗神话似乎已经演变成了支配性的价值。日益发达的大众传媒使占有领先地位的知识、技能、美学趣味等传播到世界各地，其结果，使社会非地方化，经济和文化方面的世界性日益增强。巴黎的时装、美国的流行音乐、某一种新式的舞蹈、某种新产品、某一座新颖的建筑设计，会迅速地向四方传播，为人们所效仿，这导致我们的外部世界越来越相似和同质化。（图11、图12）

另一方面，世界的全球化带来了社会的市场化。但所谓市场化并不意味着对现代化设计的全面认同，而是面对后工业社会的新选择。市场化意味着以西方为中心的将他者化的弱化和民族文化自我定位的可能。面对基本社会不断增长的世界化，面对使个体和集体精神状态统一化的压力，个性觉醒是一种压倒一切的需要，即对特性需要的表现。因此，以现代化为基础的民族文化以巨大的力量，带着复杂的历史、文化、政治、宗教的背景席卷而来。在那些处于发达资本主义社会之外的民族社会中发挥着越来越巨大的作用。人们更加珍视从传统内部衍生出来的东西，有意识表现自己的独特性，越来越有目的地发展地区文化，追求区域特征、地方特色、民族文化。人们认识到越是民族的，世界的，就越有个性，越有普遍性，这是一种文化反弹现象。（图13、图14）

15 . 具有人文色彩的展厅　　16 . 具有典型东南亚特征的小店

室内设计作为一种文化，尤其是建筑文化的一部分，必然会同其他文化一样有回归、反弹的现象，这就是室内设计的本土化。室内设计的本土化是世界文化发展的必然结果。

其实，基于本土文化的地区主义的创作思想起源甚早，最早是由L·孟德福在国际主义风格泛滥的年代力排众议提出来的。这是最早的地区主义创作理论，可在当时并没有引起人们的注意。20世纪70年代以后，《没有建筑师的建筑》（Bernord Kudolfsky）一书问世，在整个设计界引起极大的反响。不但已经被忽略的地区主义设计被重新发掘出来，而且，有些从事地区主义创作的设计师也重新引起人们的重视，人们对他们所做的工作进行重新评价，其中最有代表性的人物是芬兰的建筑师阿尔瓦·阿尔托（Alvar Alto）。他的创作，不仅具有国际主义的语言，而且也表现出许多人文主义的、地区主义的特质。

曾几何时，不论是在建筑设计领域，还是在室内设计领域，设计的民族性和地方性一直是两个争论不休的话题。但是，近年来这两个问题都在逐渐淡化。究其根本，是因为民族性在淡化，地方文化和情态在淡化。这种淡化有其客观原因，社会文化交往的加强，科学技术的进步，使世界文化中存在着文化趋同的现象。这种趋同开始还表现在表面和形式上，后来逐渐深入到思想和文化领域。这样下去的结果就是整个的创作领域遭到压制，社会的个性和独特形态遭到破坏。这种情形，在我国当前的设计领域中表现的尤为明显，设计人员盲目地抄袭拼凑，急功近利地满足市场的需要，很少有作品能真正具有自己的个性。因此，出现了一些似是而非、不

求甚解、浅薄空泛、表面平庸，甚至是无可奈何的室内设计作品。这些作品，或趋于自作多情地无病呻吟，或诚惶诚恐地拜倒在古人古法面前，或毕恭毕敬地生搬硬套洋人的东西，空间混乱，理念不清，细部简陋粗糙；或不分场合，牵强附会地使用缺乏内涵的符号，矫揉造作，附庸风雅，去满足市侩猎奇的喜好或遵命于长官的意志。

室内环境是一种具有使用之目的性和艺术之欣赏性的具体的客观存在，它存在于特定的地区的自然环境和社会环境中。这些自然的和社会的要素，也必然会给建筑形式和室内形态以限定，形成独具特质的乡土建筑文化。因此，室内设计作为一种文化，尤其是建筑文化的一部分，是具有地域性的，它应该反映出不同地区的风俗人情、地貌特征、气候等自然条件的差异，以及异质的文化内涵。（图15、图16）

因此，面对当前国内室内设计领域极为混乱的局面，重新提出地区主义设计和设计本土化的概念是有意义的，而且是必要的。芬兰的一位女建筑师说：下一届的国际式是文化与地区的特色。因此，作为设计师，不但应该研究世界各地建筑文化、地区建筑文化，而且应该在设计创造作实践中，自觉地，有目的地追求地域性、地方特色、民族文化，继承并发展地区文化。

在由文化交流，科技进步带来的文化趋同的趋势下，探索设计的地区主义和本土化是非常艰辛的，是需要设计师们付出很大的努力的。这种探索不是由一代人、两代人能够完成的，而且有可能永远探索下去，因为文明是不断进步，社会是不断发展的，而且设计也只能在延续中得到发展。这种探

索很早就开始了，而且从未间断过，不过从来没有像现在这样引起人们的重视。这些设计师们的作品质朴无华，但都蕴涵着伟大的洞察力和深邃的思想，有的虽然外表上没有历史的痕迹，但骨子里都洋溢着浓郁的传统色彩。例如，芬兰的建筑师阿尔瓦·阿尔托（ALvar Alto）、印度的建筑师查尔斯·柯里亚（Charles Correa），以及埃及的建筑师H·法塞（H. Fathy）都为我们做出了很好的表率。

阿尔托在探索地方主义设计方面的历史性贡献在于平衡新旧之间的关系，对照自然和工艺，并结合人类行为、自然环境以及建筑三者，以自身的设计实践证明了区域特色的追求与现代化并不相悖。这不仅表现在建筑设计和室内设计中，而且还表现在家具设计中。在家具设计中，他将区域色彩融进机械制造的过程中，使他设计的家具，不仅具有地方特色，而且具有时代感。

柯里亚，不仅把印度建筑中的传统构图形式网格上单元的自然生长方式带到设计当中来，而且强调建筑空间形态的设计必须尊重当地的气候条件。他把传统的色彩和装饰大量地融入现代建筑空间中。他把设计完全同当地的自然环境、地理、气候等因素和社会环境、色彩、装饰等因素融和起来，创作了大量的具有印度传统色彩的作品。他认为建筑师要研究生活模式，探讨了适合印度地理、经济与文化的建筑。由于柯里亚的卓越贡献，1983年获得英国皇家建筑师学会金奖。

法塞，对乡土建筑文化的发展做出了巨大的贡献。他发现，由于人口的剧增和技术的进步，新技术在建筑业得到了发展并取得了利润，而另一方面则导致传统技术的衰落和老匠人的散失。事实上，广大地区无力采用新技术，从而居住问题更为严重。法塞致力于住宅建设工作，重新探索地方建造方式的根源。他训练当地的社区成员，同时作为建筑师、艺匠，自己动手，建筑适合自己的居住环境。在他的工作中，给予地方文化以应有的地位。一般人设计穷人的房屋只是基于一种人道主义的心情，忽视了美观，甚至否定了视觉艺术，而对法塞来说，即使是粗陋的泥土做成的拱或穹隆，也要使之具有艺术的魅力。他在东方与西方、高技术与低技术、贫与富、质朴与精巧、城市与乡村、过去与现在之间架起了非凡的桥梁。柯里亚称他为"这一世纪真正伟大的建筑师之一"。正是由于他对穷人建筑的重要贡献，1983年得到国际建筑师协会（U．I．A）金质奖。

像阿尔托·柯里亚、法塞这样的设计师有许多，他们兢兢业业，孜孜以求，为我们探索建筑设计和室内设计的民族化和地方化提供了很多宝贵的经验，总结起来有以下几个方面：

（1）树立自信心，破除西方中心论的迷信。在经过了盲从的急躁和丧失自我的痛苦后，人们开始自我反思，认识到"现代化"并不应该是对西式模式的全面认同，而应该是对后工

业社会文明的新的选择，选择一条自我发现和自我认证的新道路。柯里亚曾经说过这样一句话："如果现代主义建筑是在印度的传统建筑的基础上发展起来的话，那么它就不会是今天这种模样，而完全是另外一个样子。"所以，我们的设计师必须对自己的国家、民族的传统充满信心，不再盲目地追从西方文化。

（2）对世界各地文化进行比较研究。孙子云："知己知彼，百战不殆。"这就是说我们不但要研究自己民族的传统文化，而且要研究其他一切外来文化。只有这样，我们才能真正地了解世界，正确地认识自己，研究自己，发展自己，博采众长，融会贯通。

（3）必须立足于本民族的传统文化之上，对外来文化兼收并蓄，摆脱对民族文化的庸俗理解和模仿，立足于国情、民情，立足于人的基本需求和生活方式，而由于西方文化的广泛影响，我们的设计师学习了很多，也包括其中的一部分精华，这种事情本来是件好事，但是由于他们对自己民族的传统文化研究不够，有的甚至根本不研究，因此他们的设计成了无源之水，无本之木。这种"知彼不知己"的情形，导致设计中的历史虚无，何以谈得上让我们的设计走向世界，"越是民族的，越是世界的"这句话还是有一定的道理。吴冠中先生说："我在外面认识的很多画家都想回来，因为他们出去画了一段时间之后，创作的源泉便枯竭了，他们的源泉在国内。"在任何时代、任何社会，文明的发展和技术的进步都不应以否定历史、丧失传统作为代价。

（4）设计必须要现代化。在对待传统文化的态度上，我们不仅要拿来，而且要发展，要创造。只有创造性地继承，传统文化才会有生命力，而且也只有这样，才能适应不断发展的科学技术和社会生产力，才能适应已经变化了的国情、民情，满足人们的基本需求。

创造有文化价值的室内空间，是我们设计师责无旁贷的历史责任。尤其是在当前的文化多元共存之中，如何在室内设计中体现出我们自己本民族的特色，如何营造体现地方特征及风俗习惯的室内空间，是需要我们付出气力去研究的。现在，我们不仅有外国设计师探索地方主义设计的经验，而且还有很多实践的机会，那么，我们就会少走弯路，探索出适合中国国情，能够体现地方特色的室内设计创作方法来的，丰富我国的室内设计创作。

[四] 室内要具有时代精神

勒·柯布西耶说："建筑应是时代的影子。"

建筑活动逐渐变成了消费的一个重要组成部分，建筑对人们来讲，如同摆在货架上的商品一样，人们可以根据自己的意

17．酒店休息厅　18．酒店大堂　19．酒店大堂

愿和喜好选择建筑的形式和风格。这样，室内设计的各种风格、各种流派的共同存在成为必然。但是，这风格、流派并不是毫无条件、毫无差异地共存，其中必定蕴藏着潜在的、最具生命力的、起支配作用的意识，这就是时代精神，时代精神支配着多元化的发展方向。（图17、图18、图19、图20）

意大利建筑师和建筑理论家维特鲁威在《建筑十书》中，简洁却异常深刻地道出了建筑最本质、最基本的特征：坚固、实用、美观。现在经济技术的进步使建筑的安全已不再成为主要矛盾，"实用"与"美观"，或者说"理性"与"情感"变成了主要矛盾的对立双方，二者间的斗争贯穿于建筑发展的始终，这不仅仅是室内设计中的矛盾，在更深层的意义上来讲，这是我们意识形态中的矛盾，实用价值与美学价值，科学技术与文化艺术之间的矛盾。纵观历史，任何时代，任何地点，凡是具有深远意义的设计总是千方百计地运用材料、技术，脚踏实地解决时代的问题，探索新的表现形式和表达语言。这些作品不仅解决了"实用"方面的问题，而且也对"美观"方面做出了回答。

室内设计，它的形式和风格总是要反映人们的审美习惯的，不同时代、民族、地域的人，不同社会地位、年龄的人，不同知识结构、文化修养的人，有着不同甚至迥异的审美习惯。但是，不管这些审美习惯在感觉上多么不同，在它们的深层总有一种相同的东西。因为，人们的审美习惯不是凭空而来的，它是时代文化思潮的一部分，总是或多或少地反映出时代的精神特征。（图21、图22、图23）

任何艺术作品（包括室内）都是时代发展，文明进步的产物。不同的文明会产生不同的艺术，每个时期的文明必然产生其特有的艺术，而且是无法重复的。康定斯基说："试图复活过去的艺术原则，至多产生一些犹如流产婴儿的艺术作

20 . 酒店大堂　　21 . 银川机场　　22 . 纽约杜勒斯国际机场　　23 . 日本东京国际机场

品"。我们不可能像古希腊、古罗马人一样地生活和感受，因此那些效仿希腊艺术规则的人仅仅获取了一种形式上的相似，虽然这些作品也会一直流传于世，但它们永远没有灵魂。密斯说："要赋予建筑以形式，只能是赋予今天的形式，而不应是昨天的，只有这样的建筑才是有创造性。"然而，令人遗憾的是，在新思潮的冲击和人为因素的冲击及影响下，出现了一些似是而非、不求甚解、浅薄空泛、表面平庸、甚至无可奈何的室内设计作品。这些作品，或趋于自作多情地无病呻吟，或诚惶诚恐地拜倒在古人古法面前，或毕恭毕敬地生搬硬套洋人的东西，一时之间，到处都是SOM和KPF的模仿作品，空间混乱，理念不清，细部简陋粗糙；或不分场合，牵强附会地使用缺乏内涵的"符号"，矫揉造作，附庸风雅，去满足市侩猎奇的喜好或遵命于"长官"的意

志。形成一种与时代精神相悖的、病态的、无序的多元化。

另外，时代精神是在民族文化背景下展现出来的时代精神。民族文化是"随小孩子吃妈妈的奶的同时就把它吃进肚子里去了"的无形的东西，不管你是有意识，还是无意识，这种东西都会在我们的头脑中根深蒂固、挥之不去的，民族文化是历史上时代更新的风雨无法冲刷掉的。丹纳说："只要把他历史上的某个时代和他现代的情形比较一下，就可发现尽管有些明显的变化，但民族的本质依然故我。"

但是无论地理环境怎样差异，血统如何不同，人们总会显示出某些相似的思想感情倾向，人类的文化总是具有共同的本质，这种本质也就是我们在设计中所要追求的。（图24、图25）

24. 酒店大堂吧
25. 酒店大堂吧

02

室内设计与消费文化

在人们的印象中，消费一词一直都是浪费、挥霍的代名词，也常被理解为一种经济损失或一种政治、道德价值的沦丧。从18世纪后期开始，消费开始作为一个技术性的、中性的术语被人们使用。法国学者波德里亚认为，消费的对象，并非物质性的产品和物品，它们只是需要和满足的对象。我们过去在购买、拥有、享受、花费——然而那时我们并不是在消费。消费并不是一种物质性的实践，已经成为一种符号的系统化操作。因此，要成为消费的对象，物品必须符号化。

一、消费时代的文化

20世纪90年代，是一个文化转型的时代。在这个时代，文化本身的世界化与多元化已是一个不可逆转的过程。文化艺术现象纷繁复杂、瞬息万变。但不管新时代的文化是多么的复杂与多么的不确定，它总会表现出两个方面的特征，即市场化和消费化。我们这个时代是一个以消费为主导的、由大众传媒支配的、以实用精神为价值取向的多元化的新时代，市场的神话结束了原来某些文化权威性的支配地位。尽管高雅文化和大众文化之间仍然存在着一定程度上的对立和分歧，但随着大众文化的繁荣与壮大，高雅文化已经丧失了原来的统治和控制地位，受到来自大众文化的挑战。现代化的文化就是市场文化，就是一切为了市场，一切为了消费者。现在的时代就是一个市场的时代和消费的时代，人们共同消费，共同分享信息，"人们按照广告去娱乐、去嬉戏、去行动和消费、去爱和恨别人所爱和所恨的大多数现行需要。（马尔库兹

语）"[1]这导致了消费同化，生活标准同化，愿望同化，活动同化。这些现象共同构了我们这个消费时代的消费文化。

二、消费文化的特点

消费文化的特点之一就是波及面广、变化无常。现在消费品的概念已不再是传统意义上的概念，人们生产制造的产品（广义上的概念）以及相应的行动都进入到消费品的行列。室内设计活动也就逐渐变成了消费的一个重要组成部分，对人们来讲，室内设计就像摆放在货架上的商品一样，人们可以根据自己的意愿和喜好选择设计的形式和风格。这样，室内设计的各种风格、各种流派的共同存在成为必然。（图26、图27、图28）

消费文化的特征之二就是商品相对供大于求。1907年，经济学家西蒙·纳尔逊·帕腾宣称：新的美德不是节约而是消费。时事的发展，很快就证明了这个当时还非常异端的观点。二战后，一个名叫维克特·乐勃的美国销售分析家说："我们庞大而多产的经济……要求我们使消费成为我们的生活方式，要求我们把购买和使用货物变成宗教仪式，要求我们从中寻找精神满足和自我满足……我们需要消费东西，用前所未有的速度去烧掉、穿坏、更换或扔掉。"[2]消费主义作为一种当代的文化观念和新的生活方式的精神实质，在此表述的异常清晰。以往生产是社会主要关心的问题，现在促进产品的消费则是社会的主要工作目标；以往是以生产为中心，现在以刺激消费为中心，经济的增长越来越依靠整个社会

---

[1] 转引自张绮曼，郑曙阳主编. 室内设计经典集. 北京: 中国建筑工业出版社，1994. 第16页.

[2] 转引自美术观察. 北京: 美术观察杂志社，2002第6期（总第83期）. 第3页.

26．香港太平洋酒店大厅   27．上海金茂君悦酒店大堂   28．吉隆坡利兹卡尔顿酒店

的因素，而非仅仅是生产技术因素。美国经济学家嘉尔伯雷斯（Galbrainth）评论道，当产品的销售比产品的制造显得更为困难之时，消费者便成为科学技术的首要研究目标。因此在消费社会中，人们更注重产品的文化含量，这就需要我们设计师进行不断地创新，提供新的消费点和切入点。

消费文化的特征之三就是商品交换中的平等原则，消费者与商品的创造者是平等的。个人的意志在对待消费对象的态度上都可以自由而充分地展现出来，也有更多的选择权利，对于作为消费品的室内设计来讲，它的意义和价值不再是设计师们自足，或满足实用功能，或具有美学价值，而是越来越多地取决于消费者，满足人们对于自我价值的欲求。同时，消费者也是一个在不断分化和变化着的群体，每一个人都有不同的审美趣味，可以为设计师带来不断创新的实践机会和社会境遇。

消费文化的特征之四是消费文化改变了传统的设计观念，使用功能不再是人们对商品唯一的要求，商品的审美趣味不断地多样化和时尚化。在今天的消费社会中，一切随行就市的商品和文化产品都是人们消费的对象。时尚是创新的温床，它需要变化，需要放纵的、快速的变化。消费主义给予"创新"以空前的鼓励，因为不断更替的时尚，压缩了生产——消费周期；因为此起彼伏的时尚造就了争奇斗艳的市场，来

迎合大众的消费口味。室内设计的时尚和其他的社会时尚一样，周期性的时尚变化从客观上也维持了当代生产、消费体系不断持续地向前发展。（图29、图30）

消费文化的特征之五是消解了商品在文化意义（包括美学上的）上的深度。如今商品的文化意义都在淡化的过程中，我们很难从商品中体味到其在文化上的深度感。每每都试图回味，但却没有值得我们回味起来的东西。对于商品，人们已经不再从文化意义的深度上去要求它了，无论对作品进行怎样的解释，我们都会觉得苍白无力和牵强附会。这样就导致了我们对待文化的态度的改变，譬如各种风格的设计和装饰随便可以出现在任何地方、任何场所，在设计的拼凑中，我们消解了这些设计文化原有的深度和精神内涵。室内设计已经放弃了能动积极地创造时代和反映时代的角色，而仅仅成为图案和符号的拼凑和组合。（图31、图32）

三、消费文化与室内设计

当社会把现代化作为自己的发展目标时，就意味着要不断满足人们日益增长的物质和精神需要。因此我们需要不断地扩

29.新加坡节日酒店餐厅　　30.商店的室内环境　　31.风味餐厅　　32.风味餐厅休息区

大再生产，不断地获得更多的利润，不断地进行消费，营造出激荡当代社会生活的消费主义，消费主义充斥在当今社会的每一个角落。在消费世界中，室内设计创新的本质逐渐被人们遗弃或忽略，设计呈现出一种解体和离散的状态，其中所蕴涵着的精神也成为人们消费的对象，抹杀了设计创新最初所具有的含义，创新只是作为风格或观念符号的快速生产和消费而加以特别地强调。

尽管如此，在今天的室内设计活动中，创新，仍然是每一位设计师的潜在自觉和努力，也就是说，创新虽然不是室内设计活动的全部意义，但在当前也基本上代表了设计活动的文化逻辑和动因。当代社会的生活丰富多彩，发展的动因也就多种多样，但随着市场经济的不断发展和完善，消费文化——作为人们的一种生活观念和生活方式，已经毋庸置疑地成为当代大众生活的一个重要特征。生活在当今社会中的设计师不可避免地受到消费文化的影响和支配，这种影响和支配就会直接和间接地反映到设计师的作品中，成为新的价

值观和精神取向。

影响消费文化的因素有两个方面：一个是市场机制；另一个就是大众文化。

传媒已经形成了庞大的产业，但传媒要求速度与规模，这是利益的驱动，也必然影响设计维"新"是从。现代传媒技术的发展使消费文化的普及成为可能，于是出现这样一种现实：当追逐某一时尚的人们通过"模仿性消费"加入另一时尚的消费队伍时，原来倾心于该时尚的人们又已经发现了更新的时尚潮流；这样，不同的社会消费层又重新有了区别，在媒体新一轮的炒作下，时尚的游戏又重新开始，如此循环往复，使不同阶层的消费者在时尚的变化中不断寻找和确认与自身阶层相符的商品和消费方式。

由于市场的作用，在消费文化的情境中，不但不会埋没精英设计，而且还会促进精英设计不断且迅速创新。但是现在国内的设计市场并不规范，而且变化无常；设计师的素质和政府的管理也存在着一定的问题，不能很好地引导消费者。因

33．枫丹白露宫殿室内环境　　34．广州陈家祠书房

此，设计师为了适应市场的需要，为了追求眼前的利益，东拼西凑、盲目抄袭，导致设计粗制滥造，缺少实际意义上的创新。然而技术和经济的发展为大众对室内设计消费的需求成为可能，于是出现了室内设计作品的抄袭和复制。只有通过建立良好的市场机制，才能通过市场引导建立起设计师、设计作品和消费者之间的良性循环。

四、消费时代的室内设计

美国后现代主义理论家杰姆逊描述道："新的消费类型；人为的商品废弃；时尚和风格的急速变化；广告、电视和媒体迄今为止以无与伦比的方式对社会的全面渗透；城市与乡村、中央与地方旧有的紧张关系被市郊和普遍的标准化所取代；超级公路庞大的网络发展和驾驶文化的来临。"[①]，依照这一标准，当代中国都市已经进入到一个准消费的时代。室内设计活动日益深刻的市场化、商业化与产业化，使设计产品、设计师和消费者无所遁形，无不受到来自消费社会的那只看不见的手的操控。

当代中国的室内设计领域是一个十分热闹、充满喧哗、躁动和焦虑的领域，室内设计已经从象牙塔中走了出来，不再是仅供少数人玩味的东西，而大众文化和大众意识形态又使室内设计变成了一种即兴的、游戏式的产物。设计师既可以用设计赞颂时代，也可以用设计讽喻现实；既可以创造优美，也可以塑造疯狂；既可以表达对未来的希望，也可以寄托设计师对文化和社会的焦虑。因此目前中国室内设计的发展趋势归纳起来大致有如下几种：

（1）传统本色——永远的经典；人们对传统文化都有一定的情结，与历史上流传下来的思想、道德、风俗、艺术等有着千丝万缕的关系。回归传统文化是人们无论如何也挥之不去的文化情结，因此文化的回归是一种趋势，也是当代室内设计的一种方向。历史上任何时代的经典设计，不分国家、地区和民族，都是历史遗留给人们的巨大财富，具有永恒的美。（图33、图34）

---

① 转引自美术观察. 北京：美术观察杂志社，2002第6期（总第83期）. 第6页。

35．具有中国传统特点的室内环境　　36．钓鱼台国宾馆总统套房　　37．澳门MGM宾馆的四季厅　　38．科隆路德维希博物馆展厅
39．慕尼黑现代艺术博物馆门　　40．纽约MOMA室内环境

（2）传统与发展——时空的交汇；如今的社会形态与历史的任何时候相比，都有着翻天覆地的变化。尽管传统的形式有着无限的魅力，但完全照搬昔日的形式无论如何也是不可能的。既要继承传统，又要不断发展。任何室内设计作品都是时代发展、文明进步的产物，传统的文化必须在现代化进程的框架中不断地进行重构。继承与发展是设计进步的永恒主题。（图35、图36、图37）

（3）简约精致——新派奢华主义；密斯的"少即是多"是简约主义的中心思想。简约主义新颖大方，符合人们生活真正需要的舒适，个性化的简约主义令人耳目一新。简约主义把握住了设计与时代的变迁关系，在这个变幻莫测的世界中始终如一。简约主义强调用简单的，基本的几何构架作为一种

表达方式来寻找形式的核心内涵。简约并不是意味着简单，但它往往会导致一些程式化的偏见。一方面简约对设计要素要求严格，将设计的元素、色彩、照明、材料等简化到最少的程度；另一方面要建立起要素之间、要素与环境之间的对话，通过精细的比例和细部来显示空间的架构和环境的氛围。虽然色彩和材料都比较单一，但色彩效果的形成非常复杂，使用的材料品质好，而且价格高。简约主义的设计思想包涵了一些永恒的价值观，如对材料的尊重、细部的精确和单纯的设计元素等。（图38、图39、图40）

（4）新奇与怪诞——时尚的推动力；时尚对室内设计而言，它不仅仅意味着满足人们猎奇的需要，而且意味着创新。一旦设计师把握了时尚的价值体系和发展脉搏，设计师

41.慕尼黑现代艺术博物馆展厅内景　　42.教堂的设计充满了时尚感　　43.洛杉矶圣母大教堂

便可以通过想象力和创造力来引导消费者和时尚的消费市场。设计师应该是消费者追求新奇、渴望回归、向往超越的代言人。室内设计绝不仅仅是为了制造一个可供使用的商品而已，而是使消费者能不断感受到时尚的魅力。（图41、图42、图43）

登高远望，纵观历史的长河，则青山遮不住，毕竟东流去，

前进、革新才是人类发展的健康方向，多元化只是时代精神的表象和手段，时代精神才是本质和目的。

歌德说过："凡是值得思考的事情，没有不是被人思考过的，我们必须做的只是试图重新加以思考而已。"也就是说，人类的困境像人类一样古老，并将随人类一同长久；但是，困境是古老的，思考应该是崭新的。

03

室内设计中的生态主义

室内设计作为一个单独的学科，一直具有相当独立的地位，这种独立完全源自它所具有的专业特征、造型手段和艺术表现规律，以及实现的技术条件。然而，当室内设计一旦脱离开传统的设计方法，走进整体的室内设计中来，其作为室内设计的独立性就要受到质疑了。本文将以有机建筑的设计理论和生态建筑的设计理论为基础，进一步探讨对于室内设计所应持有的、现代的设计观念和方法，对于室内设计本身的形式美规律和设计手法等不作为本次讨论的话题。

问题的提出是基于这样的一种事实：到底什么样的环境是一个好的设计？未来的室内设计到底何处去？经过了多年的实践和探索，其艺术表现力和审美价值都得到提升和发展。但是在当前社会发展的现实中，由于其他相关边缘学科（生态学、社会学等）的介入，室内设计的艺术设计到底能在未来的室内设计中占多大的比重？是否还继续唱独角戏？这里论述的概念可能会有与现在人们意识中传统的室内设计的概念不同。

社会发展到今天，经济和社会都发生着巨大的变化，旧的世界格局仿佛在一个瞬间崩溃，而新的世界格局仍在迷离模糊之中，全球的文化格局也发生了巨大的转变。人们赖以生存的自然环境和生态系统也是如此，因为人类的经济行为和科技进步而有很大的改变：一方面似乎变得更加适合人的居住和生活，另一方面又对原有环境造成了很大的破坏。在这个背景下，我们需要进一步探讨室内设计的未来发展趋势，如何尽可能地节省自然资源，保护人类赖以生存的环境；如何建造出更适合居住的环境。

一、建成环境的启示

设计的可持续性已经成为当下设计师们的共识，强调把社会、经济和环境的各项指标结合起来评价设计的质量。利用可再生资源，减少排放，合理开发，尊重自然，达到一种人与环境和谐发展的健康状态。经过一段时期的探索和实践，设计师在设计实践方面取得了非常大的成绩。

实例：柏林国会大厦改建（资料引自《世界建筑》2002年第四期）

柏林国会大厦始建于1894年，原名帝国大厦，帝国大厦在二战期间被严重破坏。德国统一以后，对该建筑进行了重新改建。1992年经过公开的国际竞标，德国政府指定英国建筑师诺曼·福斯特（Norman Foster）作为改建国会大厦的设计主持人。通过对竞赛方案的修改，福斯特完善了原有的设计。完善后方案的高明之处在于不仅仅保留了原有建筑的外形，而且使它变成了一座生态建筑，使看上去貌似简单的玻璃穹顶具有丰富的内涵。

柏林国会大厦的改建使人们对生态建筑有了更深刻的理解——对自然资源的合理使用并进而达到生态平衡，这具体表现在以下几个方面。

[一] 自然光源的利用

柏林国会大厦改建后的议会大厅与一般观众厅不同，主要依

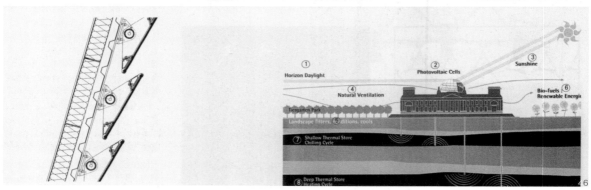

44.议会大厅自然采光的效果　　45.穹顶大厅(右为倒锥体,左为移动遮光板)　　46.倒锥体可调镜面细部,生态建筑示意

靠自然采光而且具有顶光,通过透明的穹顶和倒锥体的反射将水平光反射到下面的议会大厅,议会大厅两侧的内天井也可以补充自然光线,基本上可以保证议会大厅内的照明,从而减少了平时的人工照明。穹顶内还设有一个随日照方向自动调整方位的遮光板,遮光板的作用是防止热辐射和避免眩光。沿着导轨缓缓移动的遮光板和倒锥形反射体都有着极强的雕塑感,有人把倒锥体称作"光雕"或"镜面喷泉"。日落之后,穹顶的作用正好与白天相反,室内灯光向外放射,玻璃穹顶成了发光体,有如一座灯塔,成为柏林市独特的景观。(图44、图45、图46)

[二] 自然通风系统

柏林国会大厦自然通风系统设计得也很巧妙,议会大厅通风系统的进风口设在西门廊的檐部,新鲜空气进来后经过大厅地板下的风道及设在座位下的风口,低速而均匀地散发到大厅内,然后再从穹顶内倒锥体的中空部分排到室外,此时倒锥体成了拔气罩,这是极为合理的气流组织。大厦的侧窗均为双层窗,外层为防卫性的层压玻璃,内层为隔热玻璃,两层之间为遮阳装置,侧窗的通风既可以自动调节也可人工控制。大厦的大部分房间可以得到自然通风和换气,新鲜空气的换气

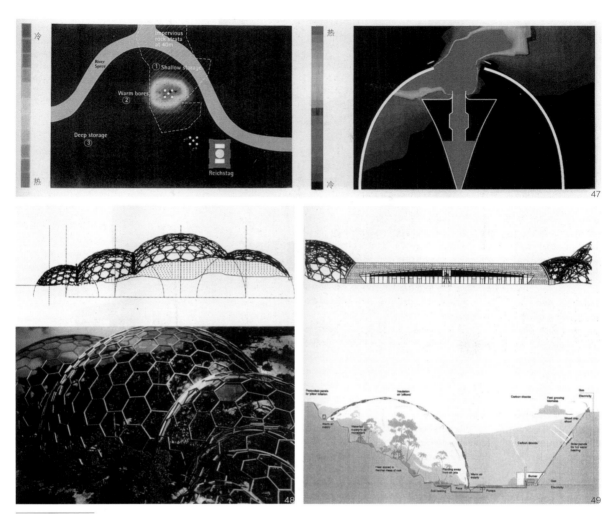

47.地下蓄水层分布,穹顶内温度静态分布　　48.伊甸园立面,外观　　49.伊甸园立面,能源设计

量根据需要进行调整,每小时可以达到1/2次到5次。由于双层窗的外窗可以满足安保的要求,所以内层窗可以随时打开。

[三] 能源与环保

20世纪60年代的国会大厦曾安装过采用矿物燃料的动力设备,每年排放二氧化碳达到7000吨,为了保护首都的环境,改建后国会大厦决定采用生态燃料,以油菜籽和葵花籽中提炼的油作为燃料,这种燃料燃烧发电是相当的高效、清洁,每年排放的二氧化碳预计仅为44吨,大大地减少了对环境的污染。与此同时,议会大厅的遮阳和通风系统的动力来源于装在屋顶上的太阳能发电装置,这种发电装置最高可以发电40千瓦。把太阳能发电和穹顶内可以自动控制的遮阳系统结合起来是建筑师的一个绝妙的想法。

[四] 地下蓄水层的循环利用

实例一:柏林国会大厦
柏林国会大厦改建中最引人注目的当属地下蓄水层(地下湖)的是循环利用。柏林夏日很热,冬季很冷,设计充分利用自然界的能源和地下蓄水层的存在,把夏天的热能储存在地下供冬天使用,同时又把冬天的冷量储存在地下给夏天使用。国会大厦附近有深、浅两个蓄水层,浅层的蓄冷,深层的蓄热,设计中把它们充分利用为大型冷热交换器,形成积极的生态平衡。(图47)
实例二:伊甸园工程(资料引自《世界建筑》2002年第四期)
伊甸园工程位于英国康而沃的圣奥斯忒尔,是一所兼具教学、研究等功能的研究所,除此之外,还具有展览功能,向公众开放,展示全球生物多样性和人类对植物的依赖。该工

50．埃森RWE办公大楼建筑模型

51．埃森RWE办公大楼27层屋顶花园

程于1996年1月1日开始设计，一期工程于2000年复活节完成，全部工程到2001年复活节完成。（图48）

伊甸园工程由布置在精心设计的园林景观中的相互连接、气候可以调整的多个透明穹隆组成。考虑到建筑的使用功能，格雷姆肖将这些透明穹隆称为生物穹隆。穹隆总面积达2.2万平方米，参观者可以经由访问中心体验到由微观摄影和高速摄影图片组成的植物世界——抵达生物穹隆。

在伊甸园工程中，尼古拉斯·格雷姆肖（Nicholas Grim-shaw）的设计研究包括两个组成部分：第一，总图；第二，生物穹隆和其他附属建筑的单体。

总图设计中的定位和组织建筑群必须满足以下要求：为了每一个生物穹隆中的园艺培植，需要充分利用日光，确定建筑的定位；必须利用地形是深坑的特点，保持与自然的和谐；为将来的扩建留有余地；为了完整的建筑表现，建筑周围要相对开阔等。通过研究，尽管各个穹隆由于功能不同而尺度差异较大，设计小组将各种要求综合在一起，创造出目前穹隆粘接在一起的总图布局方式，给人一种有机体生机盎然的感觉。这样，受到控制的生物穹隆内的环境就与深坑特有的不定型的形式融合在一起。

穹隆表面的面层材料由一层透明的聚四氟乙烯薄膜嵌入三层的充气垫制成这一做法性能良好，维护方便，在格雷姆肖的其他一些作品中也频繁采用。充气垫利用小型电动马达提供充气压力，置于气垫顶部的传感器，可以感知风、雪等荷载信息，以便调整气垫压力，适应不同的荷载状况。为了使得

生物穹隆名副其实，以光合作用作为一种能量源泉，整个系统用太阳能光电板提供能源。（图49）除了生物穹隆组合体以外，伊甸园工程的附属建筑也采用了相同的设计哲学。

实例三：埃森RWE办公大楼（资料引自《世界建筑》2002年第四期）

德国的埃森RWE办公大楼由英恩霍文·欧文迪克建筑设计事务所（Ingenhoven Overdiek and Partners）设计，是一栋圆柱形的办公大楼，矗立在其自带的湖水和绿色花园的环绕之中，25米高的入口环形遮阳棚，使得该大厦整个形体在城市规划的意义上向外扩展，成为一个公共空间。

节约能源是该建筑的一个主要设计思想，它主要取决于建筑的形体及其所采用的设备。圆形平面不仅有利于面积的使用，而且圆柱状的外形既能降低风压、减少热能的流失和结构的消耗，又能优化光线的射入。透明的玻璃维护体，使得建筑体中的各种功能清晰可见：门厅、办公楼层、技术楼层、屋顶花园等。垂直的交通网位于圆柱体外的长方形电梯筒内，使人们可以轻松地在每一层辨别方向。（图50）塔芯的一部分布置设备管道，另一部分则用作内部水平与垂直交通网的连接。固定外层玻璃墙面的铝合金构件呈三角形连接，使日光的摄入达到最佳状态。内走廊的墙面与顶部采光玻璃，使射入办公室的阳光再通过这些玻璃进入走廊，这既改善了走廊的照明状况又节约了能源。大楼的外墙是由双层玻璃幕墙构成，通过内层可开启的无框玻璃窗，办公室内的空气可以自然流通。30层上的屋顶花园通过高矗的玻璃墙防

止高空的风力，而得到保护。（图51）

大楼的技术设备是根据各种不同的功能需要设计的，每个空间都可以按照各自的愿望进行调节，如间断通风或持续通风，照明的亮与暗，温度的高与低，以及遮阳的范围等。楼层的水泥楼板上还安装了带孔的金属板，使之达到储存能量的目的。外墙双层安全玻璃中的外层厚度为10毫米，内外层玻璃间隔50毫米，用于有效的太阳能储备，同时也提供了节能的可能性。这座大楼70%的部分是通过自然的方式进行通风的，热能的节约在30%以上，玻璃的反射系数为0。

二、生态的室内设计

通过以上实例的分析，现在再让我们反思一下到底什么是生态的室内设计？

一般来讲，生态是指人与自然的关系，那么生态设计就应该处理好人、环境和自然的关系，设计要在创造舒适的小环境（人工环境）的同时，又要保护好大环境（自然环境）。具体地讲，小环境的创造包括提供给生活和工作在其中人们以健康宜人的温度、湿度、清洁的空气、好的光环境和声环境，以及长效多适和灵活开敞的室内空间等等；对大环境的保护表现在两个方面：一是对自然界的有节制的索取，二是把对环境的负面影响减到最小。对自然资源少废多用，在能源和材料的使用上贯彻节约能源、减少使用、重复使用、循环使用、用可再生资源代替不可再生资源等原则；减少各种废弃物的排放、妥善处理有害废弃物（包括固体垃圾、污水、有害气体等）、减少光污染和声音污染等。

生态设计包含两方面的内容：（1）设计师必须要有环境保护意识，尽可能多地节约自然资源，少制造垃圾（广义上的垃圾）；（2）设计师要尽可能地创造生态环境，让人类最大限度地接近自然，满足人们回归自然的要求。

三、生态室内设计的设计原则

通过对生态设计的分析，生态设计的设计原则可以归纳总结为以下几点：协调共生原则、能源利用最优化原则、废物生产最小化原则、循环再生原则、持续自生原则。具体体现在设计中可以归纳成以下几个方面。

[一] 利用外部环境中的因素

改变原来无视建筑周围环境的做法，把建筑的外部环境所起的效用放在重点考虑的地位，尽可能多地利用自然环境中的资源和要素，以及周围其他建筑和设施所能提供的技术性可能。由土壤、绿化、水及空气组成的外部环境，其他建筑组合成的现实环境为室内设计提供了多种多样的可能性，这样可以减少建筑中设备的数量和功率，节省能源和运行的费用。作为整个生态设计的组成部分，外部环境中要素的利用将在未来的室内设计中发挥越来越大的作用。如外界气流、地热资源等的应用。

[二] 挖掘新材料和新技术的潜力

随着科技的发展，建筑技术不断进步，新型建筑材料层出不穷，设计师们的设计有了更广阔的天地，除了为艺术形象上的突破和创新提供了更为坚实的物质基础外，也为充分利用自然环境、节约能源、保护生态环境提供了可能。

然而，当一种新的建筑技术和建筑材料面世的时候，人们往往对它还不很熟悉，总要用它去借鉴甚至模仿常见的形式。随着人们对新技术和新材料性能的掌握，就会逐渐抛弃旧有的形式和风格，创造出与之相适应的新的形式和风格，充分挖掘出新材料和新技术的潜力。即使是同一种技术和材料，到了不同设计师的手中，也会有不同的性格和表情，以及不同的使用方式。譬如，粗野主义的暴露钢筋混凝土在施工中留下的痕迹，在勒·柯布西耶的手中粗犷、豪放，而到了日本建筑师安藤忠雄（Tadao Ando）的手中，则变得精巧、细腻；同样工业化风格的形象在SOM和KPF的手中分别有了不同的诠释；同样的生态建筑在诺曼·福斯特（Norman Foster）和尼古拉斯·格雷姆肖（Nicholas Grimshaw）的手中也有不同的建筑形式和不同的生态设计方式。20世纪科技的迅速发展，使室内设计的创作处于前所未有的新局面。新技术和新材料极大地丰富了室内环境的表现力和感染力，创造出新的艺术形式和生态环境，新型建筑材料和建筑技术的采用，丰富了室内设计的创作，为室内设计的创造提供了多种可能性。譬如用材料吸热降温，利用构造通风和降温等是目前设计师正在尝试的技术。这样不仅可以降低建筑中设备的投资和运行费用，同时建筑空间的质量在主观和客观上都得到很大的改善。随着科技的发展，建筑技术不断进步，新型建筑材料层出不穷，设计师们的设计有了更广阔的天地，艺术形象上的突破和创新，生态化的设计就有了更为坚实的物质基础。

[三] 应用自然光

在建筑使用自然光有着漫长的历史。勒·柯布西耶的郎香教

52．1995年落成的荷兰Boxtel国家环境教育咨询中心，设计师在中心走廊的玻璃顶上安装了光电板，成功地将太阳能技术与建筑设计结合起来

53．日本的一栋小住宅，将太阳能DHW系统的集热装置放在朝阳的起居室的斜屋面上，功能与形式结合得非常完美，有效地利用了太阳能

堂，路易斯·康（Louis Kahn）的金贝尔美术馆、埃罗·沙里宁（Ero Saarinen）的美国麻省理工学院的克瑞斯小教堂、菲利普·约翰逊（Philip Johnson）的水晶教堂、安藤忠雄（Tadao Ando）的光的教堂、诺曼·福斯特（Norman Foster）的柏林国会大厦等，均充分利用了自然阳光的特性，塑造出一种神圣、脱俗的室内空间氛围，在建筑用光方面取得了卓越的成就。理查德·罗杰斯（Richard Rogers）说，"建筑是捕捉光的容器，就如同乐器如何捕捉音乐一样，光需要可以使其展示的建筑。"计算机技术的发展和新技术的进步，对建筑照明和太阳能的开发利用提供了多种可能。自然光线的引入，除了可以创造空间氛围外，还可以满足室内的照明，这样就可以减少人工照明。依靠自然采光可以节约能源，而且能够增强室内空间的自然感。"有机建筑"的思想就是强调建筑内部的自然光，强调接近自然，发挥自然因素的作用。

[四] 充分利用太阳能等可再生资源

太阳能、风能等都是取之不尽、用之不竭的能源，有着其他能源无可媲美的优点，可再生，无污染，因此太阳和风对未来的室内设计必然会产生很大的影响，尤其是建筑的外观和通风系统的设计。（图52、图53）这使人们对建筑外立面和建筑的自然通风有了新的理解：视觉的联系、引进日光照明、自然通风、保温隔热、遮阳、充分预防眩光、合理运用太阳能、合理运用风能。

[五] 注重自然通风

空调制冷技术的诞生是建筑技术史上的一项重大进步，它标志着人类从被动地适应自然气候发展到主动地控制建筑微气候。但空调技术也有其负面的影响，对空调的过分依赖和不加限制的滥用，是造成当今环境和能源的重要原因。建筑大师弗兰克·劳埃德·赖特（Frank Lloyd Wright）就不提倡使用空调，指出空调技术的弊端。空调所产生的恒温环境使得人体的抵抗力下降，引发各种"空调病"。而且空调技术在解决了建筑恒温问题的同时，又带来了诸如污染等其他的问题。因此，自然通风是当今生态设计普遍采用的一项比较成熟和廉价的技术措施。采用自然通风的根本目的就是取代（或部分取代）传统空调制冷系统。自然通风可以在不消耗能源的情况下达到对室内温度的调节。这有利于减少能源能耗、降低污染。

[六] 用自然要素改善环境的小气候

人是自然生态系统的有机组成部分，自然的要素与人有一种内在的和谐感。人不仅仅具有进行个人、家庭、社会的交往活动的社会属性，更具有亲近阳光、空气、水、绿化等自然要素的自然属性。自然环境是人类生存环境中必不可少的组成部分，因此，室内设计中自然要素的引用也成为顺理成章的事情。

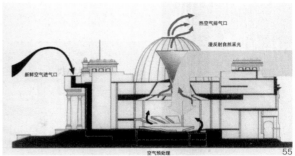

54 . 威斯马联合国教科文组织实验室和工作室
55 . 柏林国会大厦通风分析图

在办公空间的设计中，"景观办公室"成为时下流行的办公室的设计风格。它一改过去办公室的枯燥、毫无生气的氛围，逐渐被充满人情味和人文关怀的环境所代替，根据交通流线、工作流程、工作关系等自由地布置办公家具，室内空间充满绿化。办公室改变了传统的拘谨、家具布置僵硬、单调僵化的状态，营造出更加融洽轻松、友好互助的氛围，更像在家中一样轻松自如。（图54）"景观办公室"不但改善了局部的小气候，而且不再有旧有的压抑感和紧张气氛，而令人愉悦舒心，这无疑减少了工作中的疲劳，大大地提高了工作效率，促进了人际沟通和信息交流，激发了积极乐观的工作态度，使办公室洋溢着一股活力，减轻了现代人的工作压力。

[七] 主动技术干预

在被动方法无法满足需要的时候，便需要主动技术干预起辅助作用。如利用能量转化的原理，使用太阳能收集器和光电转化器；利用地热资源；提高原生能源的利用率；减少废物的产生量等。再如采用自然通风系统的生态建筑，当利用自然风压无法实现自然通风的时候，可以采用热压，热压与风压相结合、机械辅助等手段实现建筑的自然通风。（图55）

四、结论

在建筑设计中已经自然而然地实现了智能化的整体设计的概念，而在室内设计中，还需要我们付出巨大的努力，配合建筑师完成建筑环境的整体设计。综合设计和整体设计在未来的室内设计中会越来越重要，从而，室内设计新的发展趋势主要集中在通过高质量的设备、材料、构造和构件之间的全面协调，装修形式与新技术、新材料之间的平衡，以及人工环境和自然环境之间的协调，尽可能地减少原生能源和灰色能源的使用，尽可能多地利用可再生资源，尽可能地让人们接近自然。

今天的室内设计已经不再是传统的概念，也不再是设计师自己的事情，它需要设计师和各个相关专业的工程师之间协调和相互配合，一个成功的生态设计必然是设计师和各专业工程师之间密切配合的结果。因此生态设计是一个整体性设计，单靠其中的一个工种是无法解决的。因此，选择合适的技术合作伙伴对于注重生态的室内设计而言，是设计能否成功的关键所在。注重生态的室内设计要求更高的科技含量，要求完美的计算机模拟手段，要求完美的实现手段，而所有这一切，都不是设计师个人所能完成的，这需要各相关方面的专家提供专业的咨询和帮助，所以生态的室内设计必然是团队合作的结果。对成功的生态建筑设计进行研究，我们就会发现在每一个注重生态的设计作品像伦佐·皮亚诺（Renzo Piano）、诺曼·福斯特（Norman Foster）、理查德·罗杰斯（Richard Rogers）、尼古拉斯·格雷姆肖（Nicholas Grimshaw）、迈克尔·霍普金斯（Micheal Hopkins）等建筑师的作品，工程技术专家的贡献是非常大的，他们在建筑的空间形式、结构的选择、材料的使用上，以及采光照明、自然通风、冬季采暖、夏季制冷等很多涉及建筑运转过程中的能量消耗的问题中，起到了非常重要的作用，发展并完善了建筑师的一些想法，并与建筑师一起，将各种设计策略贯穿落实到建筑的每一个具体细节中，共同创造出完美的生态建筑。

保护环境、关注生态是我们每一个设计师责无旁贷的责任。很难想象，一个从来不关注生态和环境问题，从来不有意识地吸收生态、环境等相关专业知识的设计师，能够提出注重生态的设计理念来。

后记
POSTSCRIPT

本书是针对艺术设计专业的本科教学计划编写的，是一本有关室内设计理论和设计的基础教材，书中在理论方面又有所提升，以满足不同人群和对象的需求。《室内设计原理》既可以面向不同的专业方向共同开设，也可以作为环境艺术设计专业学生的基础课程和理论课程讲授。前者的目的在于拓宽非环境艺术设计专业学生的专业面，培养他们的兴趣和潜能，增强他们对未来社会就业的适应能力；而后者的目的则为环境艺术设计专业的学生打下室内设计专业设计和理论基础，为后续的专业课程学习做好必要的铺垫和准备。

书中作者力图把室内设计以一个比较系统的方式展现出来，给读者提供一个相对完整的室内设计知识体系和理论研究的框架。本书的体系和框架是一个开放式的，可以根据研究的不断深入，随时可以补充最新的研究成果和内容。在写作的过程中，作者吸纳了本专业国内的最新研究成果，同时也把自己最新的一些研究成果和思考也结合到本书中来，以满足知识不断更新的需要。

作为一名教师，因此在接受新事物方面从来不敢松懈；同时，我也在从事着室内设计的实践工作，因此也深知做设计师的艰辛和苦衷。多年的教学、研究和实践使自己对室内设计的发展有一些自己的看法，而且喜欢思考和写写文章，在理论方面做了一些深入的研究和探讨，希望能对后学者有所帮助。尽管在写作的过程中，对自己提出了很高的要求，但难免会挂一漏万，希望在后续的研究和实践中加以弥补和完善。

本书主要包括以下几个方面的内容：

1. 在室内设计基本知识的方面，阐述了室内设计的概念、内容、特点和设计的理念。

2. 从室内设计的性质、内容、特点和功能出发，分析了室内空间的类型、室内光环境的设计、室内色彩环境的设计、家具与陈设艺术设计、室内绿化与庭园、室内物理环境的形成和控制方法、室内功能与人体工程学。

3. 在室内设计实践操作方面，分析了室内设计的工作范围、工作目标和设计程序，对室内设计的思维特点、方法以及室内装饰材料等方面的问题做了较为系统的论述。

4. 从室内设计的理论出发，对室内设计的理论和美学规律进行了归纳、梳理，总结出了室内设计的原则。

5. 通过对当下室内设计现状的研究，对室内设计的发展趋势做了较为全面的论述和分析。

本书内容全面，体系完整，通过对本书的阅读可以学习、了解建筑装饰和室内设计的基础理论知识。

李瑞君
2013年5月

参 考 文 献
REFERENCE DOCUMENTATION

[1] 辞海编辑委员会. 辞海[M]. 上海：上海辞书出版社，1980.

[2] 彭一刚. 建筑空间组合论[M]. 北京：中国建筑工业出版社，1983.

[3] [美]鲁道夫·阿恩海姆著. 艺术与视知觉[M]. 腾守尧、朱疆源译. 北京：中国社会科学出版社，1984.

[4] [美]赫伯特·A·西蒙著. 关于人为事物的科学[M]. 杨砾译. 北京：解放军出版社，1985.

[5] [美]苏珊·朗格著. 情感与形式[M]. 刘大基，傅志强，周发祥译. 北京：中国社会科学出版社，1986.

[6] [俄]瓦·康定斯基著. 论艺术的精神[M]. 查立译. 北京：中国社会科学出版社，1987.

[7] 吴良镛著. 广义建筑学[M]. 北京：清华大学出版社，1989.

[8] 张绮曼，郑曙旸主编. 室内设计资料集[M]. 北京：中国建筑工业出版社，1991.

[9] [法]丹纳著. 艺术哲学[M]. 傅雷译. 合肥：安徽文艺出版社，1991.

[10] 建筑大辞典编辑委员会. 建筑大辞典[M]. 北京：地震出版社，1992.

[11] [丹]杨·盖尔著. 交往与空间[M]. 何人可译. 北京：中国建筑工业出版社，1992.

[12] 张绮曼，郑曙旸主编. 室内设计经典集[M]. 北京：中国建筑工业出版社，1994.

[13] 张绮曼主编. 环境艺术设计与理论[M]. 北京：中国建筑工业出版社，1996.

[14] [美]蕾切尔·卡逊著. 寂静的春天[M]. 吕瑞兰，李长生译. 长春：吉林人民出版社，1997.

[15] 吴焕加著. 20世纪西方建筑史[M]. 郑州：河南科学技术出版社，1998.

[16] 刘育东著. 建筑的涵义[M]. 天津：天津大学出版社，1999.

[17] 陈志华著. 北窗杂记[M]. 郑州：河南科学技术出版社，1999.

[18] 刘先觉主编. 现代建筑理论——建筑结合人文科学自然科学与技术科学的新成就[M]. 北京：中国建筑工业出版社，1999.

[19] [美] 凯文·林奇，加里·海克著. 总体设计[M]. 黄富厢，朱琪，吴小亚译. 北京：中国建筑工业出版社，1999.

[20] 李道增编著. 环境行为学概论[M]. 北京：清华大学出版社，1999.

[21] 吴良镛著. 世纪之交的凝思：建筑学的未来[M]. 北京：清华大学出版社，1999.

[22] 李朝阳编著. 室内空间设计[M]. 北京：中国建筑工业出版社，1999.

[23] [英]E·H·贡布里希著. 秩序感[M]. 范景中，徐一维译. 长沙：湖南科技出版社，2000.

[24] [日]小原二郎，加藤力，安藤正雄著. 室内空间设计手册[M]. 张黎明，袁逸倩译. 北京：中国建筑工业出版社，2000.

[25] 郑时龄著. 建筑批评学[M]. 北京：中国建筑工业出版社，2001.

[26] [古罗马]维特鲁威著. 建筑十书[M]. 高履泰译. 北京：知识产权出版社，2001.

[27] 陈志华著. 外国造园艺术[M]. 郑州：河南科学技术出版社，2001.

[28] 周鸿编著. 人类生态学[M]. 北京：高等教育出版社，2001.

[29] 夏云，夏葵，施燕编著. 生态与可持续建筑[M]. 北京：中国建筑工业出版社，2001.

[30] 徐观复著. 中国艺术的精神[M]. 上海：华东师范大学出版社，2001.

[31] [丹]S·E·拉姆森著. 建筑体验[M]. 刘亚芬译. 北京：知识产权出版社，2001.

[32] [美]凯文·林奇著. 城市意象[M]. 方益萍，何晓军译. 北京：华夏出版社，2001.

[33] 李砚祖主编. 李瑞君等编著. 环境艺术设计的新视界[M]. 北京：中国人民大学出版社，2001.

[34] 潘鲁生主编. 荆雷编著. 设计艺术原理[M]. 济南：山东教育出版社，2002.

[35] 李华东主编. 鲁英男等编著. 高技术生态建筑[M]. 天津：天津大学出版社，2002.

[36] 杨志疆著. 当代艺术视野中的建筑[M]. 南京：东南大学出版社，2003.

[37] 来增祥，陆震纬编著. 室内设计原理[M]. 北京：中国建筑工业出版社，2003.

[38] [法]勒·柯布西埃著. 走向新建筑[M]. 陈志华译. 西安：陕西师范大学出版社，2004.

[39] 陈志华. 外国建筑史（第三版）[M]. 北京：中国建筑工业出版社，2004.

[40] 罗小未主编. 外国近现代建筑史（第二版）[M]. 北京：中国建筑工业出版社，2004.

[41] 李瑞君. 形式不能承受之轻. 艺术学[C]. 上海：学林出版社，2004.

[42] [加]简·雅各布森著. 美国大城市的生与死[M]. 金衡山译. 南京：译林出版社，2005.

[43] [美]刘易斯·芒德福著. 城市发展史——起源、演变和前景[M]. 北京：中国建筑工业出版社，2005.

[44] [加]艾伦·卡尔松著. 自然与景观[M]. 陈李波译. 长沙：湖南科技出版社，2006.

[45] [英]约翰·拉斯金著. 建筑的七盏明灯[M]. 张璘译. 济南：山东画报出版社，2006.

[46] 张绮曼编著. 室内设计的风格样式与流派（第2版）[M]. 北京：中国建筑工业出版社，2006.

[47] [加]艾伦·卡尔松著. 环境美学[M]. 杨平译. 成都：四川人们出版社，2006.

[48] 夏海山著. 城市建筑的生态转型与整体设计[M]. 南京：东南大学出版社，2006.

[49] 谢青，李瑞君. 消费文化视野中的艺术创作. 艺术学科[C]. 南京：译林出版社，2006.

[50] 曹意强，麦克尔·波德罗等著. 艺术史的视野[C]. 杭州：中国美术学院出版社，2007.

[51] [美]约翰·派尔著. 世界室内设计史（第2版）[M]. 刘先觉，陈宇琳等译. 北京：中国建筑工业出版社，2007.

[52] [美]肯尼斯·弗兰姆普顿著. 建构文化研究[M]. 王骏阳译. 北京：中国建筑工业出版社，2007.

[53] 彭吉象主编. 中国艺术学[M]. 北京：北京大学出版社，2007.

[54] 李瑞君著. 环境艺术设计概论[M]. 北京：中国电力出版社，2008.

[55] 李瑞君著. 环境艺术设计十论[M]. 北京：中国电力出版社，2008.

[56] 尼跃红，李瑞君编著. 室内设计基础（第2版）[M]. 北京：中国纺织出版社，2010.

图书在版编目（CIP）数据

室内设计原理 / 李瑞君编著. — 北京: 中国青年出版社, 2013.9（2022.2重印）
中国高等院校"十二五"环境设计精品课程规划教材
ISBN 978-7-5153-1873-8

I.①室… II.①李… III.①室内装饰设计-高等学校-教材 IV.①TU238

中国版本图书馆CIP数据核字（2013）第195596号

室内设计原理
中国高等院校"十二五"环境设计精品课程规划教材

编　　著:	李瑞君	
企　　划:	北京中青雄狮数码传媒科技有限公司	
责任编辑:	易小强　刘冰冰	
策划编辑:	马珊珊	
助理编辑:	张琳	
书籍设计:	DIT_design　孙素锦	
出版发行:	中国青年出版社	
社　　址:	北京市东城区东四十二条21号	
网　　址:	www.cyp.com.cn	
电　　话:	（010）59231565	
传　　真:	（010）59231381	
印　　刷:	北京建宏印刷有限公司	
规　　格:	787×1092　1/16	
印　　张:	15	
字　　数:	405千	
版　　次:	2013年9月北京第1版	
印　　次:	2022年2月第8次印刷	
书　　号:	978-7-5153-1873-8	
定　　价:	49.80元	

如有印装质量问题, 请与本社联系调换
电话:（010）59231565
读者来信: reader@cypmedia.com
投稿邮箱: author@cypmedia.com
如有其他问题请访问我们的网站: http://www.cypmedia.com